国家科学技术学术著作出版基金资助出版

“十二五”国家重点图书出版规划项目

21世纪先进制造技术丛书

故障诊断的不确定性与知识获取

黄文涛　著

科学出版社

北　京

内 容 简 介

本书首先在介绍故障诊断概念体系的基础上，阐述了故障诊断的信息模型及其不确定性度量，并具体研究了包含不完备信息、不一致信息的不确定故障诊断系统的知识获取技术；然后以此为基础，研究了基于共振稀疏分解法的滚动轴承早期故障微弱信号检测技术、基于小波包技术的齿轮故障特征提取技术、基于流向图的齿轮故障诊断知识获取技术。

本书可供工程技术领域从事故障诊断及其相关研究的科技人员参考，也可为广大教师和学生提供有关故障诊断不确定性与知识获取方面深入学习的素材，对开展故障诊断的工程实践具有重要的参考价值。

图书在版编目（CIP）数据

故障诊断的不确定性与知识获取/黄文涛著. —北京：科学出版社，2018.4

（“十二五”国家重点图书出版规划项目：21世纪先进制造技术丛书）

ISBN 978-7-03-056626-3

Ⅰ. ①故… Ⅱ. ①黄… Ⅲ. ①故障诊断系统-研究 Ⅳ. ①TP277

中国版本图书馆CIP数据核字（2018）第035278号

责任编辑：裴 育 纪四稳 / 责任校对：郭瑞芝

责任印制：吴兆东 / 封面设计：蓝 正

科学出版社 出版

北京东黄城根北街16号

邮政编码：100717

http://www.sciencep.com

北京九州迅驰传媒文化有限公司 印刷

科学出版社发行 各地新华书店经销

*

2018年4月第 一 版 开本：720×1000 B5

2022年1月第五次印刷 印张：14 1/4

字数：287 000

定价：98.00元

（如有印装质量问题，我社负责调换）

《21世纪先进制造技术丛书》编委会

《21 世纪先进制造技术丛书》序

21 世纪，先进制造技术呈现出精微化、数字化、信息化、智能化和网络化的显著特点，同时也代表了技术科学综合交叉融合的发展趋势。高技术领域如光电子、纳电子、机器视觉、控制理论、生物医学、航空航天等学科的发展，为先进制造技术提供了更多更好的新理论、新方法和新技术，出现了微纳制造、生物制造和电子制造等先进制造新领域。随着制造学科与信息科学、生命科学、材料科学、管理科学、纳米科技的交叉融合，产生了仿生机械学、纳米摩擦学、制造信息学、制造管理学等新兴交叉科学。21 世纪地球资源和环境面临空前的严峻挑战，要求制造技术比以往任何时候都更重视环境保护、节能减排、循环制造和可持续发展，激发了产品的安全性和绿色度、产品的可拆卸性和再利用、机电装备的再制造等基础研究的开展。

《21 世纪先进制造技术丛书》旨在展示先进制造领域的最新研究成果，促进多学科多领域的交叉融合，推动国际间的学术交流与合作，提升制造学科的学术水平。我们相信，有广大先进制造领域的专家、学者的积极参与和大力支持，以及编委们的共同努力，本丛书将为发展制造科学，推广先进制造技术，增强企业创新能力做出应有的贡献。

先进机器人和先进制造技术一样是多学科交叉融合的产物，在制造业中的应用范围很广，从喷漆、焊接到装配、抛光和修理，成为重要的先进制造装备。机器人操作是将机器人本体及其作业任务整合为一体的学科，已成为智能机器人和智能制造研究的焦点之一，并在机械装配、多指抓取、协调操作和工件夹持等方面取得显著进展，因此，本系列丛书也包含先进机器人的有关著作。

最后，我们衷心地感谢所有关心本丛书并为丛书出版尽力的专家们，感谢科学出版社及有关学术机构的大力支持和资助，感谢广大读者对丛书的厚爱。

熊有伦

华中科技大学

2008 年 4 月

前　言

现代故障诊断技术是一门涉及机械、信息、计算机、人工智能等多学科，并在其交叉点上生长出来的新兴学科。随着检测技术和存储能力的不断提高，人们经常面对大量乃至海量的诊断数据，然而对诊断决策有价值的知识却非常匮乏。“数据丰富、知识贫乏”是当前故障诊断面临的难题，同时也是建造智能诊断系统的瓶颈。现代机械设备的工况复杂、运行环境恶劣，使得设备本身状态信息表露不完全；同时，人类实践总是受到客观环境和条件的限制，所获得的描述故障模式的诊断信息常有某种程度的不确定性，这些在时间、空间上都可能不确定的诊断信息包含大量反映设备运行特征的信息。目前，广泛应用的各种基于数据驱动的故障诊断知识获取方法，如神经网络、专家系统、多变量统计方法等，大多是针对诊断信息确定的故障诊断问题，从而导致在知识获取中无法充分利用不确定诊断信息，以至于故障诊断结果的正确性难以保证，限制了诊断技术的推广和应用。因此，故障诊断的不确定性与知识获取技术，是一个需要进一步深入研究的科学问题，该问题的解决对提高重大装备和复杂系统的可靠性、安全性和服役寿命具有重要的意义。

本书是作者近年来在故障诊断不确定性与知识获取等方面主要研究成果的总结，书中主要以粗糙集等不确定性分析方法为工具，系统阐述故障诊断信息系统中不确定性的表示、度量与计算，并对包含不完备信息、不一致信息的故障诊断知识获取技术进行研究，反映了当前该领域的最新研究进展和成果。全书共 6 章，第 1 章为故障诊断的不确定性分析方法，在介绍故障诊断概念体系的基础上，综述概率论、证据理论、模糊集理论、灰色关联度、可拓理论及粗糙集理论在故障诊断中的应用。第 2 章为故障诊断的信息模型及其不确定性度量，分析故障诊断不确定性的含义和具体类型；基于代数的观点和信息论的观点，分别研究故障诊断决策系统的不确定性度量。第 3、4 章具体研究包含不完备信息、不一致信息的不确定故障诊断系统的知识获取技术。第 5 章研究基于共振稀疏分解法的滚动轴承早期故障微弱信号检测技术。第 6 章研究基于小波包技术的齿轮故障特征提取技术和基于流向图的齿轮故障诊断知识获取技术。

本书的出版得到了国家自然科学基金（51175102）、高等学校博士学科点专项科研基金（200802131078）、中国博士后科学基金（20070410888）、国家科学技术学术著作出版基金等多个项目的支持。

本书由黄文涛撰写，作者所在课题组的研究生刘引峰、牛培路、孙宏健、姜允川、孔繁朝、罗嘉宁等都参与了书稿的整理和校对工作。特别感谢导师赵学增教授，是他多年悉心的指导和培养，引导作者走上了科学研究的道路。

由于作者水平有限，而且部分内容是课题组的阶段性研究成果，书中难免存在疏漏与不足之处，恳请广大读者批评指正。

目　录

第1章 故障诊断的不确定性分析方法

1.1 故障诊断的概念体系

1.1.1 概述

随着现代工业及科学技术的迅速发展，生产设备日益向大型化、复杂化及自动化方向发展。大型的设备系统往往由大量的工作部件组成，不仅同一设备的不同部分之间相互关联、紧密耦合，而且不同设备之间也存在着紧密的关系，并在生产过程中形成了一个整体。这种体系的建立，一方面提高了系统的自动化水平，为生产带来了可观的经济效益，另一方面，影响系统运行的因素骤增，使其产生故障的概率越来越大。其中任何一个子设备或零件的故障都可能引起链式反应，导致整个设备甚至整个生产系统无法正常运行，轻则造成巨大的经济损失，重则还会产生严重的灾难性伤亡和社会影响。一直以来，因关键设备故障引起的灾难性故障时有发生，例如，1986年美国“挑战者”号航天飞机发生空中爆炸，7名宇航员全部遇难，总计损失达12亿美元。1986年苏联切尔诺贝利核电站大量放射性元素外泄，2000余人遇难，几万居民撤离，损失达30亿美元，并且污染波及周边各国。我国因设备发生故障引起的损失也是十分惊人的，2003～2004年，在浙赣线、京沪线等处，多次发生因车轴和车轮疲劳断裂造成的货物列车脱轨重大事故，直接与间接经济损失超过20亿元。

2003年2月1日，“哥伦比亚”号航天飞机失事，7名宇航员遇难。消息传来，举世震惊，这不仅是美国的巨大损失，也是人类探索宇宙事业的重大挫折。据报道，“哥伦比亚”号航天飞机失事造成的全部损失，除了高达4亿美元的调查费用，还包括价值20亿美元的“哥伦比亚”号航天飞机以及超过40亿美元的航天飞机运作成本。2003年8月14日，美国、加拿大大停电是历史上最大的停电事故，事故期间上百台机组跳机，5000万人失电，由此引发的工厂停工和其他经济活动的停止使美国公司遭受了40亿～100亿美元的巨额损失。受停电事故的影响，加拿大2003年8月的国内生产总值下降了0.7个百分点，安大略湖地区的制造业损失高达23亿美元。2005年8月，由于转向器左侧横拉杆内球头与球头座严重磨损而分离脱落所导致的山西“8·27”特大交通事故，造成11人死亡，12人受伤。俄罗斯波音737客机、法国A330客机分别在2008年、2009

年发生了由机械故障导致的坠毁事件，机上人员无一生还。2011 年，上海地铁 10 号线因信号设备故障造成 271 人受伤。2016 年 7 月 19 日，我国台湾发生一起由车门故障引发的游览车重大事故，24 名游客和 2 名司导人员遇难。这些严重的灾难性事故提醒人们，现代设备系统运行的安全性和可靠性已成为人类必须解决的刻不容缓的问题。近几十年来，现代设备的状态监测和故障诊断技术日益受到各国政府和科研机构的高度重视，得到了迅速发展，并在机械工程、电力系统、航空航天、自动控制等各个领域取得了大量的应用成果[1-4]。

1.1.2　故障诊断的基本概念

故障诊断技术是有关设备运行、维护的一项新兴技术。设备故障诊断技术涉及机械、信息、计算机、人工智能等许多学科知识，是一门综合性的学科。在过去的几十年中，很多前沿学科的成果引入故障诊断领域，使故障诊断从方法到手段都有了很大的发展，完全改变了过去凭直觉的耳听、眼看、手摸的落后状态，尤其是计算机技术的突飞猛进，使诊断技术具有前所未有的应用价值和可推广性。故障诊断技术有很强的工程背景，具有重要的实用价值，并且以深厚的理论为基础。系统论、信息论、控制论、非线性科学等最新的技术在其中都有广泛的应用，现有的故障诊断技术是一门涉及多种学科，并在其交叉点上生长出来的新兴学科[5]。并且随着前沿科学的发展，故障诊断技术将会对国民经济的发展起到越来越重大的作用。从科学的角度出发，深入研究设备故障诊断的基本概念与基本体系；用系统论的观点，深入阐明机械设备的系统特点以及故障、征兆与特征信号的基本概念；解释故障诊断的基本过程与故障特性，如层次性、相关性、延时性和不确定性等问题，建立比较广泛而统一的诊断问题的概念体系，将使故障诊断技术的研究更加系统性和理论化，这将对发展设备故障诊断学科体系起到指导和催化作用。

为了深入研究机械设备的诊断问题，有必要深入了解与掌握机械设备及其故障的特性。从系统论的观点出发，机械设备也是一个系统，同其他系统一样，也是元素按照一定的规律聚合而成的，也就是说，是由“元素”加上元素之间的“联系”而构成的。当然，“元素”也可以是子系统，子系统的“元素”还可以是更深层次的子系统。以此类推，直至最底层的“元素”是物理元件[6,7]。

1. 系统

系统是元素按照一定的规律聚合而成的有机联结体，也就是说，系统是由“元素”加上元素之间的“联系”而构成的。

2. 系统的输出

系统的输出是指系统的所有行为，即系统的所有表现形式。

3. 系统的功能

系统的功能是指在系统设计时，要求系统所要实现的一些行为。

4. 系统的约束条件

系统的约束条件是指在系统工作时，所应满足规定技术要求的某些行为。

5. 诊断对象

根据系统论的观点，诊断对象可以是一个比较复杂的大系统（甚至是巨系统），也可以是一个简单的元件或部件（子系统）。严格地说，从不同的层次观察可对诊断对象有不同的划分。在本书如无特别说明，诊断对象都被视为系统，其诊断也就可以看成系统诊断。

6. 故障

故障是指系统的结构处于不正常状态（劣化状态），即偏离了预期的状态，从而导致系统不能在规定的时间内和工作条件下完成预期的功能，或不能满足预期的约束条件。

7. 特征信号

特征信号是指系统的某部分输出，它与系统的有关状态密切相关，包含丰富的系统有关状态的信息，可以有效地识别出系统的有关状态以及相应元素和联系的有关状态。显然，特征信号中必然包含系统中相应的元素、联系的相关状态信息。因此，如何选取包含状态信息量最多的特征信号，成为机械设备诊断学的重要研究内容之一。

8. 征兆

征兆是指对特征信号加以处理而提取出的、直接用于故障诊断的信息。显然，特征信号本身有时也可以直接作为征兆。征兆是对系统运行时表现出的特征信号的描述，信号的特征只有被反映出来，才成为征兆。征兆在更高的抽象层次上反映系统的状态，一个特征信号可能提取出多个征兆，它们从不同的侧面和不同的角度反映系统的有关状态。因此，如何提取最有效的用于诊断的征兆，也是机械设备诊断学中的重要研究内容之一。

9. 故障诊断

故障诊断是指根据系统的特征信号（包括正常的和异常的）和其他诊断信息，查明导致系统发生故障的指定层次的子系统或联系，并找出引起这些子系统或联系发生故障的初始原因。

故障诊断的基本思想一般可以表述为[2]：设被检测对象全部可能发生的状态（正常状态和故障状态）组成状态空间 S，它的可观测量特征的取值范围的全体构成特征空间 Y。当系统处于某一状态 s 时，系统具有确定的特征 y，即存在映射 $g: S\to Y$；反之，一定的特征也对应确定的状态，即存在映射 $f: Y\to S$。

状态空间与特征空间的关系可用图 1.1 表示。

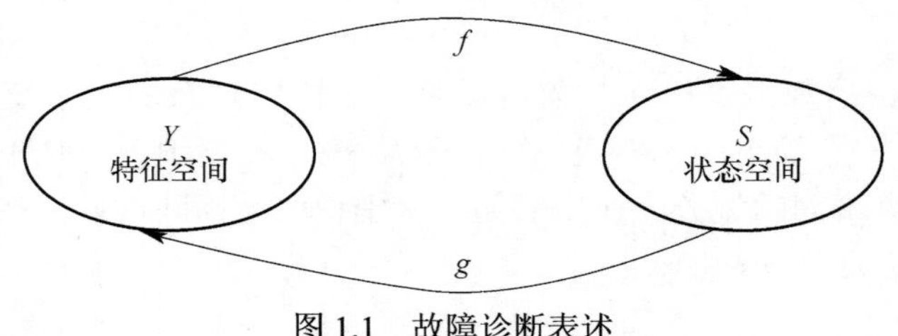

图 1.1　故障诊断表述

故障诊断的目的在于根据可测量的特征向量来判断系统处于何种状态，也就是找出映射 f。若系统可能发生的状态是有限的，如可能发生 n 种故障，这里假设系统正常状态为 s_0，各个故障状态为 s_1，s_2,⋯，s_n。当系统处于状态 s_i 时，对应的可测量特征向量为 $Y_i=(y_{i1}, y_{i2}, \cdots, y_{im})$。故障诊断就是由特征向量 $y=(y_1, y_2, \cdots, y_m)$，求出它所对应的状态 s 的过程，这样，故障诊断过程就变成按特征向量对被测系统进行状态分类的模式识别问题。

1.1.3　故障的基本特征

根据上述对系统的定义，系统可以分为三类：简单系统、复合系统、复杂系统。因此，诊断问题也可以被划分为三类：简单诊断问题、复合诊断问题、复杂诊断问题。显然，凡是适合复杂系统诊断问题的诊断策略与方法也一定适合复合诊断问题和简单诊断问题。一般来说，复杂系统的故障具有如下几个基本特性[7]。

1. 复杂性

复杂性是复杂设备系统故障的最基本特性。由于构成设备的各部件之间相互联系、紧密耦合，故障原因与故障征兆之间表现出极其错综复杂的关系，即同一种故障征兆往往对应着几种故障原因，同一种故障原因又会引起多种故障征兆，这种原因与征兆之间不明确的对应关系，使得故障诊断具有很大的复杂性。

2. 层次性

层次性是系统故障的最基本特性，是由系统结构的层次性决定的，是故障的“纵向性”。任何故障都是同系统的某一层次相联系的，高层次的故障可以由低层次的故障引起，而低层次的故障必定引起高层次的故障。故障的层次性为制定故障诊断的策略和模型提供了方便，使复杂系统诊断问题的求解效率更高。

3. 相关性

相关性是系统故障的“横向性”，是由系统各元素间的联系决定的。系统的某一层次某个元素或联系发生故障后，势必导致与它相关的元素或联系的状态也发生变化，进而导致这些元素或联系的输出发生变化，致使该层次产生新的故障，这就带来了系统中同一层次有多个故障同时存在的现实。任何一个原发故障都存在多条潜在的故障传播途径，因而可能引起多个故障并存，这就是系统故障的相关性。因此，多故障并存是复杂系统故障的重要特征，而多故障诊断是复杂系统诊断问题中的一个关键问题。

4. 延时性

故障的传播机理表明，从原发性故障到系统级故障的发生、发展与形成是一个由量变到质变的过程，这表明故障具有“时间性”。这一特性为故障的早期诊断与预测提供了机会，从而达到“防患于未然”的目的。故障的延时性是实现故障的预测与早期诊断的基础。

5. 不确定性

不确定性是复杂系统故障的一个重要特征，也是目前智能故障诊断理论与方法的一个重要研究内容。不确定性产生的原因复杂，涉及主观因素和客观因素，给实际的诊断工作带来了很大的困难，是目前诊断理论与实践中的一个研究热点。引起系统故障不确定性的因素有以下几个方面。

1）系统的元素特性和联系特性的不确定性

复杂系统中，在不同的时间、不同的工作环境下，各层次的元素特性与各元素间的联系特性是不可能完全确定的，从而导致系统、元素与联系的状态和行为也不可能是完全确定的。

2）故障检测与分析装置特性的不确定性

故障检测与分析装置一般也属于复杂系统，因此其特性也不可能完全确定，这就决定了故障检测与分析结果的不确定性。这种不确定性是由“主观”因素造成的，而不是诊断对象固有的。

3）系统、元素及联系的状态描述方法与工作环境的不确定性

系统、元素及联系的状态描述方法与人们对系统的认识水平及现有的技术手段有关，而系统、元素及联系的工作环境与客观环境的复杂多变有关。

随着科学和技术的迅速发展，现代工业生产中的设备系统越来越复杂。由于人类的实践总是受客观环境和条件的限制，对在生产中广泛应用的设备系统的认识也总是受诸多因素的制约，从而使获得的关于设备系统的信息也总是带有片面性、局限性和不精确性，这就造成系统的不确定性。对于故障诊断中的不确定性，目前仅停留在概念认识的层面上，深入研究故障诊断中不确定性的概念、分类及产生的根源等问题对于完善故障诊断理论、提高人类在实践过程中解决故障诊断问题的能力具有重要的意义。

1.1.4　故障诊断的基本过程

故障诊断有三个主要步骤：第一步是检测设备状态的特征信号，第二步是从所检测到的特征信号中提取征兆，第三步是把提取的征兆输入状态识别装置来识别系统的状态，从而完成故障诊断[2]。

（1）检测设备状态的特征信号。一般来说，设备状态的特征信号具有两种表现形式，一种是以能量方式表现出来的特征信号，如振动、噪声、温度、电压、电流、磁场、射线、弹性波等；另一种是以物态形式表现出来的特征信号，如设备产生或排出的烟雾、油液等，以及可直接观测到的锈蚀、裂纹等。检测以能量方式表现出来的特征信号，如果不使用人的感官，则必须使用传感装置，因为检测这类信号是通过能量交换来完成的；而提取物态形式的特征信号一般不采用传感装置，只采用特定的收集装置或直接观测即可。

（2）从所检测到的特征信号中提取征兆。如果特征信号是以能量形式表现出来的，则可以在时域中提取征兆，对于物态形式的特征信号，如油液、烟雾等，其特征提取方法一般是通过特定的物理或化学方法，得到铁谱、光谱、浓度、黏度以及化学成分等征兆。对于直接观测到的裂纹、锈蚀等信息，可以直接作为征兆来使用。

（3）把提取的征兆输入状态识别装置来识别系统的状态。这是整个诊断过程的核心。一般来说，这一步是将实际上已存在的参考模式（标准模式）与现有的由征兆按不同方式组成的相应的待诊模式进行对比，决定待诊模式的类别，即对系统的当前状态进行模式识别。

综上所述，故障诊断过程可以概括为三个主要步骤：①检测反映系统动态特性、建模误差、干扰影响的特征信号，人为规定故障输出标识；②从检测到的特征信号中提取征兆；③根据征兆和其他诊断信息来识别系统的状态，从而完成故障诊断。故障诊断过程如图 1.2 所示。

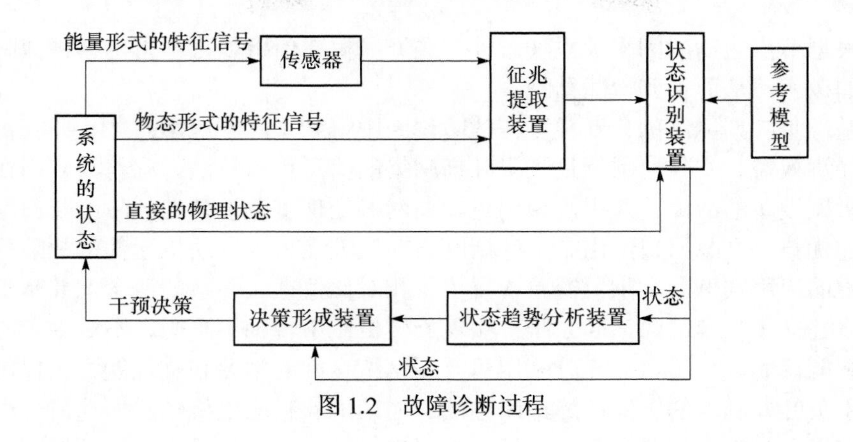

图 1.2　故障诊断过程

1.2　不确定性分析方法在故障诊断中的应用

不确定性是智能问题的本质特征，无论是人类智能还是人工智能，都离不开不确定性的处理。可以说，智能主要反映在求解不确定性问题的能力上。不确定性分析是近年来因理论和实际研究的迫切需要发展起来的，其研究范围包括不确定性控制、不确定性信息、不确定性系统、不确定性模型和不确定性决策等多个分支。不确定性分析有很多种理论和方法，如主观贝叶斯方法、确定因子法、证据理论、模糊集理论、可能性理论、灰色系统理论、可拓学、粗糙集理论等。这些方法的侧重点各不相同，在不确定性分析中各有特色，本书仅对在故障诊断领域广泛应用的几种不确定性分析方法进行简单评述，关于其他方法的详细介绍可以参见相关文献。

1.2.1　基于概率论的方法

概率论是研究自然界、人类社会及技术过程中大量随机现象中规律性的一门学科。概率作为随机事件的一种度量，反映了一种不确定性，因此它在不确定性推理中有重要的应用。最初人们采用概率推理的方法来解决不确定性问题，但对于许多复杂的实际问题，单纯的概率推理是难以处理的。Pearl[8]于 1986 年提出一种简单而有效的贝叶斯网络（Bayesian network）来解决这类问题。贝叶斯网络有时也称为置信网络（belief network），是一种基于网络结构的有向图解描述，适用于表达和分析不确定和概率性事物，可以从不完全或不确定的知识或信息中做出推理。

基于概率推理的贝叶斯网络是为解决不确定性、不完整性问题而提出的，它对解决复杂设备不确定性和关联性引起的故障有很大的优势。贝叶斯网络应用于故障诊断时将故障征兆和故障原因作为节点，当确定一定的故障征兆出现时，网络根据节点之间的因果关系（条件相关）和概率值可以推理得出各种故障原因发生的概率，从而得到诊断结论[9]。

基于贝叶斯网络的诊断模型在故障诊断中得到了广泛应用[10-15]，并获得了相当的经济效益。文献[10]阐述了贝叶斯网络的信息更新算法，并将其应用在大型旋转机械设备的故障诊断中，说明贝叶斯网络处理复杂设备的故障诊断问题具有很大的优势。文献[11]给出了贝叶斯网络在航天飞机主发动机元件的故障检测和诊断中的应用实例。文献[12]首次提出了相对比值征兆参数的概念，并基于贝叶斯网络建立了一套故障诊断系统，实现旋转机械中转轴不平衡、不对中、松散状态的智能诊断。文献[13]充分利用贝叶斯网络良好的学习和推理能力，提出了一种基于贝叶斯网络的智能故障诊断方法，成功地从感应电机轴承振动信号中筛选出能够揭示故障的征兆参数。文献[14]提出了一种多频能量谱与贝叶斯网络相结合的方法，实现旋转机械中轴承早期故障的准确分类。针对转辙机故障原因与征兆间的不确定性关系，文献[15]提出了一种高效的贝叶斯网络故障诊断方法，快速准确诊断出 S700K 转辙机的故障。

1.2.2　基于证据理论的方法

证据理论是由 Dempster 和 Shafer 于 20 世纪 60 年代建立的一套新的数学理论，它主要应用于人工智能与专家系统中不确定性问题的处理，是概率论的进一步扩展。证据理论是研究认识不确定性问题的另一种理论，属于人工智能的范畴[16]。作为贝叶斯推理的延伸，Dempster-Shafer（D-S）证据理论无须预先知道有关先验概率和条件概率的确切数据，即可进行证据融合，用信任测度与似然测度刻画不确定性，由确定性和可能性区分不确定与不知道。

利用 D-S 证据理论进行故障诊断，可以把诊断对象看成一个信息系统，它在运行过程中不断产生各种信息，根据故障诊断的原理可知，这些信息从不同侧面反映了当前诊断对象的运行状态。因此，可以首先通过获取这些信息，并把这些信息加工成对诊断对象运行状态变化比较敏感的故障特征，由得到的故障特征构成识别诊断对象状态的证据；然后利用 D-S 证据理论对所获取的证据进行推理，从而达到对这些信息进行融合处理与分析的目的；最后通过特定的诊断决策规则得出诊断结论，即当前诊断对象的运行状态。

基于证据理论的信息融合技术在旋转机械[17-20]、电厂设备[21-24]、采矿设备[25]、航空航天[26]等领域的故障诊断中得到了广泛应用，被证明是一种有效的算法。证据理论作为一种不确定性推理方法，正在受到越来越多的关注。这不仅是因为证据理论比传统概率论能更好地把握问题的未知性和不确定性，还因为证据理论提供了一个非常有用的合成公式，能融合多个证据源提供的证据，得出合理的诊断决策。

1.2.3　基于模糊集理论的方法

1965 年，美国学者 Zadeh 教授在他的经典论文“Fuzzy sets”中，首次使用隶属函数来描述现象间的过渡状况，突破了古典集合论中属于或不属于的绝对关系，提出模糊集的概念[27]。它的基本贡献就是为模仿人类推理的语言计算提供了方法学，从语言计算到数值计算的范式转移可能会对计算在科学和工程领域的作用产生深刻的影响。作为一门新兴学科，模糊逻辑在其发展过程中虽然历尽争论与曲折，但世界各地的众多学者一直从不同角度进行大量研究，目前已在处理实际系统中的不确定性、不精确性等问题方面取得了长足进展，在故障诊断领域也得到了广泛应用。

基于模糊集理论的设备故障诊断方法大致可分为模糊模式识别和模糊综合评判。故障诊断的模糊模式识别就是让计算机来模拟人的思维方法，对所输入的模式（即各故障征兆群）与事先已获取的标准模式进行比较分析，得出诊断结论。故障诊断的模糊综合评判就是应用模糊变换原理和最大隶属度原则，根据故障原因与征兆之间不同程度的因果关系，在综合考虑所有征兆的基础上诊断设备故障的可能原因。近年来，国内外学者在这一研究领域发表了大量学术论文，其中主要有：文献[28]采用模糊综合评判的变权重模型和模糊集扩展隶属函数的技术，设计并实现了 200MW 汽轮发电机组振动故障的模糊诊断系统；基于自适应模糊推理系统与遗传算法，文献[29]建立了一种多层次的诊断模型，成功用于滚动轴承故障类型的分类；文献[30]和[31]从模糊交叉熵方法出发，有效诊断出涡轮机的故障；在局部均值分解和自适应模糊推理系统模糊熵理论的基础上，文献[32]提出了一种新的故障诊断方法，成功实现行星齿轮故障类型的识别；文献[33]将复合多尺度模糊熵与总体支持向量机理论相结合，实现滚动轴承早期微弱故障的实时检测。

1.2.4　基于灰色关联度的方法

灰色系统理论[34]是由华中工学院（现为华中科技大学）邓聚龙教授于 1982 年创立的，它以“部分信息已知，部分信息未知”的“小样本”、“贫信息”不确定系统为研究对象，主要通过对“部分”已知信息的生成、开发，提取有价值的信息，实现对系统运行行为的正确认识。灰色系统理论包括灰色预测、灰色关联度分析、灰色聚类和灰色决策等内容。灰色系统是指部分信息已知、部分信息未知的系统，它从系统的角度出发研究信息间的关系，即研究如何通过对部分已知信息的研究来揭示蕴含在系统中的未知信息。由于它从系统的角度揭示了信息之间存在的不可见关系，一经问世，便在社会、经济等预报决策系统中得到了广泛的应用[35]。从 1988 年起，灰色系统理论被逐渐应用于各种机械故障诊断中。由于在机械设备运行中，征兆、故障之间没有确定的映射关系和明确的作用原理，所以一台运行的机器或设备实际上是一个复杂的系统，这个系统有的信息能知道、有的信息知之不准或不可能知道，因此可以将其看成一个灰色系统，在对其进行故障诊断时，可以把系统中那些不确定的信息看成灰色量，进而利用灰色系统理论建立诊断模型，然后利用已知的有限的故障征兆信息，通过信息处理进行故障诊断和决策。所以，把灰色系统理论的概念和方法引入机械设备故障诊断领域，利用已知的故障特征去判别机械系统的状态，并对未来发展趋势进行预报和决策是完全可行的。截至目前，对机械故障的诊断和识别应用最多的是灰色关联度分析法[36-38]。

1.2.5 基于可拓理论的方法

由我国学者蔡文等于 1983 年创立的可拓学[39]，采用形式化的工具，从定性和定量两个角度研究解决矛盾问题的规律和方法。可拓学的理论支柱是物元理论和可拓集合理论，其逻辑细胞则是物元。对于故障诊断问题，物元概念和可拓集合能够根据机械设备关于故障特征（即征兆）的量值来判断机械设备属于某故障类型的程度，分析是否出现某种故障，而关联函数能使诊断精细化、定量化，从变化的角度为解决机械设备的故障诊断问题提供了一条新途径。可拓学中多维物元的概念，实质上提供了一个描述故障诊断问题的新思路，无论机械设备的故障情况如何复杂，总可以用一个多维物元定性地表征特定的故障。而可拓集合中的关联函数，又为定量计算待诊设备与各个标准故障类型之间的差别提供了一个有力的数学工具。基于可拓学中的物元理论和可拓集合理论进行故障诊断，大致过程如下：首先建立机械设备故障诊断的物元模型，然后通过引入关联函数确切计算故障发生的程度，最后给出诊断结论[40,41]。

可拓学在故障诊断领域的应用尚处于探索阶段，文献[42]利用可拓方法，建立了系统故障诊断定性分析与定量分析相结合的方法，为利用计算机进行故障诊断提供了可行的物元模型。文献[43]和[44]为了提高传统的变压器油中溶解气体分析的诊断能力，提出了一种定性与定量相结合的电力变压器故障可拓诊断方法。结果表明该方法能够克服国际电工委员会（IEC）三比值法中无法诊断多重故障和无匹配故障编码的不足，且具有更高的诊断准确率。文献[45]建立了一种基于可拓物元的故障诊断模型，该方法利用可拓物元分析模型和层次分析来综合评价滑动轴承的运行状态。文献[46]将灰色关联度分析与可拓学相结合，通过修正关联度计算公式，提出了一种新的机械故障可拓诊断方法，实现了滚动轴承故障类型的准确辨别。

1.3 基于粗糙集理论的不确定性分析方法

随着计算机技术和信息技术的高速发展，信息的含义也日渐丰富。如何对不确定性信息进行分析、推理、提取特征、简化等处理，研究不确定性信息的表达、学习、归纳方法等已成为智能信息处理中的重要研究课题。

1.3.1　粗糙集理论的产生和发展

1982 年，波兰数学家 Pawlak 教授发表了经典论文“Rough sets”，标志着粗糙集理论的诞生[47]。该理论是经典集合论的又一推广形式，是一种研究不完整、不确定知识和数据的表达、学习、归纳的理论方法。其主要思想是在保持分类能力不变的前提下，通过知识约简，导出问题的决策或分类规则。由于最初的研究是用波兰文发表的，所以粗糙集理论在诞生之初并未引起国际学术界的重视，研究地域局限在东欧各国。

到 20 世纪 90 年代，由于该理论在人工智能领域的成功应用，特别是 1991 年 Pawlak 在总结近十年研究和应用成果的基础上，出版了世界上第一本关于粗糙集理论的专著之后[48]，粗糙集理论引起了世界各国学者的广泛关注。从 1992 年至今，每年都召开以“Rough sets”为主题的国际会议，国际上成立了粗糙集学术研究会，并在网上定期发布电子公告，加速了粗糙集理论的发展和交流。由于粗糙集理论能够分析处理不精确、不一致和不完备信息，所以作为一种具有极大潜力和有效的知识获取工具受到人工智能领域中众多学者的广泛关注。粗糙集理论的生命力在于它具有较强的实用性，从诞生到现在虽然只有 30 余年的时间，但已经在理论和实际应用上取得了长足的进展，成为人工智能和认知科学的众多分支领域中的重要研究方法和分析技术。目前，粗糙集理论已成功地应用于机器学习、决策支持与分析、不确定性推理、知识获取、模式识别、故障诊断、专家系统、过程控制等领域。

1.3.2　基于粗糙集理论的不确定性分析研究进展

与其他不确定性分析方法相比，粗糙集理论无须提供所需处理数据集之外的任何先验信息，如统计学中的概率分布、D-S 证据理论中的基本概率赋值、模糊集理论中的隶属函数；粗糙集理论提供了一套完整的数学方法来处理数据分类问题，尤其是当数据具有噪声、不完备性或不一致性时，粗糙集理论通过生成确定和可能的规则来体现数据中所表现的不确定性。因此，粗糙集理论从诞生之初，便成为不确定性分析的主流方法之一。基于粗糙集理论的不确定性分析研究，主要集中在三个方面：信息（或知识）的不确定性度量、不一致信息系统的知识约简、不完备信息系统的知识发现。

1. 信息的不确定性度量

粗糙集理论的创始人 Pawlak 等根据信息论的奠基人 Shannon 关于熵（entropy）

的定义，在粗糙集理论中给出了“粗糙熵”的概念[49]。文献[50]将粗糙集理论中的知识看成定义在论域 U 的子集组成的σ-代数上的随机变量，从而引入了知识熵的概念，为知识的粗糙性提供了一种信息解释。受此启发，一些学者以信息熵为基础，提出了相应的粗糙集理论的信息论观点[51,52]；文献[53]引入了信息熵的一个新定义，给出了粗糙集理论中不确定性和模糊性的统一度量方法。

2. 不一致信息系统的知识约简

近年来，不一致信息系统的知识约简引起了粗糙集领域一些研究者的关注。但由于不同的研究者所关心的问题不同，如噪声处理、紧表示问题、预测能力等，提出了许多用于不一致决策信息系统知识约简的方法。Kryszkiewicz[54]对各种方法进行了贴切的评价，研究了各种知识约简方法之间的关系，给出了分布约简和分配约简的定义，并讨论了它们的等价形式。张文修等[55]在文献[54]的基础上提出了一种新的不一致信息系统知识约简概念——最大分布约简。最大分布约简弱于分布约简，克服了对信息系统过于苛刻的要求，同时克服了分配约简可能产生与原系统不相容命题规则的缺陷。

Mollestad 等[56]针对包含不一致决策情况的信息系统，提出了基于粗糙集理论的缺省规则获取方法，得到了适应度更大的、具有不确定性的缺省规则，使得到的规则对待识样本具有更好的适应性。

Wang 等[57]在文献[56]提出的缺省规则获取算法的基础上，根据对不一致性的分析，提出了从包含不一致信息的决策表中获取缺省规则的少数优先（即出现频率低的规则优先）选择策略，并能够对任意待识样本进行处理的方法。

Chen 等[58]认为，数据中存在的少量噪声，是致使信息系统产生不一致性的原因，由此构造了一种基于变精度粗糙集模型的信息熵量度，来处理噪声引起的不一致性，获取具有一定噪声容忍度的决策规则。

3. 不完备信息系统的知识发现

现实中，需要进行知识发现的信息系统经常是不完备的。目前，在粗糙集理论中，对不完备信息系统的研究有以下几种方法：一种是间接处理方法，即先将不完备信息系统转化成完备信息系统，再使用针对完备信息系统的方法对其进行处理；另一种是直接处理方法，即将经典粗糙集理论中的不可分辨关系在不完备信息系统下进行扩充，主要采用的扩充有容差关系、非对称相似关系和量化容差关系。

Grzymala-Busse 等[59-61]基于提出的最靠近适合（closest fit）概念，给出了几种处理不完备信息系统中未知属性值的方法，根据信息系统中实例在属性上取值的分布情况对未知属性值进行补齐处理。Hong 等[62,63]提出了一种利用粗糙集理论从不完备的数据集中产生确定规则和可能规则，同时能够评估未知值的知识发现方法。未知值首先被假设为任何可能值，然后根据不完备上、下近似从给定的数据集中逐渐地确定。Lingras 和 Yao[64]提出了两种可以从不完备数据库中产生规则的广义粗糙集模型。第一种广义粗糙集模型基于非对称粗糙集模型，利用上、下近似概念从具有未知值的数据库中获取规则；第二种广义粗糙集模型基于非传递粗糙集模型，从不完备的数据库中产生似然规则，取代了传统的粗糙集模型产生的概率规则。Leung 等[65]提出了一种极大相容块技术和粗糙集方法相结合的知识发现方法，用于不完备信息系统中的知识发现。

1.3.3 粗糙集理论在故障诊断领域中的应用

粗糙集理论自从 1982 年诞生至今，已经在许多实际领域取得了长足的进展，目前已经成为数据挖掘、知识获取、机器学习等领域的主流方法之一，与在上述领域的应用情况相比，粗糙集理论在故障诊断领域中的应用还处在刚刚起步的阶段。但是，随着粗糙集理论应用研究的进展，基于粗糙集理论的故障诊断方法已获得了普遍的关注，在机械工程、电力系统等领域的故障诊断中得到了广泛应用，被证明是一种有效的算法。

1992 年，Nowicki 等[66]首次将粗糙集理论应用于传送带的滚动轴承的故障诊断过程，利用约简得到的征兆，建立了 14 条诊断决策规则，用于滚动轴承运行状态的故障诊断和评价。Khoo 等[67]提出了一个用粗糙集理论处理机械诊断中多概念分类连续值的新方法。基于所提出的方法，开发出一个称为 RClass-Plus 的原型系统，并采用旋转机械故障诊断作为实例，证实了 RClass-Plus 的有效性。Tay 等[68]利用粗糙集理论，通过对柴油发动机振动信号的特征分析，实现了多缸柴油发动机阀门的故障诊断，克服了传统方法仅能识别单一故障类型的缺点。时文刚等[69]提出了一种基于粗糙集理论的往复泵泵阀故障诊断方法，该方法以小波包变换作为信号预处理手段，应用粗糙集理论提取明确的诊断规则，并由此建立了基于规则的泵阀故障诊断系统，该系统对单个和多个泵阀的故障判断都具有较好的诊断效果。文献[70]和[71]也将小波包变换与粗糙集理论相结合，取得了令人满意的机械故障诊断效果。Hou 等[72]将粗糙集理论和神经网络技术相结合，应用到制造业生产过程的远程监控和诊断过程中，对粗糙集理论在基于网络的 e-制造中的应用进行了初步的探索。另外，粗糙集和神经网络相结合也被应用于离心泵[73,74]、多级压缩机[75]、滚动轴承[76,77]的故障诊断中。基于粗糙集理论和 Hilbert-Huang 变换，Konar 等[78]提出了一种故障诊断规则的获取方法，通过对故障特征属性进行约简，实现了电机复合故障高效而准确的识别。针对水力发电机中常见的重叠故障模式识别问题，Zhang 等[79]提出了一种将粗糙集理论和支持向量机有机结合的分类器。不同于传统分类器的直接识别故障类型，该方法通过计算故障模式从属于某一特定类别的置信度，来实现故障振动信号的分析。由于该方法可以更准确地描述故障类型及其征兆之间的复杂映射关系，更适合水力发电机的故障诊断。

1.4　本书的选题背景

在诊断技术的长期发展和应用中，人们强调的是该技术的“针对性”和“应用价值”，再加上诊断技术应用的广泛性，人们从不同的角度出发研究带有共性的基本概念，如故障、征兆、原因等概念的定义，以及诊断问题的描述方法、诊断结果的解释等，而忽视了对这些基本概念本质的认识，认为没有必要，甚至不可能为诊断技术建立和发展一种系统化的理论体系，致使人们在运用诊断技术解决实际问题时，各自定义了许多带有共性的概念和问题的描述方法，影响了建立和发展一种系统化的故障诊断理论体系，使得故障诊断长期停留在各种诊断技术的平行应用上，阻碍了故障诊断在理论上的纵深发展。另外，现有的故障诊断技术是一门涉及多种学科，并在其交叉点上生长出来的新兴学科，始终是作为一门技术学科伴随着其他技术在其中的广泛应用而逐渐发展壮大的，正因为其定位在“技术” 学科上，所以长期以来，对故障诊断理论本身和故障诊断学科基础的研究相比于对故障诊断技术的研究要弱得多。有许多概念、原理和方法还有待进一步研究与探索，特别是基于人工智能技术的故障智能诊断理论，尚有许多问题有待研究与发展，完整的智能诊断理论与故障诊断技术远未达到成熟阶段。

在当前的故障诊断问题的研究中，关于不确定性诊断推理方法和技术的研究较少，而对于诊断信息不确定性度量的研究更少，仅仅是将诊断信息看成广义信息的一种具体形式，而将各种处理不确定信息的推理技术简单套用到故障诊断问题中，形成一种“程式化”的诊断技术，影响了诊断技术向纵深方向发展，究其根源，是由于对诊断问题不确定性的本质缺乏足够的理解和认识。不确定性作为故障诊断问题的一个基本特征，在实际中经常以各种不同的形态出现，因此针对故障诊断不确定性进行研究，对深刻理解故障诊断的实质，促进故障诊断的实用化具有重要的现实意义。

参 考 文 献

[1] 黄文虎, 夏松波, 刘瑞岩, 等. 设备故障诊断原理、技术及应用. 北京: 科学出版社, 1996.

[2] 王国彪, 何正嘉, 陈雪峰, 等. 机械故障诊断基础研究“何去何从”. 机械工程学报, 2013, 49(1): 63-72.

[3] 吴今培, 肖健华. 智能故障诊断与专家系统. 北京: 科学出版社, 1997.

[4] 何正嘉, 陈进, 王太勇. 机械故障诊断理论及应用. 北京: 高等教育出版社, 2010.
[5] 王道平, 张义忠. 故障智能诊断系统的理论与方法. 北京: 冶金工业出版社, 2001.
[6] 屈梁生, 张西宁, 沈玉娣. 机械故障诊断理论与方法. 西安: 西安交通大学出版社, 2009.
[7] 陈进. 机械设备振动监测与故障诊断. 上海: 上海交通大学出版社, 1999.
[8] Pearl J. Fusion, propagation, and structuring in belief networks. Artificial Intelligence, 1986, 29(3): 241-288.
[9] 李俭川, 胡茑庆, 秦国军, 等. 贝叶斯网络理论及其在设备故障诊断中的应用. 中国机械工程, 2003, 14(10): 896-900.
[10] 张宏辉, 唐锡宽. 贝叶斯推理网络在大型旋转机械故障诊断中的应用. 机械科学与技术, 1996, 25(2): 43-46.
[11] Liu E, Zhang D. Diagnosis of component failures in the space shuttle main engines using Bayesian belief networks: A feasibility study. Proceedings of the International Conference on Tools with Artificial Intelligence, Washington, 2002: 181-188.
[12] Zhu J J, Li Z X, Li K, et al. Intelligent condition diagnosis method for rotating machinery using relative ratio symptom parameter and Bayesian network. International Symposium on Signals, Systems and Electronics, Nanjing, 2010: 1-4.
[13] Li Z X, Zhu J J, Shen X F, et al. Fault diagnosis of motor bearing based on the Bayesian network. Procedia Engineering, 2011, 16(16): 18-26.
[14] Guo W Q, Zhou Q, Hou Y Y, et al. Early classification for bearing faults of rotating machinery based on MFES and Bayesian network. The 25th Chinese Control and Decision Conference, Guiyang, 2013: 1066-1071.
[15] 肖蒙, 翟琛, 潘翠亮. 基于快速贝叶斯网络的 S700K 转辙机故障诊断研究. 铁道科学与工程学报, 2015, (2): 414-418.
[16] 段新生. 证据决策. 北京: 经济科学出版社, 1996.
[17] He Y Y, Chu F L, Zhong B L. A study on group decision-making based fault multi-symptom-domain consensus diagnosis. Reliability Engineering and System Safety, 2001, 74(1): 43-52.
[18] Yang B S, Kim K J. Application of Dempster-Shafer theory in fault diagnosis of induction motors using vibration and current signals. Mechanical Systems and Signal Processing, 2006, 20(2): 403-420.
[19] Jiang F, Li W, Wang Z Q, et al. Fault diagnosis of rotating machinery based on MFES and D-S evidence theory. The 24th Chinese Control and Decision Conference, Taiyuan, 2012: 1624-1629.
[20] 向阳辉, 张干清, 庞佑霞, 等. 结合证据理论的代价敏感加权故障诊断. 机械设计与研究, 2015, (4): 16-19.
[21] Rakar A, Juricic D, Balle P. Transferable belief model in fault diagnosis. Engineering

Applications of Artificial Intelligence, 1999, 12(5): 555-567.

[22] Fu L, He Z Y, Bo Z Q. A novel algorithm for power fault diagnosis based on wavelet entropy and D-S evidence theory. The 43rd International Universities Power Engineering Conference, Padova, 2008: 1-4.

[23] Zhang L W, Yuan J S, Zhao C R. Improvement of transformer gas-in-oil diagnosis based on evidence theory. Asia-Pacific Power and Energy Engineering Conference, Shanghai, 2012: 1-4.

[24] Luo H, Yang S L, Hu X J, et al. Agent oriented intelligent fault diagnosis system using evidence theory. Expert Systems with Applications, 2012, 39(3): 2524-2531.

[25] Yang Y W, Jing Y C. A method of multi-information fusion for fault diagnosis of large gearboxes in mining. Proceedings of the International Symposium on Mining Science and Technology, Beijing, 1999: 751-754.

[26] 张彦铎, 姜兴渭, 黄文虎. 故障诊断中关联结果与专家知识的融合技术. 哈尔滨工业大学学报, 2002, 34(1): 1-3.

[27] Zadeh L A. Fuzzy sets. Information and Control, 1965, 8(3): 338-353.

[28] 杨苹, 吴捷, 冯永新. 200MW 汽轮发电机组振动故障的模糊诊断系统. 电力系统自动化, 2001, 25(10): 45-49.

[29] Lei Y G, He Z J, Zi Y Y, et al. Fault diagnosis of rotating machinery based on multiple ANFIS combination with GAs. Mechanical Systems and Signal Processing, 2007, 21(5): 2280-2294.

[30] Ye J. Fault diagnosis of turbine based on fuzzy cross entropy of vague sets. Expert Systems with Applications , 2009, 36(4): 8103-8106.

[31] Hung K C, Lin K P, Weng C C. Fault diagnosis of turbine using an improved intuitionistic fuzzy cross entropy approach. IEEE International Conference on Fuzzy Systems, Taipei, 2011: 590-594.

[32] Chen X H, Cheng G, Li H Y, et al. Diagnosing planetary gear faults using the fuzzy entropy of LMD and ANFIS. Journal of Mechanical Science and Technology, 2016, 30(6): 2453-2462.

[33] Zheng J D, Pan H Y, Cheng J S. Rolling bearing fault detection and diagnosis based on composite multiscale fuzzy entropy and ensemble support vector machines. Mechanical Systems and Signal Processing, 2017, 85: 746-759.

[34] 邓聚龙. 灰色预测与决策. 武汉: 华中工学院出版社, 1986.

[35] 刘思峰, 郭天榜, 党耀国, 等. 灰色系统理论及其应用. 北京: 科学出版社, 2000.

[36] 李尔国, 俞金寿. 基于灰色关联度分析法的压缩机故障诊断研究. 上海海运学院学报, 2001, 22(3): 294-297.

[37] 扶名福, 谢明祥, 饶泓, 等. 基于综合关联度分析的风机故障诊断. 中国机械工程, 2007, 18(20): 2403-2405.

[38] 张瑞强, 吴新忠, 季梅. 灰色关联度分辨系数的确定及其在机械故障诊断中的应用. 煤矿机械, 2013, 34(3): 121-122.

[39] 蔡文, 杨春燕, 林伟初. 可拓工程方法. 北京: 科学出版社, 1997.

[40] 赵燕伟, 张国贤. 可拓故障诊断思维方法及其应用. 机械工程学报, 2001, 37(9): 39-43.

[41] 江大川, 徐敏. 大型旋转机组故障诊断系统品质评定物元模型. 机械工程学报, 1997, 33(5): 77-82.

[42] 杨春燕, 何斌. 系统故障的可拓诊断方法. 广东工业大学学报, 1998, 15(1): 98-103.

[43] Wang M H. A novel extension method for transformer fault diagnosis. IEEE Transactions on Power Delivery, 2003, 18(1): 164-169.

[44] 刘磊, 董连文, 李江涛. 应用物元模型进行电力变压器故障诊断. 高压电器, 2000, (2): 34-37.

[45] 朱宗铭, 梁亮, 许焰, 等. 基于可拓物元的滑动轴承运行状态的综合评价. 润滑与密封, 2009, 34(11): 57-60.

[46] 姚瑶, 陈炳发, 王体春. 机械故障的可拓诊断方法研究. 机械科学与技术, 2014, 33(5): 682-687.

[47] Pawlak Z. Rough sets. International Journal of Parallel Programming, 1982, 38(5): 88-95.

[48] Pawlak Z. Rough Sets: Theoretical Aspects of Reasoning about Data. Boston: Kluwer Academic Publishers, 1991.

[49] Pawlak Z, Wong S K M, Ziarko W. Rough sets: Probabilistic versus deterministic approach. International Journal of Man-Machine Studies, 1988, 29(1): 81-95.

[50] Miao D Q, Wang J. Information-based algorithm for reduction of knowledge. IEEE International Conference on Intelligent Processing Systems, Beijing, 1997, 2: 1155-1158.

[51] Wang G Y. Rough reduction in algebra view and information view. International Journal of Intelligent Systems, 2003, 18(6): 679-688.

[52] Sui Y F, Wang J, Jiang Y C. Formalization of the conditional entropy in rough set theory. Journal of Software, 2001, 12: 23-25.

[53] 梁吉业. 关于粗糙集度量与粗糙集算方法的研究. 西安: 西安交通大学博士学位论文, 2001.

[54] Kryszkiewicz M. Comparative study of alternative types of knowledge reduction in inconsistent systems. International Journal of Intelligent Systems, 2001, 16(1): 105-120.

[55] Zhang W X, Mi J S, Wu W Z. Approaches to knowledge reductions in inconsistent systems. International Journal of Intelligent Systems, 2003, 18(9): 989-1000.

[56] Mollestad T, Skowron A. A rough set framework for data mining of propositional default

rules. International Symposium on Foundations of Intelligent Systems, Zakopane, 1996: 448-457.

[57] Wang G Y, Wu Y, Liu F. Generating rules and reasoning under inconsistencies. The 26th Annual Conference of the IEEE Electronics Society IECON, Nagoya, 2000, 4: 2536-2541.

[58] Chen X H, Zhu S J, Ji Y D. Entropy based uncertainty measures for classification rules with inconsistency tolerance. Proceedings of the IEEE International Conference on Systems, Man and Cybernetics, Nashville, 2000, 4: 2816-2821.

[59] Grzymala-Busse J W, Grzymala-Busse W J, Goodwin L K. A comparison of three closest fit approaches to missing attribute values in preterm birth data. International Journal of Intelligent Systems, 2002, 17(2): 125-134.

[60] Grzymala-Busse J W, Grzymala-Busse W J, Goodwin L K. Coping with missing attribute values based on closest fit in preterm birth data: A rough set approach. Computational Intelligence, 2001, 17(3): 425-434.

[61] Grzymala-Busse J W, Hu M. A comparison of several approaches to missing attribute values in data mining. Proceedings of the 2nd International Conference on Rough Sets and Current Trends in Computing , Banff, 2000: 340-347.

[62] Hong T P, Tseng L H, Wang S L. Learning rules from incomplete training examples by rough sets. Expert Systems with Applications, 2002, 22(4): 285-293.

[63] Hong T P, Tseng L H, Chien B C. Learning fuzzy rules from incomplete quantitative data by rough sets. IEEE International Conference on Plasma Science, Banff, 2002, 2: 1438-1443.

[64] Lingras P J, Yao Y Y. Data mining using extensions of the rough set model. Journal of the Association for Information Science and Technology, 1998, 49(5): 415-422.

[65] Leung Y, Li D Y. Maximal consistent block technique for rule acquisition in incomplete information systems. Information Sciences, 2003, 153: 85-106.

[66] Nowicki R, Slowinski R, Stefanowski J. Evaluation of vibroacoustic diagnostic symptoms by means of the rough sets theory. Computers in Industry, 1992, 20: 141-152.

[67] Khoo L P, Zhai L Y. A rough set approach to the treatment of continuous-valued attributes in multi-concept classification for mechanical diagnosis. Artificial Intelligence for Engineering Design, Analysis and Manufacturing, 2001, 15(3): 211-221.

[68] Tay F, Shen L. Fault diagnosis based on rough set theory. Engineering Applications of Artificial Intelligence, 2003, 16(1): 39-43.

[69] 时文刚, 王日新, 黄文虎. 基于粗集理论的往复泵泵阀故障诊断方法. 中国机械工程, 2002, 13(16): 1389-1391.

[70] Li N, Zhou R, Hu Q H, et al. Mechanical fault diagnosis based on redundant second generation wavelet packet transform, neighborhood rough set and support vector machine.

Mechanical Systems and Signal Processing, 2012, 28(2): 608-621.

[71] 姚成玉，李男，冯中魁，等. 基于粗糙集属性约简和贝叶斯分类器的故障诊断. 中国机械工程, 2015, 26(14): 1969-1977.

[72] Hou T H, Liu W L, Lin L. Intelligent remote monitoring and diagnosis of manufacturing processes using an integrated approach of neural networks and rough sets. Journal of Intelligent Manufacturing, 2003, 14(2): 239-253.

[73] Kawabe Y, Maegawa K, Toyota T, et al. Diagnosis method of centrifugal pumps by rough sets and partially-linearized neural network. Proceedings of the IEEE International Conference on Intelligent Processing Systems, Budapest, 1997, 2: 1490-1494.

[74] Wang H Q, Chen P. Intelligent method for condition diagnosis of pump system using discrete wavelet transform, rough sets and neural network. International Conference on Bio-Inspired Computing: Theories and Applications, Zhengzhou, 2007: 24-28.

[75] 杜海峰，王孙安，丁国锋. 基于粗糙集与模糊神经网络的多级压缩机诊断. 西安交通大学学报, 2001, 35(9): 940-944.

[76] 凌维业，贾民平，许飞云，等. 粗糙集神经网络故障诊断系统的优化方法研究. 中国电机工程学报, 2003, 23(5): 98-102.

[77] Chen Z X, Gao L. Fault diagnosis of roller bearing using dual-tree complex wavelet transform, rough set and neural network. Advances in Intelligent Systems Research, 2013: 1196-1199.

[78] Konar P, Bhawal S, Saha M, et al. Rough set based multi-class fault diagnosis of induction motor using Hilbert transform. International Conference on Communications, Devices and Intelligent Systems, Kolkata, 2012: 337-340.

[79] Zhang X Y, Zhou J Z, Guo J, et al. Vibrant fault diagnosis for hydroelectric generator units with a new combination of rough sets and support vector machine. Expert Systems with Applications, 2012, 39(3): 2621-2628.

第 2 章　故障诊断的信息模型及其不确定性度量

2.1　引　　言

半个世纪以来，信息科学获得了巨大的发展，从狭义信息论发展成广义的信息科学，成为一门具有普遍指导意义的基础学科，并已经在生命科学、分析化学、机械学、物理学、医学、经济学等应用学科中取得了丰硕的研究成果。人们开始采用崭新的信息科学方法论来研究高级事物的复杂行为，以物质和能量为中心的传统科学将逐渐让位于以物质、能量和信息为中心的现代科学[1]。

随着信息科学的崛起和信息技术的快速发展，设备系统也逐渐被信息化和数字化。对大型设备系统的运行状态进行实时采集、监控、分析、决策和优化，是保证设备系统安全稳定运行的重要支柱。针对大规模的、复杂的设备系统的故障诊断技术，包含信息运动的几乎所有过程，正是信息科学应用的良好舞台。20 多年来，信息技术在故障诊断中的应用取得了巨大成功，但是作为信息科学理论基石的信息理论在故障诊断中的应用研究并不多见。近年来，由于机器设备日趋复杂化、智能化及光机电一体化，传统的诊断技术已很难适应，随着计算机技术、智能信息处理技术的发展，诊断技术进入了第三个发展阶段——信息技术、人工智能与知识工程相结合的智能诊断技术阶段。

人工智能领域的大量研究成果给机械故障诊断领域带来了新的思路，该领域的重心逐渐朝着诊断维护的智能化偏移。智能故障诊断以人类思维的信息加工和认识过程为研究基础，通过有效地获取、传递、处理、共享诊断信息，以智能化的诊断推理和灵活的诊断策略对监控对象的运行状态及故障做出正确判断与决策[2]。智能诊断的主要优势在于从人类认知并改造客观世界的方法出发，寻找诊断推理与维护决策行为的共性，利用机器学习方法来实现诊断维护过程[3]。智能诊断模型的构造与应用符合诊断知识的实际应用过程，为提高现代复杂工程技术系统的可靠性开辟了一条新的途径[4]。智能故障诊断技术的关键是获取、传递、处理和利用诊断信息的能力。因此，可以从信息的角度来描述故障诊断的概念，解释故障诊断的性质。

信息的提取过程即对信息进行加工、整理、解释、挑选和改造的过程，是信息向知识的转化过程[5]。与信息科学在生命科学、机械学、分析化学和经济学等学科中的应用情形相似，在故障诊断中研究信息科学，尤其是引入和研究其中的信息理论，是以设备系统作为主要研究对象，以诊断信息在故障诊断各信息环节中的运动规律作为主要研究内容，以信息科学方法论作为主要研究方法，以提高诊断信息的可靠性和扩展故障诊断的信息功能（特别是其中的智能功能）作为主要研究目标的一项应用基础型的研究课题。

本章便是在广义的信息理论的基础上，通过学科类比，引入信息科学的原理，把设备系统发生故障并引起相关征兆出现的过程，描述为故障信息运动的过程，给出故障诊断的广义信息运动过程和基本信道模型。结合故障诊断中以信息处理为主要方式的特点，从信息的角度对故障诊断问题进行描述，并建立一个故障诊断信息模型，给出故障诊断信息系统的定义。以粗糙集理论作为基本工具，对故障诊断问题中经常出现的两种不确定性——不一致性和不完备性，分别从代数观点和信息论观点进行不确定性的度量。

2.2　故障诊断的信息解释及其不确定性

2.2.1　故障诊断的信息解释

对设备的故障诊断，实际上自有工业生产以来就已存在。早期人们依据对设备的触摸，对声音、振动等状态特征的感受，凭借工匠的经验，可以判断某些故障的存在，并提出修复的措施。但是故障诊断技术作为一门学科，是 20 世纪 60 年代以后才发展起来的[6]。

故障诊断技术发展至今已经历三个阶段：第一阶段由于机器设备比较简单，故障诊断主要依靠专家或维修人员的感觉器官、个人经验及简单仪表就能胜任故障的诊断与排除工作；第二阶段是以传感器技术、动态测试技术为手段，以信号分析和建模处理为基础的现代诊断技术，在工程中已得到了广泛的应用；近年来，由于机器设备日趋复杂化、智能化及光机电一体化，传统的诊断技术已很难适应，随着计算机技术、智能信息处理技术的发展，诊断技术进入了第三个发展阶段——信息技术、人工智能与知识工程相结合的智能诊断技术阶段。

智能故障诊断技术的关键是获取、传递、处理和利用诊断信息的能力。因此，可以从信息的角度来描述故障诊断的概念，解释故障诊断的不确定性；运用信息处理技术来解决故障诊断中的规则获取等问题。

基于智能信息处理的故障诊断技术就是利用计算机的推理能力、人类专家的丰富经验知识，以及人工智能的推理学习等功能，有效地获取、传递、处理和利用设备系统的特征信息和其他诊断信息，从而识别出给定环境下诊断对象的状态，即设备系统可能的故障及其产生的原因。

在故障诊断的过程中，由于人类的实践总是受客观环境和条件的限制，所获得的关于诊断对象的信息经常表现出不精确性、不完备性和不一致性等，这就造成了诊断信息的不确定性和故障诊断推理、决策的不确定性。可以说，不确定性是智能故障诊断问题的一个重要特征。在信息具有不确定性的情况下，任何决策方案都可能引起信息量的损失，信息量损失其实就是对决策方案不确定度的量化。在信息理论中，某种决策引起信息量损失最小则信息被利用得最为充分，这种决策方案的不确定程度最低，也最为合理[7]。

在故障诊断中，设备系统发生故障并引起相关征兆出现的过程，可以描述为故障信息运动的过程。传统的信息理论主要应用于通信领域，主要研究信源、信道、信宿各环节中信息的运动。为了在设备故障诊断中应用信息理论，可以采用学科类比的方法，引入信息理论中信源、信宿、信道的概念来描述设备系统故障诊断的信息运动过程[8]。与通信领域相对应，设备系统的征兆信号是“广义信源”，设备系统的运行状态是“广义信宿”，而各种诊断推理策略则是“广义信道”。故障诊断的目的是利用设备系统中已知的征兆信息进行分析和决策，得出设备系统真实的运动状态和本质性的规律，这是一个“广义的信息重建”的过程，这种广义的通信系统如图 2.1 所示。

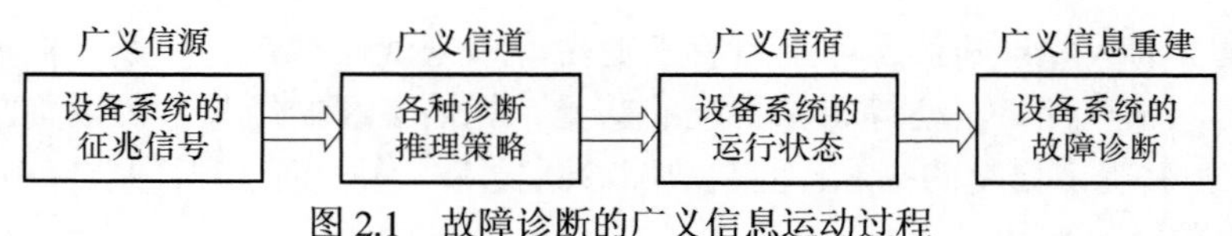

图 2.1　故障诊断的广义信息运动过程

通过类比研究，针对离散概率型的故障诊断信息，建立了故障诊断信息传递的基本信道模型，如图 2.2 所示。图中，输入量 X 是“设备系统的各种征兆信息”，在故障过程中设备系统总共能产生 m 种征兆，则该信道的输入是一个 m 维的随机矢量 X；而输出量 Y 是“设备系统的运行状态”，在故障过程中设备系统总共有 n 种状态，则该信道的输出是一个 n 维的随机矢量 Y。在故障时，观测到一组征兆，由于设备系统的不确定性，一方面同一故障状态可能产生不同的征兆；另一方面，多种故障状态也可能产生相同的故障征兆，故障诊断就是根据故障征兆 X 进行决策，确定最有可能的设备状态 Y。由此可见，故障诊断的过程就是一个广义的信息重建的过程。

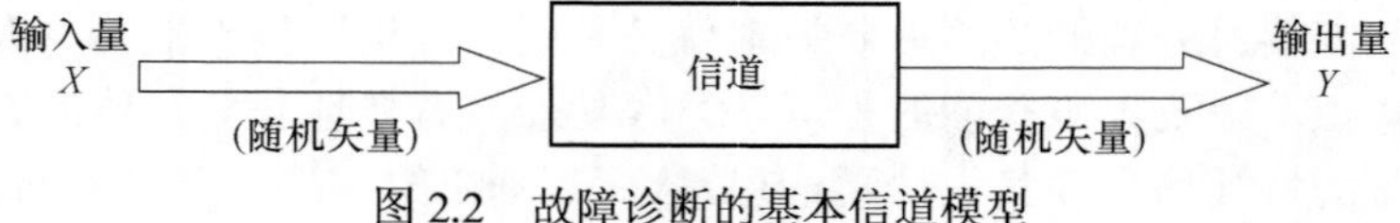

图 2.2　故障诊断的基本信道模型

在上述故障诊断基本信道模型中，如果信道中无干扰（噪声），信道输出信息与输入信息一一对应，那么接收到传送过来的信息后就消除了对发送信息的先验不确定性。但是，一般信道中有干扰存在，接收到信息 X 后对发送的是什么信息仍有不确定性。

2.2.2　故障诊断不确定性的含义

诊断信息是机械系统运行状态的数字化表达，它描述了机械系统中零部件时空运动状态的不确定性，因此诊断信息具有复杂性和不确定性是一种普遍现象。客观世界中描述现象的知识以及信息具有一定的不确定性。尤其在工程系统的状态监测中，由于监测手段以及观测者本身的局限性、环境的复杂性、信息采集方法的不完善性等因素，表达系统的运行状态的信息通常具有非精确、不完全、未知、不准确、不一致等多种不确定性[9]。

不确定性作为复杂系统故障诊断的一个重要特点，表现在多个方面[10]：①诊断对象的不确定性，包括系统的不确定性和故障的不确定性。这种不确定性与系统本身结构和运行工况有关。②诊断信息的不确定性。这是故障诊断不确定性的主要表现形式。③诊断知识的不确定性。根据包含不确定性的诊断信息形成的诊断知识必然也体现出不确定性的特点。由于诊断知识多来源于领域专家的实践经验，经常以产生式规则的形式表示，所以其不确定性主要表现为前提条件的不确定性和规则结论的不确定性。④诊断推理的不确定性。推理过程的不确定性，本质上是知识不确定性的另一个方面。

在上述四个方面中，最基本、最普遍的是诊断信息的不确定性，其次是诊断知识的不确定性。实际上，知识是由信息加工出来的产物，是一种具有普遍和概括性质的高层次的信息，因此诊断知识的不确定性也可以看成一种广义上的诊断信息的不确定性。在本章中，如不特别说明，故障诊断的不确定性主要是指诊断信息（包括诊断知识）的不确定性。

参考人工智能领域关于不确定性的理解，结合故障诊断问题的特点，本书提出，诊断信息的不确定性大体可以划分为以下几种类型。

1. 随机性

随机性是指诊断信息本身是随机的。由于条件提供得不充分或偶然因素的干扰，几种人们已经知道的结果呈现出偶然性，在某次诊断信息获取时不能预知哪一个结果发生。

2. 模糊性

模糊性是指由诊断信息外延的不分明造成的一种不确定性，即诊断信息本身的含义缺乏绝对分明的界限，使其不能对诊断对象的状态给出确定的描述。这是由于诊断对象的复杂性，其概念不能给出确定的描述。

3. 歧义性

歧义性是指在故障诊断过程中，诊断信息中含有多种意义明显不同的解释，如果离开具体的上下文和诊断信息所在的环境，往往难以判断其正确的含义。

4. 冗余性

与诊断信息的不完备性对应的是诊断信息的冗余性。在故障诊断中，冗余诊断信息的存在，一方面是对诊断资源的浪费（需要获取代价、处理时间和存储空间）；另一方面，可能生成错误的诊断决策规则或发现无用的知识，直接影响生成简洁、高效的诊断决策规则，影响故障诊断的效率和实时性。

5. 不精确性

用于描述系统状态和行为的诊断信息实际上只能是部分的，因此便产生了诊断信息的不精确性。诊断信息的不精确性是上下文相关的，也就是说，诊断信息的不精确性是与诊断对象的不同粒度层次相关联的。

6. 不完备性

不完备性有时也称为不完全性。诊断信息的不完备主要包括三种含义：①收集的原始诊断数据不完全，存在着空值数据；②诊断征兆的空缺；③收集的原始诊断数据密度过于稀疏，对故障诊断模式的可能空间缺乏代表性。

7. 不一致性

不一致性也称为矛盾性。例如，两个故障实例的故障征兆值相同而故障类型不同，这种不一致现象在故障诊断中是大量存在的。不一致性的产生，有很多种原因，如表征故障现象的故障征兆不充分、测量中的差错以及记录数据过程中的失误等。

8. 不可靠性

这种不确定性有别于上述各种类型，上述各种类型是从诊断信息的表现形式描述不确定性的，而不可靠性从诊断信息提供的角度来描述不确定性。主要是指诊断信息的来源不可靠，专家主观上对诊断信息的可靠性不能完全确定。例如，当怀疑某个领域专家的知识水平，或怀疑某个测试仪器、采集装置的工作可靠性时，来源于他们的诊断信息自然就认为是不可靠的，在进行决策时，这样的信息要经过加权处理并经综合处理后才能使用。

在故障诊断中，形成上述各种不确定性的原因是多种多样的，但是诊断信息的不确定性主要是由以下三种原因造成的：①诊断信息中的噪声；②诊断信息的获取（数据采集等）和转化；③外界环境的干扰。

对于重要的机械设备，企业通常都建立相应的故障诊断数据库，但是由于种种原因，描述故障模式的诊断信息常有某种程度的不完备[11]，这些在时间、空间上都可能不完备的诊断信息包含丰富的设备运行信息[12,13]。由于不完备信息的含义不明确，所以首要的问题就是如何理解和描述不完备诊断信息，即不完备诊断信息的语义解释和关系模型。

2.3　故障诊断不完备信息的产生原因及语义解释

下面给出故障诊断中不完备信息的产生原因，并在此基础上研究不完备诊断信息的语义解释。

2.3.1　故障诊断不完备信息的产生原因

通常，在故障诊断问题中，用于获取诊断规则的数据集都是完备、没有缺失的。但是，在实际故障诊断领域，信息不完备是指诊断系统中某一数据或多个数据丢失、不完全或无法确定，即数据信息不完整[14]。实际上，描述故障模式的诊断信息常有某种程度的不完备，在各种实用的数据库中，故障征兆值缺失的情况经常发生甚至是不可避免的。诊断信息的不完备包括空值数据、征兆属性空缺和数据稀疏等情况。造成诊断信息不完备性的产生，主要有以下原因。

1. 信息暂时无法获取

在实际的故障诊断过程中，并非所有的征兆属性值都能在给定的时间内得到。例如，有些征兆属性值的测量周期长，或现场诊断要求快速性，都可能造成数据集中个别实例的某些征兆属性值存在空缺现象，造成诊断信息不完备性的产生。

2. 信息采集装置发生故障

在实际的故障诊断过程中，用于获取故障数据的传感器发生故障，将造成数据集中个别实例的某些征兆属性值存在空缺现象，造成诊断信息不完备性的产生。

3. 某些故障实例对应的征兆值是不可用的

在实际的故障诊断过程中，获取的故障数据都存放在一定格式的数据库（表）中，用于存储的数据表为了能够尽可能包括系统的所有故障情况，常常设计许多描述系统故障症状的字段——征兆，但是某些故障的发生并不是在所有征兆上都有所表现，所以从全局的角度观测数据表，就会发现某些征兆属性值存在空缺现象，造成诊断信息不完备性的产生。

4. 某些故障征兆信息获取的代价太大

在实际的故障诊断过程中，诊断信息的获取都要付出相应的代价，而且不同的征兆，获取时所付出的代价也是不一样的，通常情况下，都是要将征兆的有效性和获取代价综合起来考虑。在保证诊断准确性的前提下，尽可能地选用获取代价较小的征兆信息。对于那些获取代价较大的征兆信息，如果不是对诊断决策必不可少，通常都不会花费如此大的代价去获得它们，因此在实际的故障诊断中，就会造成某些征兆属性值出现不完备的情况。

5. 故障诊断的实时性

在实际的故障诊断过程中，当一些容易造成系统严重事故的故障状态出现时，为了避免重大事故的发生，常常需要迅速诊断出故障，在实时性要求很高的情况下，并不是所有的诊断信息都能在要求的时间内得到，将造成数据集中个别实例的某些征兆属性值存在空缺现象，造成诊断信息不完备性的产生。

6. 领域专家的个人主观性

在实际的故障诊断过程中，不同的专家在诊断同一个故障状态时，通常会需要不同的征兆信息，也就是说，由于专家的经验及个人主观等因素的影响，有的专家认为对诊断结论很重要的征兆信息，在另外的专家看来并不是必需的。所以，对于同一个诊断结论，就会出现某些征兆属性值存在空缺现象，造成诊断信息不完备性的产生。

7. 诊断信息存储过程中产生的不完备性

在保存已获取的诊断信息的过程中，存储介质、传输介质的故障，以及一些人为因素等，都会使得诊断信息包含一定程度的不完备性。

在故障诊断问题中，较为普遍的是征兆属性值空缺的情况。而且征兆属性值空缺比征兆属性空缺更具有一般性，即某一个征兆的所有征兆属性值都空缺的情况就相当于征兆属性空缺。所以在本章中，对于诊断信息不完备性的理解，主要是指征兆属性值空缺的情况。

由于不完备的故障诊断信息令人难以明确理解其含义，在现有的故障诊断方法与技术中，对故障诊断的不完备性研究得非常少，但是不完备性作为故障诊断不确定性的一个重要表现形式，在实际的故障诊断过程中广泛存在，因此对故障诊断的不完备性进行研究，既具有较大的理论价值，也具有重要的实践意义。

2.3.2 不完备诊断信息的语义解释

对于故障诊断，不完备信息是指诊断系统中某一数据对象或多个数据对象的属性（一般为条件属性）丢失、不完全或无法确定，表现为数据信息残缺；不协调信息是指两个或多个数据对象的条件相同，但诊断结果不一致，表现为数据信息矛盾[15]。在信息技术领域，不完备信息的出现早已有之，对于不完备信息系统的理解，存在两种语义解释：遗漏（missing）语义和缺席（absent）语义。在遗漏语义下认为遗漏值将来总是可以得到的，并可以与任意值相比较；而在缺席语义下认为缺席值是无法再得到的，不能与任一值相比较。多年来正是在这两种语义的指导下，出现了一系列处理数据缺失（不完备信息）的各种方法和技术。但是这些方法和技术大都是在忽略了不完备信息的领域背景下进行的。2.3.1 节分析了引起故障诊断中信息不完备的各种原因，从中可以看出，仅仅将不完备诊断信息区分为遗漏语义和缺席语义并不能准确概括与解释故障诊断信息的不完备性。因此，本节结合故障诊断不完备信息的成因，采用如下几种语义解释来描述故障诊断的不完备性。

1. 丢失语义

丢失语义是指缺失的征兆属性值在决策规则形成之初是肯定存在的，只不过是后来的数据存储等环节造成了该数据的丢失，该丢失值在将来有可能还能得到，但是这要取决于此规则描述的故障状态是否能够重现。

2. 缺席语义

缺席语义下，认为缺席值是无法再得到的，不能与任一值相比较。

3. 无关语义

无关语义是指缺失的征兆属性值对此决策规则的形成不起任何作用，也可以说缺失的征兆属性值对此规则是完全无关的一个属性值，在进行数据处理时，无关语义可以用该征兆属性的值域中的任何值取代。

4. 受限无关语义

受限无关语义是无关语义的一种特殊情况，此种语义下的缺失值可以用该征兆属性的值域中的任何已知值取代。

5. 同类语义

同类语义是与故障诊断的决策类别相联系的。对于某个含有不完备诊断信息的实例状态，同类语义认为缺失的征兆属性值只能用该征兆属性值域中的部分值代替，这部分值涉及的实例与含有缺失值的实例的决策类别相同。

在故障诊断决策系统中，对于一个故障状态，一些属性值可能是空缺的。对于这种情况，通常给定一个空值“*”表示这些属性值。在本章中，仅考虑征兆属性值包含空值的情况。

2.4　故障诊断的信息模型

下面给出故障诊断信息的分类，并在此基础上建立故障诊断的信息模型。

2.4.1　故障诊断信息的分类

在系统可靠性评估与故障诊断中，由于不确定性信息的形式多样，首先有必要对不确定性信息进行分类，并介绍相应的处理方法，然后分别对可靠性评估与故障诊断中常用的几种不确定性理论及方法予以评述[16]。故障诊断中的信息量十分庞大，要对其进行有效和深入的研究，需要对其进行科学的分类。诊断信息包括所有对诊断有用的信息，可以把诊断过程中的所有诊断信息归纳为以下几类[17]。

（1）系统的功能性信息。这类信息主要反映了系统工况的工作参数，如设备的负荷、电压、转速等。

（2）反映系统结构动态特性的振动、噪声等信息。这类信息间接反映了系统的内部状态，是系统的约束条件。

（3）系统工作过程中产生的非功能性信息。例如，轴承中产生的热量、发动机排出的烟气等，这类信息也是系统的约束条件。

（4）与系统工作介质有关的相关信息。例如，汽轮发电机组供油系统中油的压力、黏度、温度，蒸汽的进汽压力、温度，凝汽器的排汽温度、压力等，这类信息反映了系统工作介质的状态，因而影响着设备的工作状态，也属于系统的约束条件。

（5）系统工作的历史信息。这类信息反映了设备的历史状态，而系统的当前状态总是与历史状态有关，因此也是对诊断非常有用的一类信息，对故障预测更加重要。

（6）可直接观测到的系统故障信息。例如，设备结构的变形、裂纹和腐蚀等。

（7）系统工作的环境信息。例如，环境温度、湿度等。

2.4.2　故障诊断的信息模型

模型是现实世界的一种抽象表达，故障诊断信息模型是对诊断信息的抽象表达，是一系列用于描述系统故障诊断需求、测试诊断知识和诊断功能特性等的抽象定义[18]。根据故障诊断问题的概念体系，结合文献[1]中提出的信息问题模型，本节给出一个故障诊断的抽象信息模型，如图 2.3 所示。图中给出了由设备系统（诊断对象）、感测系统和识别系统以及将它们联系在一起的信息构成的一种抽象系统，其中，设备系统为认识客体，感测系统、识别系统为认识主体，这个抽象模型包含如下四个重要过程。

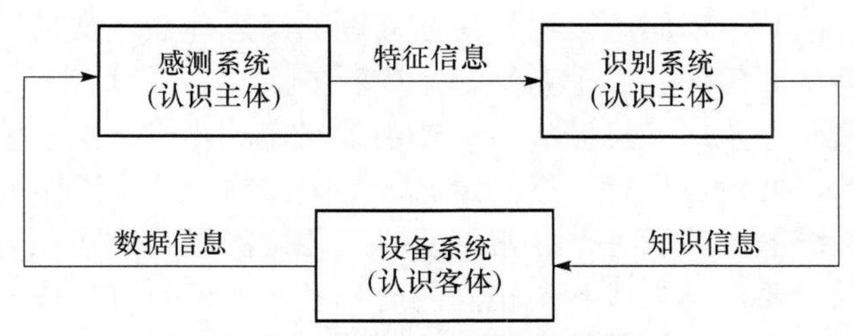

图 2.3　故障诊断的抽象信息模型

（1）信息产生。设备系统产生本体论意义上的诊断信息，即反映设备系统运动的状态和方式的各种数据。

（2）信息获取。本体论意义上的诊断信息被感测系统实时采集，并被操作处理后，转变为第一类认识论意义上的特征信息，如表征设备系统的各种征兆。

（3）信息处理。第一类认识论意义上的特征信息经过识别系统（如智能计算机）处理加工后，得出反映主体意志的更加本质的信息，称为第二类认识论意义上的知识信息，如产生式诊断决策规则。

（4）信息施效。第二类认识论意义上的知识信息反作用于设备系统，改变设备系统的运行状态，使设备系统的运行变得更加安全、高效和经济。

由于故障诊断过程中要从设备系统采集数据信息，同时要发送诊断结果、维修建议和控制决策到设备系统，所以图 2.3 所示的信息模型中还有一个诊断信息传递的基本过程。因此，故障诊断中诊断信息的运动规律至少包含五个方面，即诊断信息从产生、获取、处理、传递到施效的规律。

在所建立的故障诊断信息模型中，诊断信息在不同的运动过程中，是以数据、特征、知识三种不同的形式表现的。通常数据只是记录信息的一种形式；实际上，知识是由信息加工出来的产物，是一种具有普遍和概括性质的高层次的信息。因此，在图 2.3 所示的信息模型中，通过将诊断信息划分为数据信息、特征信息和知识信息，可以很好地理解这些概念在故障诊断中的转化过程及其不同阶段的特点和形式。

2.5　故障诊断信息系统

复杂信息系统由多个异构子系统组成，这些子系统分别具有信息收集、存储、传输、处理、加工以及显示等功能。它们既相互独立，又相互关联，共同为决策提供辅助支持[19]。通过对故障诊断中诊断信息的认识和故障诊断信息模型的建立，可以理解故障诊断中诊断信息的运动过程。下面给出故障诊断信息系统的定义。

在故障诊断过程中，要想对诊断信息进行处理，就需要给出一种合适的信息表示形式来描述故障诊断问题。根据诊断问题的概念体系，文献[17]用形式化的方式给出了故障诊断问题的一个意义非常广泛的定义。文献[20]结合粗糙集理论中信息系统的概念，给出了机械故障诊断中信息表的生成方法，但只是以一种描述的形式给出的，并没有进行严格的定义。另外，对于从实际中获取的用于组成故障诊断信息系统的故障状态，经常重复出现相同的模式，而在粗糙集理论中，对于重复的相同对象还是当成各不相同的对象处理，而没有当成一个整体处理，这在具体运算时，会使运算的效率降低。因此，针对文献[17]中给出的故障诊断问题的形式化定义，结合粗糙集理论中信息系统的概念，这里进一步具体化这个定义，给出一种基于信息表的故障诊断问题的表达形式，它是本章对故障诊断问题表达和处理的基本工具。

故障诊断信息系统（FDIS）的基本成分是设备系统状态的集合，这些状态既包括设备系统的正常状态，也包括设备系统的故障状态。这些状态是通过指定状态的属性（特征）和它们的属性值（特征值）来描述的。

定义 2.1　故障诊断信息系统 FDIS 可以用六元组 FDIS $=\langle U, A, V_A, f_A, V_k, f_k\rangle$ 表示，其中：

$U=\{u_1, u_2,\cdots, u_n\}$是非空有限集，称为设备系统的状态（实例）域。

A 是一个非空有限的属性集合，它以一组特征刻画设备系统状态域中各个元素的状态（包括正常状态和故障状态）。

$V_A=\bigcup_{a\in A} V_a$ 是属性值的集合，其中 V_a 是属性 a 的值域。

f_A: $U\times A\rightarrow V_A$ 是一个信息函数，它为设备系统的每个状态的每个属性赋予一个信息值，即对于任意的 $a\in A, u\in U$，$f_a(u)\in V_a$ 。

$V_k=\bigcup_{u\in U} V_u$ 是设备系统状态域中各状态的数量的集合，其中 V_u 是状态 u 的数量。

f_k: $U\rightarrow V_k$ 称为数量函数，它为设备系统的每个状态赋予一个数值，表示相同状态的数量，即对于任意的 $u\in U$，$f_k(u)\in V_k$ 。

在处理大量相同的故障状态时，数量函数的概念可以将这些相同的状态实例看作一个状态，而只需为该状态实例赋予一个相应的数量函数值即可。

上述定义的故障诊断信息系统中的数据可以以一种称为故障诊断信息表的形式来表示，信息表的行对应要研究的设备系统的状态，列对应状态的属性，状态的信息是通过指定状态的各属性值表达的。

在实际的故障诊断中，故障诊断信息系统中的属性经常划分为征兆属性和决策属性，由此形成了一种特殊而重要的故障诊断信息系统，本章将其定义为故障诊断决策系统（FDDS），记为 FDDS $=\langle U, M\cup D, V_A, f_A, V_k, f_k\rangle$，其中 M 和 D 分别为征兆属性集合和决策属性集合，满足 $A=M\cup D$，且 $M\cap D=\varnothing$。

根据故障诊断决策系统形成的一类特殊的信息表，称为故障诊断决策表。其实，故障诊断决策表就是故障诊断决策系统的一种具体表达形式。

现以某机械系统为例给出上述定义的具体描述。通过观测得到该机械设备的六个状态描述如表2.1所示。其中，$U=\{u_1, u_2,\cdots, u_6\}$为该机械系统的六个状态；$M=\{n, t, p\}$为描述该机械系统特征的三个征兆属性集合，$V_n=V_t=\{\text{Normal, High}\}$，$V_p=\{\text{Normal, Low, Very low}\}$；$D=\{d\}$为描述机械系统状态的决策属性集合，$V_d=\{\text{Yes, No}\}$；$V_k=\{1, 4, 5, 10, 30, 50\}$。

表 2.1　故障诊断决策表

U	V_u	n	t	p	d
u_1	50	Normal	High	Low	Yes
u_2	4	High	Normal	Low	Yes
u_3	5	High	High	Very low	Yes
u_4	30	Normal	High	Normal	No
u_5	1	High	Normal	Low	No
u_6	10	Normal	High	Very low	Yes

2.6　不完备故障诊断信息系统的关系模型

2.6.1　不完备故障诊断信息系统的定义

定义 2.2　给定故障诊断决策系统 FDDS $=\langle U, M\cup D, V_A, f_A, V_k, f_k\rangle$，$u_i\in U$，$A=M\cup D$，$M$ 和 D 分别为征兆属性集合和决策属性集合，$V_M=\bigcup_{a\in M} V_a$ 是属性值的集合，其中 V_a 是征兆属性 a 的值域。$\text{Inf}(u_i)=\{(b, f_b(u_i)) \mid b\in A\}$称为 u_i 的信息向量。如果某一个属性值域 V_a 包含特殊符号“*”，则表示该属性值是未知的。实际上，假设对于属性 $a\in M$，对象 $u_i\in U$ 只有一个值，这样如果属性 a 的值是未知的，则

实际值一定是集合 $V_a\backslash\{*\}$中的一个。任何与“*”不同的属性值都称为是正则的。在一个故障诊断决策系统中，如果 U 中所有对象的所有属性值都是正则的，则该系统是完备的；如果至少有一个征兆属性 $a\in M$，使得 V_a 中含有未知值，即$*\in V_a$，并且对所有 $d\in D$，V_d 中都不含有未知值，则将其称为不完备的。

在上述不完备故障诊断决策系统的定义中，空值只出现在征兆属性的值域中，在决策属性值域中，不包含空值。本章认为决策属性值包含空值的状态实例，可以当成错误实例予以删除。

类似地，也以决策表的形式具体表达不完备故障诊断决策系统。一个典型的不完备故障诊断决策表如表 2.2 所示。

表 2.2　不完备故障诊断决策表

U	m_1	m_2	m_3	m_4	d
u_1	3	2	1	0	f_1
u_2	2	3	2	0	f_1
u_3	2	3	2	0	f_2
u_4	*	2	*	1	f_1
u_5	*	2	*	1	f_2
u_6	2	3	2	1	f_2
u_7	3	*	*	3	f_1
u_8	*	0	0	*	f_2
u_9	3	2	1	3	f_2
u_{10}	1	*	*	*	f_1
u_{11}	*	2	*	*	f_2
u_{12}	3	2	1	*	f_1

其中，$U=\{u_1, u_2,\cdots, u_{12}\}$为机械设备的 12 个状态；$M=\{m_1, m_2, m_3, m_4\}$为描述该机械设备的四个征兆属性集合，$V_{m_1}=\{1,2,3,*\}$，$V_{m_2}=\{0,2,3,*\}$，$V_{m_3}=\{0,1,2,*\}$，$V_{m_4}=\{0,1,3,*\}$；$D=\{d\}$为描述机械设备状态的决策属性集合，$V_d=\{f_1,f_2\}$。

在本章所考虑的不完备故障诊断决策系统中，认为空值在实际上是存在的，只不过是由于某些不可抗拒的主观原因和客观原因造成暂时的空缺，实际上，空缺的属性值在客观实际中，一定属于该属性值域中某一个具体的属性值。

粗糙集理论的出现，为众多学者提供了研究信息系统中对象之间关系的新视角，特别是针对不完备信息系统中对象关系模型的研究，更是成为众多学者的研究热点。下面在总结已有研究成果的基础上，结合故障诊断问题中不完备信息的特点，提出一种适合描述不完备故障诊断问题的关系模型。

2.6.2　容差关系

在不完备故障诊断决策系统中，Pawlak 提出的传统粗糙集中的不可分辨关系已不再成立，因此需要对不可分辨关系进行扩充，使其能够用来描述不完备信息系统。最早进行此方面研究的是 Kryszkiewicz[21]提出的容差关系。一个不完备故障诊断决策系统 FDDS，令 $B \subseteq M$，则 U 上的容差关系定义为

$$\underset{u_i,u_j \in U}{\forall}(T_B(u_i,u_j) \Leftrightarrow \underset{a \in B}{\forall}(f_a(u_i)=f_a(u_j) \vee f_a(u_i)=* \vee f_a(u_j)=*)) \tag{2.1}$$

容易验证，容差关系是自反的、对称的，但不是传递的，所以容差关系 T 不是 U 上的一个等价关系。$U/T(M)$不构成故障诊断状态域的划分，而是构成了 U 的覆盖。当然，在一个完备故障诊断决策系统中，T 将退化为一个等价关系。

对象 u_i 的容差类定义为

$$I_B^T(u_i)=\left\{u_j \middle| u_j \in U \wedge T_B(u_i,u_j)\right\} \tag{2.2}$$

$I_B^T(u_i)$ 描述了论域 U 中，对于征兆属性集合 B，可能与 u_i 相容的对象的全体。

对于表 2.2 所示的实例，由征兆属性 M 确定的容差类为

$$I_M^T(u_1)=\{u_1,u_{11},u_{12}\}, I_M^T(u_2)=\{u_2,u_3\},$$
$$I_M^T(u_3)=\{u_2,u_3\}, I_M^T(u_4)=\{u_4,u_5,u_{10},u_{11},u_{12}\},$$
$$I_M^T(u_5)=\{u_4,u_5,u_{10},u_{11},u_{12}\}, I_M^T(u_6)=\{u_6\},$$
$$I_M^T(u_7)=\{u_7,u_8,u_9,u_{11},u_{12}\}, I_M^T(u_8)=\{u_7,u_8,u_{10}\},$$
$$I_M^T(u_9)=\{u_7,u_9,u_{11},u_{12}\}, I_M^T(u_{10})=\{u_4,u_5,u_8,u_{10},u_{11}\},$$
$$I_M^T(u_{11})=\{u_1,u_4,u_5,u_7,u_9,u_{10},u_{11},u_{12}\}, I_M^T(u_{12})=\{u_1,u_4,u_5,u_7,u_9,u_{11},u_{12}\}$$

虽然容差关系可以直接处理不完备信息系统，但是由于容差关系对应的不完备信息的语义是“丢失语义”，认为缺失值可以用包含缺失值的征兆属性的值域中的任意值代替，这会导致两个实例对象在没有明确相同的已知征兆属性值时，或者只有极少数相同的已知征兆属性值的情况下就被判定为是不可分辨的。例如，实例 u_7 和 u_8，在容差关系下，二者是不可分辨的，但是这两个实例的征兆属性值没有一个相同，它们征兆属性值相同的概率很小。因此，容差关系的要求过于宽松，扩大了实例的容差类，使得到的结果与实际相差较大。

2.6.3　非对称相似关系

在对粗糙集理论的不可分辨关系进行扩充的研究中，Stefanowski 等[22]提出了非对称相似关系。非对称相似关系对应的不完备信息的语义是“缺席语义”。

一个不完备故障诊断决策系统 FDDS，令 $B \subseteq M$，则 U 上的非对称相似关系定义为

$$\underset{u_i,u_j \in U}{\forall}(S_B(u_i,u_j) \Leftrightarrow \underset{a\in B}{\forall}(f_a(u_i)=* \vee f_a(u_i)=f_a(u_j))) \tag{2.3}$$

显然，非对称相似关系是自反的、传递的，但不是对称的。非对称相似关系是集合 U 上的偏序。实际上，非对称相似关系可以认为是包含关系的一个代表，只要 u_i 的描述包含于 u_j 的描述，就认为它们相似。根据对象 u_i 可定义如下两个非对称相似类。

非对称相似于 u_i 的对象集合：

$$R_B(u_i)=\left\{u_j \middle| u_j \in U \wedge S_B(u_j,u_i)\right\} \tag{2.4}$$

$R_B(u_i)$是指除了缺失值的所有已知属性值都要一一对应地与 u_i 的已知属性值相等的对象集合。

与对象 u_i 非对称相似的对象集合：

$$R_B^{-1}(u_i)=\left\{u_j \middle| u_j \in U \wedge S_B(u_i,u_j)\right\} \tag{2.5}$$

$R_B^{-1}(u_i)$ 是指 u_i 除了缺失值以外的所有已知属性值都要一一对应地与已知属性值相等的对象集合。

显然，这是两个不相同的集合。

分析可知，非对称相似关系比容差关系满足条件的要求更高。例如，实例 u_7 和 u_8，在容差关系下，二者是不可分辨的，但是在非对称相似关系下，二者就不是相似的。因此，由非对称相似关系得到的近似结果要比容差关系好，更能提供一些有用的信息。但是，与容差关系相比，非对称相似关系又显得不够安全，它的条件在某些情况下又显得过于苛刻，直观上看来很相似的两个对象，由于在某些征兆属性上存在着不完备信息，导致使用非对称相似关系而将其判断为不相似。

对于表 2.2 所示的实例，根据非对称相似关系可以得到如下计算结果：

$$R_M^{-1}(u_1)=\{u_1\}, R_M(u_1)=\{u_1,u_{11},u_{12}\},$$
$$R_M^{-1}(u_2)=\{u_2,u_3\}, R_M(u_2)=\{u_2,u_3\},$$
$$R_M^{-1}(u_3)=\{u_2,u_3\}, R_M(u_3)=\{u_2,u_3\},$$
$$R_M^{-1}(u_4)=\{u_4,u_5\}, R_M(u_4)=\{u_4,u_5,u_{11}\},$$
$$R_M^{-1}(u_5)=\{u_4,u_5\}, R_M(u_5)=\{u_4,u_5,u_{11}\},$$
$$R_M^{-1}(u_6)=\{u_6\}, R_M(u_6)=\{u_6\},$$

$$R_M^{-1}(u_7)=\{u_7,u_9\},R_M(u_7)=\{u_7\},$$
$$R_M^{-1}(u_8)=\{u_8\},R_M(u_8)=\{u_8\},$$
$$R_M^{-1}(u_9)=\{u_9\},R_M(u_9)=\{u_7,u_9,u_{11},u_{12}\},$$
$$R_M^{-1}(u_{10})=\{u_{10}\},R_M(u_{10})=\{u_{10}\},$$
$$R_M^{-1}(u_{11})=\{u_1,u_4,u_5,u_9,u_{11},u_{12}\},R_M(u_{11})=\{u_{11}\},$$
$$R_M^{-1}(u_{12})=\{u_1,u_9,u_{12}\},R_M(u_{12})=\{u_{11},u_{12}\}$$

2.6.4　限制容差关系

从上面的分析不难看出，容差关系和非对称相似关系是对不可分辨关系扩充的两个极端：容差关系的条件太宽松，使用它容易将根本没有相同的已知属性信息的对象划分到同一个容差类中；而非对称相似关系可能将具有很多相同已知属性信息的实例判断为不相似。因此，王国胤[23]提出了介于容差关系和非对称相似关系之间的限制容差关系。

一个不完备故障诊断决策系统 FDDS，令 $B\subseteq M$，$P_B(u_i)=\left\{a\middle|a\in B\wedge f_a(u_i)\neq *\right\}$。则 U 上的限制容差关系定义为

$$\begin{aligned}\underset{u_i,u_j\in U}{\forall} L_B(u_i,u_j)\Leftrightarrow & \underset{a\in B}{\forall}\left(f_a(u_i)=f_a(u_j)=*\right)\\ & \vee\left(\left(P_B(u_i)\cap P_B(u_j)\neq\varnothing\right)\right.\\ & \left.\wedge\underset{a\in B}{\forall}\left(\left(f_a(u_i)\neq *\right)\wedge\left(f_a(u_j)\neq *\right)\rightarrow\left(f_a(u_i)=f_a(u_j)\right)\right)\right)\end{aligned}\tag{2.6}$$

显然，限制容差关系是自反的、对称的，但不是传递的。根据对象 u_i 可定义如下限制容差类：

$$I_B^L(u_i)=\left\{u_j\middle|u_j\in U\wedge L_B(u_i,u_j)\right\}\tag{2.7}$$

对于表 2.2 所示的实例，根据限制容差关系可以得到如下计算结果：

$$I_M^L(u_1)=\{u_1,u_{11},u_{12}\},I_M^L(u_2)=\{u_2,u_3\},$$
$$I_M^L(u_3)=\{u_2,u_3\},I_M^L(u_4)=\{u_4,u_5,u_{11},u_{12}\},$$
$$I_M^L(u_5)=\{u_4,u_5,u_{11},u_{12}\},I_M^L(u_6)=\{u_6\},$$
$$I_M^L(u_7)=\{u_7,u_9,u_{12}\},I_M^L(u_8)=\{u_8\},$$
$$I_M^L(u_9)=\{u_7,u_9,u_{11},u_{12}\},I_M^L(u_{10})=\{u_{10}\},$$
$$I_M^L(u_{11})=\{u_1,u_4,u_5,u_9,u_{11},u_{12}\},I_M^L(u_{12})=\{u_1,u_4,u_5,u_7,u_9,u_{11},u_{12}\}$$

文献[23]已经证明，满足限制容差关系的要求比满足容差关系的要求高，但比非对称相似关系的低，限制容差关系结合了容差关系和非对称相似关系的优点，

克服了两者各自的缺点，相对于其他非等价关系，限制容差关系是一个较好的关系定义。

根据限制容差类的定义可知，当采用限制容差关系判断对象是否为相同类时，两个对象只要有一个已知属性值相同，而在其余属性上取值无法比较时仍然将它们视为同类。

2.6.5 约束非对称相似关系

基于对容差关系和非对称相似关系的分析，尹旭日等[24]提出了一种约束非对称相似关系。一个不完备故障诊断决策系统 FDDS，令 $B \subseteq M$，$P_B(u_i,u_j)=\{a|a\in B \wedge (f_a(u_i)\neq *) \wedge (f_a(u_j)\neq *)\}$，则 U 上的约束非对称相似关系定义为

$$\underset{u_i,u_j\in U}{\forall} C_B(u_i,u_j) \Leftrightarrow \underset{a\in B}{\forall}\left(f_a(u_i)=*\right) \vee \left(\left(P_B(u_i,u_j)\neq\varnothing\right) \wedge \underset{a\in B}{\forall}\left(\left(a\in P_B(u_i,u_j)\right) \rightarrow \left(f_a(u_i)=f_a(u_j)\right)\right)\right) \tag{2.8}$$

显然，约束非对称相似关系是自反的，但不满足对称性和传递性。

综合上述四种扩充关系可以发现，在一个含有缺失值的不完备故障诊断决策系统 FDDS 中，令 $B\subseteq M$，$a\in M$，考查任意两个对象在属性 a 上的取值关系，不外乎下述五种情况：

（1）$f_a(u_i)$ 和 $f_a(u_j)$ 取值都明确，但是不相同。表示为

$$\underset{u_i,u_j\in U}{\forall}\left(K_B^1(u_i,u_j) \Leftrightarrow \underset{a\in B}{\forall}\left(f_a(u_i)\neq *\right) \wedge \left(f_a(u_j)\neq *\right) \wedge \left(f_a(u_i)\neq f_a(u_j)\right)\right) \tag{2.9}$$

（2）$f_a(u_i)$ 的取值明确，但是 $f_a(u_j)$ 的取值不明确。表示为

$$\underset{u_i,u_j\in U}{\forall}\left(K_B^2(u_i,u_j) \Leftrightarrow \underset{a\in B}{\forall}\left(f_a(u_i)\neq *\right) \wedge \left(f_a(u_j)= *\right)\right) \tag{2.10}$$

（3）$f_a(u_i)$ 的取值不明确，但是 $f_a(u_j)$ 的取值明确。表示为

$$\underset{u_i,u_j\in U}{\forall}\left(K_B^3(u_i,u_j) \Leftrightarrow \underset{a\in B}{\forall}\left(f_a(u_i)= *\right) \wedge \left(f_a(u_j)\neq *\right)\right) \tag{2.11}$$

（4）$f_a(u_i)$ 和 $f_a(u_j)$ 取值都不明确。表示为

$$\underset{u_i,u_j\in U}{\forall}\left(K_B^4(u_i,u_j) \Leftrightarrow \underset{a\in B}{\forall}\left(f_a(u_i)= *\right) \wedge \left(f_a(u_j)= *\right)\right) \tag{2.12}$$

（5）$f_a(u_i)$ 和 $f_a(u_j)$ 取值都明确，并且相等。表示为

$$\underset{u_i,u_j\in U}{\forall}\left(K_B^5(u_i,u_j)\Leftrightarrow\underset{a\in B}{\forall}\left(f_a(u_i)\neq *\right)\wedge\left(f_a(u_j)\neq *\right)\wedge\left(f_a(u_i)=f_a(u_j)\right)\right) \tag{2.13}$$

2.6.6 改进限制相容关系

结合不完备故障诊断决策系统的决策属性值，可以认为，对于含有不完备信息的故障诊断决策系统，缺失的征兆属性值与该征兆属性的值域中所有已知属性值相等的概率并不完全相同，而最有可能取自与含有缺失值的实例具有相同决策属性值的实例所涵盖的征兆属性值域。因此，在描述不完备故障诊断决策系统中两个实例对象的关系时，不能不考虑两个实例对象的决策属性值是否相同的情形。基于上述分析，本章提出一种新的二元关系用来刻画不完备故障诊断决策系统中的两个对象之间的相似关系——改进限制相容关系。

一个不完备故障诊断决策系统 FDDS，令 $B\subseteq M$，$P_B^D(u_i,u_j)=\left\{a\middle|a\in B\wedge\left(f_a(u_i)\neq *\right)\wedge\left(f_a(u_j)\neq *\right)\wedge\left(f_D(u_i)=f_D(u_j)\right)\right\}$，则 U 上的改进限制相容关系定义为

$$\begin{aligned}\underset{u_i,u_j\in U}{\forall}H_B(u_i,u_j)\Leftrightarrow\ &\underset{a\in B}{\forall}\left(\left(f_a(u_i)=f_a(u_j)=*\right)\wedge\left(f_D(u_i)=f_D(u_j)\right)\right)\\&\vee\left(\left(P_B^D(u_i,u_j)\neq\varnothing\right)\wedge\underset{a\in B}{\forall}\left(\left(a\in P_B^D(u_i,u_j)\right)\right.\right.\\&\left.\left.\rightarrow\left(f_a(u_i)=f_a(u_j)\right)\right)\right)\end{aligned} \tag{2.14}$$

显然，改进限制相容关系是自反的、对称的，但不是传递的。根据对象 u_i 可定义如下改进限制相容类：

$$I_B^H(u_i)=\left\{u_j\middle|u_j\in U\wedge H_B(u_i,u_j)\right\} \tag{2.15}$$

对于如表 2.2 所示的实例，根据改进限制相容关系可以得到如下计算结果：

$$\begin{gathered}I_M^H(u_1)=\{u_1,u_{12}\},I_M^H(u_2)=\{u_2\},\\I_M^H(u_3)=\{u_3\},I_M^H(u_4)=\{u_4,u_{12}\},\\I_M^H(u_5)=\{u_5,u_{11}\},I_M^H(u_6)=\{u_6\},\\I_M^H(u_7)=\{u_7,u_{12}\},I_M^H(u_8)=\{u_8\},\\I_M^H(u_9)=\{u_9,u_{11}\},I_M^H(u_{10})=\{u_{10}\},\\I_M^H(u_{11})=\{u_5,u_9,u_{11}\},I_M^H(u_{12})=\{u_1,u_4,u_7,u_{12}\}\end{gathered}$$

不难发现，本章提出的改进限制相容关系形成的相似类是在限制容差关系的基础上，去掉不属于同一决策属性值的对象后形成的。

上述针对不完备信息形成的二元扩充关系，在论域上形成的不再是划分，而是覆盖。本章在此给出一种从覆盖的角度描述上述扩充关系的指标，即扩充关系

的所有相似类的对象总和。这个指标可以在宏观上描述各种扩充关系中各相似类之间对象重合程度的情况。根据等价关系对论域形成的划分不难理解，对象重合度小的扩充关系表明论域中对象的可辨识度好。为此，给出如下定义。

一个不完备故障诊断决策系统 FDDS，令 $B \subseteq M$，则 U 上的扩充关系 I_M 形成的所有相似类的对象总和定义为

$$S(I_M)=\sum_{i=1}^{U} I_M(u_i) \tag{2.16}$$

根据上述定义，可以求得容差关系对应的 $S(I_M^T)=50$；非对称相似关系对应的 $S(R_M^{-1})=24$；限制容差关系对应的 $S(I_M^L)=38$；改进限制相容关系对应的 $S(I_M^H)=22$。在上述几种关系中，改进限制相容关系的对象重合度最小。

2.7 基于代数观点的故障诊断决策系统的不确定性度量

在复杂系统的事故状态下，决策系统需根据实时故障情境迅速、准确地在故障早期定位故障根源，制定合理有效的故障应对方案。然而，在现实应用中，各种不确定性因素无处不在，如模糊性、随机性和时变性等，加上大量强非线性的复杂机理现象，这些问题往往难以用任何解析模型进行精确描述和近似[25]。

在对故障诊断决策系统的不确定性分析中，不确定性度量是一个重要的问题。对于不确定性度量的研究，将有助于观察故障诊断决策系统在处理过程中不确定性程度的变化。当故障诊断决策系统的不确定性程度减小时，实际上就是丢掉了一部分不确定知识，也就是说，丢失了部分信息；反之，当故障诊断决策系统的不确定性程度增加时，实际上就是引入了一部分不确定信息。在故障诊断决策规则获取的研究中，为了得到适应性广的诊断决策规则，往往需要在系统中增加不确定性信息，即通过降低系统的确定性来增加系统的适应性。所以，无论是希望提高系统的不确定性，还是降低系统的不确定性，都需要对故障诊断决策系统的不确定性进行度量，这是研究故障诊断问题不确定性的基础，也是故障诊断决策系统不确定性分析的关键。

2.7.1 故障诊断决策系统的不一致性及其度量

故障诊断的不一致性，也可以称为矛盾性，是故障诊断问题不确定性的一种最为常见的表现形式。在故障诊断问题中，不一致性主要有两种情况：第一种不一致性是指故障诊断决策表中包含冲突（矛盾）的故障实例，即两个故障实例的征兆属性值相同而决策属性值不同，这是最为常见的一种不一致情况，这种不一致性的产生，主要有以下三种可能性。

（1）表征故障现象的故障征兆不充分。在这种情况下，利用所采用的故障征兆不能对故障实例进行正确的分类，必须增加额外的故障征兆才能正确区分各个故障实例。

（2）诊断信息的获取不准确。在获取诊断信息的过程中，信息采集系统的累积误差、测量仪器的精度，以及数据记录的失误，都会使诊断信息包含一定程度的不一致性。

（3）数据预处理产生的冲突。例如，在数据格式转换过程中的合理取舍，对故障征兆值进行离散化处理等都有可能使一些故障实例之间出现不一致现象。

第二种不一致性是由于人们认识能力的有限性，故障诊断决策系统只包含了故障状态空间中所有实例中的一部分，这其实是一种客观事实，因为用于获取诊断决策规则的故障诊断决策系统包含的实例是有限的，仅仅是状态全集的一个子集（甚至是一个很小的子集），所以当有新的待识别实例出现时，可能会与故障诊断决策系统中的状态实例产生冲突。这种不一致性的存在将会影响利用由故障诊断决策系统获得的诊断决策规则进行决策判断。

本章主要针对故障诊断中最为常见的第一种不一致性进行研究。

对于一个故障诊断决策系统 FDDS = $\langle U, M\cup D, V_A, f_A, V_k, f_k\rangle$，$A=M\cup D$，$U/\mathrm{IND}(M)$和 $U/\mathrm{IND}(D)$分别为状态域 U 在属性集合 M 和 D 上形成的等价类族，征兆等价类可描述为 $X_i\in U/\mathrm{IND}(M)(i=1, 2, \cdots, m)$，$m$ 为征兆等价类的个数；决策等价类可描述为 $Y_j\in U/\mathrm{IND}(D)(j=1, 2, \cdots, n)$，$n$ 为决策等价类的个数。

对任意一个征兆等价类 $X_i\in U/\mathrm{IND}(M)$，设 X_i 中包含的状态实例为 n，即 $X_i=\{u_{i1}, u_{i2}, \cdots, u_{in}\}$，称 $\partial_M(X_i)=\{f_D(u_{ij}) \mid u_{ij}\in X_i, j=1, 2, \cdots, n\}$为等价类 X_i 的决策函数。如果 $\mathrm{card}(\partial_M(X_i))=1$，则称 X_i 为一致的，否则称 X_i 为不一致的。card(·)表示集合的基数。

定义 2.3　对任意故障诊断决策系统 FDDS = $\langle U, M\cup D, V_A, f_A, V_k, f_k\rangle$，$A=M\cup D$，$X=\{X_1, X_2, \cdots, X_m\}$是 U 上由征兆属性集合划分的等价类族，m 为等价类的个数；如果至少存在一个征兆等价类是不一致的，则称 FDDS 为不一致故障诊断决策系统。

表 2.1 中由征兆属性形成的等价类族为 $X=\{X_1, X_2, X_3, X_4, X_5\}$。其中 $X_1=\{u_1\}, X_2=\{u_2, u_5\}, X_3=\{u_3\}, X_4=\{u_4\}, X_5=\{u_6\}$；由决策属性形成的等价类族为 $Y=\{Y_1, Y_2\}$。其中 $Y_1=\{u_1, u_2, u_3, u_6\}, Y_2=\{u_4, u_5\}$。对于等价类 $X_2=\{u_2, u_5\}$，$\partial_M(X_2)=\{\text{Yes, No}\}$，$\mathrm{card}(\partial_M(X_2))=2$，所以等价类 X_2 是不一致的征兆等价类。由于等价类族 $X=\{X_1, X_2, X_3, X_4, X_5\}$中的等价类 X_2 是不一致的征兆等价类，所以如表 2.1 所示的决策表为不一致故障诊断决策系统。

本章用故障诊断决策系统整体不一致度和局部最大不一致度来度量决策系统的不一致性。

定义 2.4 给定故障诊断决策系统 $\text{FDDS}=\langle U, M\cup D, V_A, f_A, V_k, f_k\rangle$，$A=M\cup D$，$M$ 和 D 分别为征兆属性集合和决策属性集合，$X_i\in U/\text{IND}(M)(i=1,2,\cdots,m)$为征兆等价类，$Y_j\in U/\text{IND}(D)(j=1,2,\cdots,n)$为决策等价类，令 $T_i=\max\{X_i\cap Y_j\}$，则对于任意征兆等价类 X_i，其对于决策属性等价类的一致度可表示为 $k(X_i)=\max\{f_k(X_i\cap Y_j)/f_k(X_i)\}=f_k(T_i)/f_k(X_i)$。$k(X_1),k(X_2),\cdots,k(X_m)$是征兆等价类对决策属性等价类的一致度，那么故障诊断决策系统的局部最大不一致度为

$$\mu_{\max}=1-\min\{k(X_1), k(X_2), \cdots, k(X_m)\} \tag{2.17}$$

定义 2.5 给定故障诊断决策系统 $\text{FDDS}=\langle U, M\cup D, V_A, f_A, V_k, f_k\rangle$，$A=M\cup D$，$U=\{u_1, u_2,\cdots, u_n\}$为设备系统的状态（实例）域，$X=\{X_1, X_2, \cdots, X_m\}$是 U 上由征兆属性集合划分的等价类族，则故障诊断决策系统的整体不一致度为

$$\mu=1-\frac{\sum_{i=1}^{m} f_k(T_i)}{\sum_{j=1}^{n} f_k(u_j)} \tag{2.18}$$

故障诊断决策系统的局部最大不一致度反映了决策系统各个征兆等价类中的最大不一致情况，故障诊断决策系统的整体不一致度反映了决策系统的整体不一致情况。

对如表 2.1 所示的故障诊断决策表的征兆等价类 $X_1=\{u_1\}, X_2=\{u_2,u_5\}, X_3=\{u_3\}, X_4=\{u_4\}, X_5=\{u_6\}$，对应有集合 T_1、T_2、T_3、T_4、T_5，且满足 $T_1=\{u_1\}, T_2=\{u_2\}, T_3=\{u_3\}, T_4=\{u_4\}, T_5=\{u_6\}$，则有

$$k(X_1)=1，k(X_2)=0.8，k(X_3)=1，k(X_4)=1，k(X_5)=1$$

$$\mu=1-[(f_k(T_1)+f_k(T_2)+f_k(T_3)+f_k(T_4)+f_k(T_5))/f_k(U)]=0.01$$

$$\mu_{\max}=1-\min\{k(X_1), k(X_2), k(X_3), k(X_4), k(X_5)\}=1-\min\{1,0.8,1,1,1\}=0.2$$

2.7.2 故障诊断决策系统的不完备性及其度量

通常，在故障诊断问题中，用于获取诊断规则的数据集都是完备、没有缺失的。但是，在实际的故障诊断问题中，描述故障模式的诊断信息常有某种程度的不完备，诊断信息的不完备包括空值数据、征兆属性空缺和数据稀疏等情况。造成诊断信息不完备性的产生，主要有以下两种可能性。

（1）数据收集存在困难。在实际的故障诊断过程中，并非所有的征兆属性值都能在给定的时间内得到，例如，有些征兆属性值的测量周期长，或现场诊断要求快速性，以及诊断过程中获取故障数据的传感器发生故障，都可能造成数据集中个别实例的某些征兆属性值存在空缺现象，这些都会造成诊断信息不完备性的产生。

（2）诊断信息存储过程中产生的不完备性。在保存已获取的诊断信息的过程中，存储介质、传输介质的故障，以及一些人为因素等，都会使诊断信息包含一定程度的不完备性。

其实，2.7.1 节叙述的故障诊断的不一致性，究其根源，可以看成是由故障征兆的不完备造成的，两个故障实例的征兆属性值相同而决策属性值不同，可以认为是由缺少能够区分这两个实例的其他故障征兆（这些征兆由于主观和客观原因，暂时没有被认识）造成的。

在故障诊断问题中，较为普遍的是征兆属性值空缺的情况。在本章中，对于诊断信息不完备性的理解，主要是指征兆属性值空缺的情况，并且认为，某个征兆属性的空缺值（未知值）可以与该征兆属性值域中的任意确定值相比较（匹配、相等）。

由于不完备的故障诊断信息令人难以明确理解其含义，在现有的故障诊断方法与技术中，对故障诊断的不完备性研究得非常少，但是不完备性作为故障诊断不确定性的一个重要表现形式，在实际的故障诊断过程中广泛存在，因此对故障诊断的不完备性进行研究，既具有较大的理论价值，也具有重要的实践意义。

下面仿照故障诊断不一致性的分析方法，针对故障诊断决策系统，给出故障诊断不完备性的定义和度量。

在故障诊断决策系统中，对于一个故障状态，一些属性值可能是空缺的。对于这种情况，通常给定一个空值“*”表示这些属性值。在本章中，仅考虑征兆属性值包含空值的情况。根据故障征兆属性中是否包含空值的情况，故障诊断决策系统可以分为完备故障诊断决策系统和不完备故障诊断决策系统。

定义 2.6 给定故障诊断决策系统 $\text{FDDS} = \langle U, M\cup D, V_A, f_A, V_k, f_k\rangle$，$u_i\in U$，$A=M\cup D$，$M$ 和 D 分别为征兆属性集合和决策属性集合，$V_M=\bigcup_{a\in M} V_a$ 是属性值的集合，其中 V_a 是征兆属性 a 的值域。$\text{Inf}(u_i)=\{(b, f_b(u_i)) \mid b\in A\}$称为 u_i 的信息向量。如果某一个属性值域 V_a 包含特殊符号“*”，则表示该属性值是未知的。实际上，假设对于属性 $a\in M$，对象 $u_i\in U$ 只具有一个值，这样如果属性 a 的值是未知的，则实际值一定是集合 $V_a\backslash\{*\}$中的一个。任何与“*”不同的属性值都称为是正则的。在一个故障诊断决策系统中，如果 U 中所有对象的所有属性值都是正则的，则该系统是完备的；如果至少有一个征兆属性 $a\in M$，使得 V_a 中含有未知值，即 $*\in V_a$，并且对所有 $d\in D$，V_d 中都不含有未知值，则称其为不完备的。

在上述不完备故障诊断决策系统的定义中，空值只出现在征兆属性的值域中，在决策属性值域中，不含有空值。本章认为决策属性值包含空值的状态实例，可以当成错误实例予以删除。另外，在本章所考虑的不完备故障诊断决策系统中，认为空值在实际上是存在的，只不过是由于某些不可抗拒的主观因素和客观因素造成了暂时的空缺，实际上，空缺的属性值在客观实际中一定属于该属性值域中某一个具体的属性值。

类似地，也以决策表的形式来具体表达不完备故障诊断决策系统。一个典型的不完备故障诊断决策表如表 2.3 所示。

表 2.3　不完备故障诊断决策表

U	V_u	n	t	p	v	d
u_1	50	Normal	High	*	Normal	f_1
u_2	4	*	*	Low	Normal	f_2
u_3	5	High	*	Very low	Normal	f_2
u_4	30	*	*	Normal	High	f_3
u_5	1	High	Normal	Low	Normal	f_1
u_6	10	Normal	*	Very low	Normal	f_1

其中，$U=\{u_1,u_2,\cdots,u_6\}$为机械设备的六个状态；$M=\{n, t, p, v\}$为描述该机械设备的四个征兆属性集合，$V_n=V_t=\{*, \text{Normal}, \text{High}\}$，$V_p=\{*, \text{Normal}, \text{Low}, \text{Very low}\}$，$V_v=\{\text{Normal}, \text{High}\}$。$D=\{d\}$为描述机械设备状态的决策属性集合，$V_d=\{f_1,f_2,f_3\}$。

对于上述不完备故障诊断决策系统，根据定义，空缺的属性值可以用属于该属性值域中某一个具体的属性值代替，把经过这种代替操作得到的完备故障诊断决策系统称为原不完备故障诊断决策系统的一个完备化，根据组合可知，一个不完备故障诊断决策系统的完备化可以有多个，接下来引入不完备故障诊断决策系统的扩展和完备化的概念。

一个不完备故障诊断决策系统 FDDS=$\langle U, M\cup D, V_A, f_A, V_k, f_k\rangle$，$A=M\cup D$，$M$ 和 D 分别为征兆属性集合和决策属性集合。决策系统 FDDS′=$\langle U', A', V_A', f_A', V_k', f_k'\rangle$ 称为原决策系统 FDDS 的一个扩展，当且仅当：

（1）$U=U'$；

（2）$A=A'$；

（3）对任意的 $a\in A$，$u_i\in U$，如果 $f_a(u_i)\neq *$，则蕴涵 $f_a'(u_i)=f_a(u_i)$。

FDDS 的一个扩展 FDDS′称为原决策系统的一个完备化，当且仅当 FDDS′是完备的。

显然，在不完备故障诊断决策系统中，Pawlak 提出的传统粗糙集中的不可分辨关系已不再成立，因此本章采用 Kryszkiewicz[26]提出的相似关系来描述故障状态域 U 中对象的关系。一个不完备故障诊断决策系统 FDDS，令 $B\subseteq M$，则 U 上的相似关系 SIM(B)定义为

$$\text{SIM}(B)=\{(u_i, u_j)\in U\times U \mid \forall a\in B, f_a(u_i)=f_a(u_j)\text{或} f_a(u_i)=*\text{或} f_a(u_j)=*\} \quad (2.19)$$

容易验证，相似关系是自反的、对称的，但不一定是传递的，所以 SIM(B) 是 U 上的一个容差关系。当然，在一个完备故障诊断决策系统中，SIM(B)将退化为一个等价关系。

以 $S_B(u_i)$表示对象的相似类集，$S_B(u_i)=\{u_j\in U \mid (u_i, u_j)\in \text{SIM}(B)\}$。$S_B(u_i)$描述了论域 U 中对于征兆属性集合 B 可能与 u_i 相似的对象的全体。

令 $U/\text{SIM}(B)=\{S_B(u_i) \mid u_i\in U\}$表示根据征兆属性 B 将 U 上的对象进行划分而得到的所有相似类，$U/\text{SIM}(B)$中的相似类构成了 U 的一个覆盖。

对于如表 2.3 所示的实例，由征兆属性 M 确定的相似类为

$$S_M(u_1)=\{u_1,u_2,u_6\}，S_M(u_2)=\{u_1,u_2,u_5\}，S_M(u_3)=\{u_3\}，$$

$$S_M(u_4)=\{u_4\}，S_M(u_5)=\{u_2,u_5\}，S_M(u_6)=\{u_1,u_6\}，$$

$$U/\text{SIM}(M)=\{\{u_1, u_2, u_6\},\{u_1, u_2, u_5\},\{u_3\},\{u_4\},\{u_2, u_5\},\{u_1, u_6\}\}$$

不难理解，空缺属性值越多，所依据的确定信息就越少，就越不容易确定该不完备故障诊断决策系统所对应的实际状态（即实际中的一个完备化），本章用不完备故障诊断决策系统的局部最大不完备度和整体不完备度来度量不完备故障诊断决策系统的不完备性。

定义 2.7　设 $\text{FDDS}=\langle U, M\cup D, V_A, f_A, V_k, f_k\rangle$ 是一个不完备故障诊断决策系统，$U=\{u_1, u_2,\cdots, u_n\}$为设备系统的状态（实例）域，$A=M\cup D$，$M$ 和 D 分别为征兆属性集合和决策属性集合，$M=\{c_1,c_2,\cdots,c_m\}$，$a\in M$，$S_M(u_i)=\{u_{i1}, u_{i2},\cdots, u_{ij}\}$为征兆相似类，则对于任意征兆相似类 $S_M(u_i)$，其不完备度为

$$g(S_M(u_i))=\frac{\sum_{l=1}^{j}\sum_{a=c_1}^{c_m} f_k(u_{il} \mid f_a(u_{il})=*)}{\text{card}(M)\times f_k(S_M(u_i))} \tag{2.20}$$

则 $g(S_M(u_1)), g(S_M(u_2)),\cdots, g(S_M(u_n))$是征兆相似类的不完备度，那么不完备故障诊断决策系统的局部最大不完备度定义为

$$g_{\max}=\max\{g(S_M(u_1)), g(S_M(u_2)),\cdots, g(S_M(u_n))\} \tag{2.21}$$

定义 2.8　给定故障诊断决策系统 $\text{FDDS}=\langle U, M\cup D, V_A, f_A, V_k, f_k\rangle$，$A=M\cup D$，$U=\{u_1, u_2,\cdots, u_n\}$为设备系统的状态（实例）域，$M=\{c_1,c_2,\cdots,c_m\}$，$a\in M$，那么不完备故障诊断决策系统的整体不完备度定义为

$$g=\frac{\sum_{i=1}^{n}\sum_{a=c_1}^{c_m} f_k(u_i \mid f_a(u_i)=*)}{\text{card}(M)\times \sum_{j=1}^{n} f_k(u_j)} \tag{2.22}$$

不完备故障诊断决策系统的局部最大不完备度反映了决策系统各个征兆相似类中的最大不完备情况，不完备故障诊断决策系统的整体不完备度反映了决策

系统的整体不完备情况。

对于如表 2.3 所示的不完备故障诊断决策表，其征兆相似类的不完备度为 $g(S_M(u_1))=0.27$，$g(S_M(u_2))=0.26$，$g(S_M(u_3))=0.25$，$g(S_M(u_4))=0.50$，$g(S_M(u_5))=0.40$，$g(S_M(u_6))=0.25$；不完备故障诊断决策系统的局部最大不完备度 $g_{max}=0.50$；不完备故障诊断决策系统的整体不完备度 $g=0.33$。

2.7.3 故障诊断决策系统的不确定性度量

对于一个故障诊断决策系统，它有可能是不完备的，经过完备化之后，它的不确定性有所减少，这个减少量在本章中用不完备度来刻画，完备化后的决策系统，其中还可能包含着冲突、矛盾等不一致信息，这也是一种不确定性，本章用不一致度来刻画这种不一致性。因此，本章提出：一个故障诊断决策系统的不确定性度量主要包括两部分，第一部分是对其不完备性的度量，主要是针对其中由空缺属性值引起的不完备性的度量；第二部分是对其不一致性的度量，主要是对其中包含的不一致信息的度量。

从实际应用的角度来讲，考察一个故障诊断决策系统的不确定性的度量，更倾向于考察决策系统中包含不一致性的情况，对于不完备的故障诊断决策系统，经常是根据一些约束条件，将其转化为它的一个完备化，然后应用针对不一致故障诊断决策系统的不确定性度量方法来对其进行度量。

本节对故障诊断决策系统不确定性的度量是在集合运算上定义的，故称为基于代数观点的故障诊断决策系统的不确定性度量。

2.8 基于信息论观点的故障诊断决策系统的不确定性度量

信息理论的创始人 Shannon 在其 1948 年发表的信息理论奠基性论文《通信的数学理论》中提出了两个重要的概念：熵和互信息（mutual information）。利用这两个概念，Shannon 对通信系统进行理论分析，取得了通信技术史上划时代的重要成果。互信息是信息理论中一个非常重要的概念，因互信息能够衡量非线性的相关关系，目前已广泛应用于变量相关性的评价与变量选择中[27]。利用熵的概念来刻画信息的不确定性，已经被应用到数据库、数据分配和基于规则系统的分类等应用领域中。在故障诊断领域，最先提出机器故障熵概念的是我国著名机械诊断专家屈梁生院士，并利用故障熵作为衡量机械诊断中确诊率的指标[28]；我国另一位著名的机械诊断专家杨叔子院士则将故障熵用于设备的可诊断性问题的研究，给出了一种量化的可诊断性方法[29]。

在故障诊断的各种实际应用领域中，严格精确和确定的信息并不多见，大量的信息是不精确和不确定的，需要采用不确定性推理对不确定性诊断信息进行处理。可以说，不确定性是故障诊断问题的本质特征，因此故障诊断系统的能力更主要反映在求解不确定性问题的能力上。本节针对故障诊断问题的不确定性，结合信息熵的含义，提出利用故障熵作为故障诊断不确定性的度量，并对故障熵的概念进行详细的阐述，这可以称为基于信息论观点的故障诊断决策系统的不确定性度量。

2.8.1　故障熵的定义

对任意一个故障诊断信息系统 FDIS = $\langle U, A, V_A, f_A, V_k, f_k\rangle$，根据粗糙集理论中关于知识的定义，属性集合 A 可以看成论域 U 上的一个等价关系。可以认为，U 上任一等价关系都可以看成定义在 U 上的子集组成的 σ-代数上的一个随机变量[30]。其概率分布可以通过如下方法来确定。

给定故障诊断信息系统 FDIS =$\langle U, A, V_A, f_A, V_k, f_k\rangle$，$U=\{u_1, u_2,\cdots, u_n\}$为设备系统的状态（实例）域，$A$ 是一个非空有限的属性集合，它以一组特征刻画了设备系统状态域中各个元素的状态（包括正常状态和故障状态）。$Z=\{Z_1,Z_2,\cdots,Z_m\}$是 U 上由属性集合 A 所划分的等价类族，则 A 在 U 上的子集组成的σ-代数上的概率分布为

$$[Z;p]=\begin{bmatrix} Z_1 & Z_2 & \dots & Z_m \\ p(Z_1) & p(Z_2) & \dots & p(Z_m) \end{bmatrix} \tag{2.23}$$

其中，$p(Z_i)=\dfrac{f_k(Z_i)}{f_k(U)}$，$i=1,2,\cdots,m$。

本章所关心的是等价关系 A 这个随机变量的不确定性，即在对这个随机变量进行观察、分析时，其结果的不确定性。正因为这种不确定性，才驱使人们对系统状态进行观察、分析，并从中获取信息。等价关系 A 包含用于刻画设备系统状态域中各个元素的状态的一组特征，因此对于它的不确定性的度量也就是对故障诊断信息不确定性的度量。结合信息论中熵概念的本质含义——信息不确定性的度量，本章提出故障熵的概念，作为故障诊断不确定性的度量。

定义 2.9　给定故障诊断信息系统 FDIS =$\langle U, A, V_A, f_A, V_k, f_k\rangle$，$U=\{u_1,u_2,\cdots,u_n\}$为设备系统的状态（实例）域；$A$ 是一个非空有限的属性集合，它以一组特征刻画设备系统状态域中各个元素的状态（包括正常状态和故障状态）。$Z=\{Z_1,Z_2,\cdots,Z_m\}$是 U 上由属性集合 A 所划分的等价类族，则由属性 A 描述的故障诊断信息系统的故障熵用 $H(A)$表示，并定义为

$$H(A)=-\sum_{i=1}^{m} p(Z_i)\log_2 p(Z_i) \tag{2.24}$$

关于故障熵的单位，由于二元概率空间是最简单的概率空间，所以取二元概

率空间在等概率时的故障熵值作为单位熵，该单位称为比特（bit），相应的对数底应取为 2。

故障熵作为信息熵在故障诊断信息学中的具体表现形式，同时继承了信息熵的一些性质：非负性[31]，即 $H(A)\geqslant 0$；凸性[31]，即 $H(A)$是 A 的上凸函数。

2.8.2 基于故障熵的故障诊断决策系统的不确定性度量

对任意一个故障诊断决策系统 $\mathrm{FDDS}=\langle U, M\cup D, V_A, f_A, V_k, f_k\rangle$，$A=M\cup D$，根据粗糙集理论中关于知识的定义，征兆属性集合 M 和决策属性集合 D 可以看成论域 U 上的两个等价关系。本章认为，U 上任一等价关系都可以看成定义在 U 上的子集组成的σ-代数上的一个随机变量。其概率分布可以通过如下方法来确定。设 $U=\{u_1,u_2,\cdots,u_n\}$为设备系统的状态（实例）域，$X=\{X_1, X_2,\cdots, X_m\}$是 U 上由征兆属性集合 M 所划分的等价类族，$Y=\{Y_1,Y_2,\cdots,Y_n\}$是 U 上由决策属性集合 D 所划分的等价类族，则 M、D 在 U 上的子集组成的σ-代数上的概率分布为

$$[X;p]=\begin{bmatrix} X_1 & X_2 & \cdots & X_m \\ p(X_1) & p(X_2) & \cdots & p(X_m) \end{bmatrix} \tag{2.25}$$

$$[Y;p]=\begin{bmatrix} Y_1 & Y_2 & \cdots & Y_n \\ p(Y_1) & p(Y_2) & \cdots & p(Y_n) \end{bmatrix} \tag{2.26}$$

其中，$p(X_i)=\dfrac{f_k(X_i)}{f_k(U)}$，$i=1,2,\cdots,m$；$p(Y_j)=\dfrac{f_k(Y_j)}{f_k(U)}$，$j=1,2,\cdots,n$。

由于 $X=\{X_1, X_2, \cdots, X_m\}$是 U 上由征兆属性集合 M 所划分的等价类族，$Y=\{Y_1, Y_2, \cdots, Y_n\}$是 U 上由决策属性集合 D 所划分的等价类族，则由属性 M、D 描述的故障诊断决策系统的故障熵用 $H(M)$、$H(D)$表示，并定义为

$$H(M)=-\sum_{i=1}^{m} p(X_i)\log_2 p(X_i) \tag{2.27}$$

$$H(D)=-\sum_{j=1}^{n} p(Y_j)\log_2 p(Y_j) \tag{2.28}$$

结合表 2.1，根据上述定义，可得

$$H(M)=-\left(\frac{1}{2}\log_2\frac{1}{2}+\frac{1}{20}\log_2\frac{1}{20}+\frac{1}{20}\log_2\frac{1}{20}+\frac{3}{10}\log_2\frac{3}{10}+\frac{1}{10}\log_2\frac{1}{10}\right)=1.79$$

$$H(D)=-\left(\frac{69}{100}\log_2\frac{69}{100}+\frac{31}{100}\log_2\frac{31}{100}\right)=0.89$$

故障诊断问题的实质是一个模式分类问题，经常关心的是故障征兆属性的分类相对于决策属性的分类的情况。因此，本章定义条件故障熵的概念来度量征兆知识相对于决策知识的不确定性。

定义 2.10　给定故障诊断决策系统 $FDDS=\langle U, M\cup D, V_A, f_A, V_k, f_k\rangle$，$A=M\cup D$，$U=\{u_1, u_2,\cdots, u_n\}$是设备系统的状态（实例）域，$X=\{X_1, X_2,\cdots, X_m\}$是 U 上由征兆属性集合 M 所划分的等价类族，$Y=\{Y_1,Y_2,\cdots,Y_n\}$是 U 上由决策属性集合 D 所划分的等价类族，则由决策属性 D 所划分的等价类族相对于由征兆属性 M 所划分的等价类族的条件故障熵用 $H(D\mid M)$表示，并定义为

$$H(D\mid M)=-\sum_{i=1}^{m}p(X_i)\sum_{j=1}^{n}p(Y_j\mid X_i)\log_2 p(Y_j\mid X_i) \tag{2.29}$$

其中，$p(Y_j\mid X_i)=\dfrac{f_k(X_i\cap Y_j)}{f_k(X_i)}$，$i=1,2,\cdots,m$；$j=1,2,\cdots,n$。

$H(D)$表示收到输入信息 M 以前关于输出信息 D 的平均不确定性，而 $H(D|M)$表示收到输入信息 M 以后关于输出信息 D 的平均不确定性。可见，通过信道传输消除了一些不确定性，获得了一定的信息。从条件故障熵的定义不难看出，如果故障诊断决策系统中不含矛盾的实例，即故障征兆属性的分类相对于决策属性的分类是完全确定的，则条件故障熵等于零。

下面引入互信息故障熵的概念来描述决策知识 D 从征兆知识 M 上获得的信息量，即消除掉的不确定性。

定义 2.11　给定故障诊断决策系统 $FDDS=\langle U, M\cup D, V_A, f_A, V_k, f_k\rangle$, $A=M\cup D$，$U=\{u_1, u_2,\cdots, u_n\}$是设备系统的状态（实例）域，$X=\{X_1, X_2,\cdots, X_m\}$是 U 上由征兆属性集合 M 所划分的等价类族，$Y=\{Y_1,Y_2,\cdots,Y_n\}$是 U 上由决策属性集合 D 所划分的等价类族，则由于征兆知识 M 的输入，消除掉决策知识 D 的不确定性的信息量用互信息故障熵 $I(M,D)$表示，并定义为

$$I(M,D)=H(D)-H(D\mid M) \tag{2.30}$$

结合表 2.1，根据上述定义，可得

$$H(D\mid M)=-p(X_2)\left[p(Y_1\mid X_2)\log_2 p(Y_1\mid X_2)+p(Y_2\mid X_2)\log_2 p(Y_2\mid X_2)\right]=0.04$$

$$I(M, D)=H(D)-H(D\mid M)=0.89-0.04=0.85$$

前已述及，一个故障诊断决策系统的不确定性度量应该包括两部分，第一部分是对其不完备性的度量，主要是针对其中由空缺属性值引起的不完备性的度量；第二部分是对其不一致性的度量，主要是对其中包含的不一致信息的度量。上面给出的基于信息论观点的故障诊断决策系统的不确定性度量主要是对其不一致性的度量。至于对其不完备性的度量，由于空缺的属性值可以是属性值域中任何一个确定值，所以空缺属性值越多，所依据的确定信息就越少，这样的故障诊断决策系统在实际应用中常常根据一些约束条件，将其转化为它的一个完备化，然后从信息论的观点，利用故障熵等概念对其不确定性进行度量。另外，从实际应用角度来讲，考察一个故障诊断决策系统不确定性的度量，更倾向于考察该决策系

统中包含不一致性的情况。因此，本节给出的基于信息论观点的故障诊断决策系统的不确定度量主要是对其不一致性的度量。

2.9 本章小结

首先，本章在广义的信息理论的基础上，通过学科类比，引入信息科学的原理，把设备系统发生故障并引起相关征兆出现的过程，描述为故障信息运动的过程，给出了故障诊断的广义信息运动过程和基本信道模型。参考人工智能领域关于不确定性的理解，结合故障诊断问题的特点，分析了故障诊断不确定性的含义和具体类型。分析了故障诊断不完备信息的产生原因，给出了不完备诊断信息的语义解释，结合现有的不完备信息系统的扩充关系模型，建立了一种适合故障诊断不完备决策系统的改进限制相容关系模型。结合故障诊断中以信息处理为主要方式的特点，从信息的角度对故障诊断问题进行了描述，并建立了一个故障诊断信息模型，给出了故障诊断信息系统的定义。

其次，基于代数的观点，研究了故障诊断决策系统的不确定性度量。提出故障诊断决策系统的不确定性度量主要包括两部分，第一部分是对其中由空缺属性值引起的不完备性的度量;第二部分是对其中由矛盾信息引起的不一致性的度量。

最后，基于信息论的观点，研究了故障诊断决策系统的不确定性度量。针对故障诊断问题的不确定性，结合信息熵的含义，提出了利用故障熵作为故障诊断不确定性的度量，并对故障熵的概念做了阐述，提出了条件故障熵和互信息故障熵的概念，度量了由于不一致信息引起的故障诊断决策系统的不确定性。

参考文献

[1] 钟义信. 信息科学原理. 北京: 北京邮电大学出版社, 2002.

[2] 吴今培. 智能诊断与专家系统. 北京: 科学出版社, 1997.

[3] 王仲生. 智能故障诊断与容错控制. 西安: 西北工业大学出版社, 2005.

[4] 秦大力. 基于知识管理的设备故障智能诊断模型研究. 长沙: 湖南大学博士学位论文, 2014.

[5] Mo J P T , Christopher M. An integrated progress model driven knowledge based system for remote customer support. Computer Industry, 1996, 4(15): 424-430.

[6] 黄文虎, 夏松波, 刘瑞岩, 等. 设备故障诊断原理、技术及应用. 北京: 科学出版社, 1996.

[7] 张岩, 张勇, 文福拴, 等. 融合信息理论的电力系统故障诊断解析模型. 电力自动化设备, 2014, 34(2): 158-164.

[8] 汤磊, 孙宏斌, 张伯明, 等. 基于信息理论的电力系统在线故障诊断. 中国电机工程学报,

2003, 23(7): 5-11.

[9] 刘哲席. 不确定性冲突信息的融合方法研究及在故障诊断中的应用. 北京: 北京科技大学博士学位论文, 2015.

[10] 王道平, 张义忠. 故障智能诊断系统的理论与方法. 北京: 冶金工业出版社, 2001.

[11] Beynon M J. The introduction and utilization of (*l*, *u*)-graphs in the extended variable precision rough sets model. International Journal of Intelligent Systems, 2003, 18(10): 1035-1055.

[12] Banerjee M, Pal S K. Roughness of a fuzzy set. Information Sciences, 1996, 93(3-4): 235-246.

[13] Chakrabarty K, Biswas R, Nanda S. Fuzziness in rough sets. Fuzzy Sets and Systems, 2000, 110(2): 247-251.

[14] 孙伟超, 许爱强, 李文海. 不完备信息条件下的并发故障诊断方法. 北京航空航天大学学报, 2016, 42(7): 1449-1460.

[15] 胡雷刚, 肖明清, 禹航, 等. 不完备信息条件下的航空发动机故障诊断方法. 振动、测试与诊断, 2012, 32(6): 903-908.

[16] 徐晓滨. 不确定性信息处理的随机集方法及在系统可靠性评估与故障诊断中的应用. 上海: 上海海事大学博士学位论文, 2009.

[17] 杨叔子, 丁洪, 史铁林, 等. 基于知识的诊断推理. 北京: 清华大学出版社, 1993.

[18] 刘松风, 朱明初, 林志文, 等. 基于信息模型的综合诊断实现方法. 传感器与微系统, 2010, 29(5): 18-24.

[19] 张超梅, 金晓雪, 戴仔强. 复杂信息系统的故障诊断专家系统设计与实现. 指挥信息系统与技术, 2013, 4(4): 27-32.

[20] 袁小宏, 赵仲生, 屈梁生. 粗糙集理论在机械故障诊断中的应用研究. 西安交通大学学报, 2001, 35(9): 954-957.

[21] Kryszkiewicz M. Rough set approach to incomplete information systems. Information Sciences, 1998, 112(1-4): 39-49.

[22] Stefanowski J, Tsoukias A. On the extension of rough sets under incomplete information. International Workshop on New Directions in Rough Sets, Data Mining, and Granular-Soft Computing, Yamaguchi, 1999, 1711: 73-81.

[23] Wang G Y. Extension of rough set under incomplete information systems. Journal of Computer Research and Development, 2002, 2(4): 1098-1103.

[24] Yin X R, Jia X Y, Shang L. A new extension model of rough sets under incomplete information. Lecture Notes in Computer Science, 2006, 4062: 141-146.

[25] 董春玲, 张勤. 用于不确定性故障诊断的权重逻辑推理算法研究. 自动化学报, 2014, 40(12): 2766-2781.

[26] Kryszkiewicz M. Rules in incomplete information systems. Information Sciences, 1999, 113(3-4): 271-292.

[27] 韩敏, 刘晓欣. 基于Copula熵的互信息估计方法. 控制理论与应用, 2013, 30(7): 875-879.

[28] 屈梁生, 孟建. 机械故障诊断技术与当代前沿科学. 中国机械工程学会设备维修分会, 武汉, 1995: 9-34.

[29] 杨叔子, 史铁林, 丁洪. 关于机械设备诊断学的研究. 第三届全国机械设备故障诊断学术会议, 天津, 1991: 3-8.

[30] Wang G Y. Rough reduction in algebra view and information view. International Journal of Intelligent Systems, 2003, 18(6): 679-688.

[31] 朱雪龙. 应用信息论基础. 北京: 清华大学出版社, 2001.

第3章　基于不完备信息的故障诊断知识获取

3.1　引　　言

人类专家的大部分决策都是在知识不完备的情况下做出的。因此，智能故障诊断必须具备在诊断信息不完备的情况下进行诊断推理的能力。

在粗糙集的研究中，关于不完备性问题的研究是重要的内容之一。针对知识获取中数据所表现出的不完备性，许多学者进行了研究。Chmielewski 等[1]通过近似测度和删除具有空缺属性值对象的方法来将不完备数据集变换成完备的数据集进行处理； Liang 等[2]通过引入知识的粗糙熵概念，对不完备信息系统下粗糙集理论的信息解释进行了理论研究；Kryszkiewicz [3-5]通过对传统粗糙集理论的等价关系进行扩充，提出了一种相似关系，可以不需要推测空缺属性值而直接从不完备数据集中学习规则，在这一问题的研究上取得了重要的进展。上述方法都是针对一般的不完备数据集进行研究，具体到故障诊断这一特殊领域，还需要进一步探讨。

对于不完备信息系统的处理，由于空缺值的出现，只能从对象之间的某种相似性来考虑对象之间的关系。就目前的研究情况来看，在粗糙集理论中，对不完备信息系统的研究主要采用容差关系、非对称相似关系和量化容差关系[6]。这些关系都是对经典粗糙集中等价关系的拓展，使其能够在粗糙集理论的基本框架上处理不完备信息系统。

在从一个信息系统（完备的和不完备的）中获取约简以及抽取决策规则的方法中，从早期的分辨矩阵衍生出来的分辨函数技术[7]是一种直观、有效的方法，分辨函数的主要性质是：它是一个单调的布尔函数，而且它的主蕴涵唯一地确定了信息系统的约简。因此，在完备信息系统中构造合适的分辨函数来获取决策规则已经成为一种主要的方法。利用分辨函数的方法寻找一个信息系统的所有约简或从一个决策表中获取决策规则，可以归结为计算分辨函数的所有主蕴涵。

因此，针对故障诊断问题的不完备性，为了获取具有良好适应能力和最大匹配能力的诊断决策规则，本章在 Kryszkiewicz 提出的容差关系的基础上，采用极大相容块的概念，进一步精确刻画不完备故障诊断决策系统中的相似关系，并以极大相容块为单位构造决策系统的分辨函数，提出一种从不完备数据中获取诊断决策规则的粗糙集方法。

3.2　粗糙集理论及流向图的基本概念

3.2.1　概述

1982 年，波兰学者 Pawlak 教授提出了粗糙集理论（rough set theory）。它是一种刻画不完整性和不确定性的强有力的数学工具，不仅能有效地分析不精确、不一致和不完整等各种不确定的信息，还可以对数据进行分析和推理，从中发现隐含的知识，揭示潜在的规律。基于粗糙集理论的方法也大量应用于众多领域中。Li 等[8]把粗糙集应用于医疗诊断方面，Anupama 等[9]则采用模糊粗糙集处理脑部图像。Hassanien 等[10]提出了一种改进的基于粗糙集的番茄病害检测优化算法。Kim 等[11]和 Lee 等[12]则把粗糙集算法应用于期货交易系统中。Yan 等[13,14]应用粗糙集对江河水体质量进行评估。Gao 等[15]基于粗糙集理论和层次线性模型对中国粮食家庭农场资源基础、生态系统与经济增长等问题进行了研究。Amin 等[16]和 Liao 等[17]分别把粗糙集方法应用于电信行业客户统计系统和在线消费者推荐系统这类服务性行业中。Pacheco 等[18]应用粗糙集属性对旋转机械故障严重度进行了分类。

粗糙集理论是建立在分类机制的基础上的，它将分类理解为在特定空间上的等价关系，而等价关系构成了对该空间的划分。粗糙集理论将知识理解为对数据的划分，每一被划分的集合称为概念。粗糙集理论的主要思想是利用已知的知识库，将不精确或不确定的知识用已知知识库中的知识来（近似）刻画。该理论与其他处理不确定和不精确问题理论最显著的区别是它无须提供所需处理数据集合之外的任何先验信息，所以对问题不确定性的描述或处理是比较客观的。

流向图（flow graph）是粗糙集理论的创始人 Pawlak 教授[19]于 2002 年在第 26 届国际计算机软件和应用年会上首次提出的一种基于信息流分布的知识发现新方法。流向图是一种不同于 Ford 和 Fulkerson 提出的用于最优流分析的流向图，它要比最优流更适合模拟网络中的流分配。流向图不是用来模拟实体媒介（如水流）的流分析，而是用来模拟决策算法中的信息流分析。流向图是描述数据变量之间依赖关系的一种图形模式，是一个有向的、非循环的有限图，由属性-值对构成的节点集合、定性描述节点之间关系的分支集合和定量描述节点之间强度关系的流函数三部分组成。流向图中的各分支简洁地描述了信息流的分布，可以用于从数据中获取结论，并不涉及信息的概率结构，无须提供所需处理数据集合之外的任何先验信息。Pawlak 教授陆续在理论和应用上分别探讨了流向图与决策算法、概率理论、贝叶斯理论、决策理论、粗糙集理论和知识系统之间的关系，为其在各个领域中的应用奠定了基础[20-25]。

流向图的提出引起许多学者的关注，如 Butz 等[26,27]探讨了流向图推理的计算复杂度问题，证明流向图可在多项式时间内转换为贝叶斯网络，随后又给出了一种在多项式时间内进行数据推理的高效算法。孙吉贵等[28-30]在流向图的拓展、结构算法等方面开展了研究。Kostek 等[31]将流向图成功应用到网上音乐数据检索系统中，以提高检索效率。复旦大学能源研究中心朱汉雄等[32]应用流向图对上海煤炭消费需求总量进行了预测。Chitcharoen 等[33]研究了粗糙集中流向图的新矩阵形式及其在数据中的应用整合。Amighi 等[34]把控制流向图应用到 Java 字码节程序中。Babaei 等[35]在电路图中应用流向图来分析转换器工作状态。

关于粗糙集理论和流向图的详细介绍，可参考文献[6]以及[36]～[40]。

3.2.2　信息系统和决策系统

粗糙集理论是建立在离散数学中的集合论基础之上的，为了理解粗糙集理论的基本思想，首先介绍等价关系的概念。等价关系是一种常见的、重要的二元关系。

定义 3.1　假设 A 和 B 是两个集合，$a\in A$，$b\in B$，则称(a, b)为一个有序对。有序对中的两个元素 a, b 的位置不能交换，否则将变成另外的有序对。当 A 和 B 是同一集合时，有序对中两个元素取自同一集合。

定义 3.2　A 和 B 是两个集合，R 是笛卡儿乘积 $A\times B$ 的子集，则称 R 为 A 到 B 的一个二元关系。如果 R 是 A 到 A 的关系，则称 R 为 A 上的关系。

设 R 是 A 上的关系，那么：

（1）如果$\forall a\in A$，有$(a, a)\in R$，则称 R 是自反的，或称 R 满足自反性。

（2）如果$\forall a\in A$，$\forall b\in A$，若由$(a, b)\in R$ 必然推出$(b, a)\in R$，则称 R 是对称的，或称 R 满足对称性。

（3）如果$\forall a\in A$，$\forall b\in A$，$\forall c\in A$，若由$(a, b)\in R$ 和$(b, c)\in R$ 必然推出$(a, c)\in R$，则称 R 是传递的，或称 R 满足传递性。

定义 3.3　如果集合 A 上的二元关系 R 是自反的、对称的和传递的，则称 R 是等价关系。若$(a, b)\in R$，则称 a 与 b 等价或 a 与 b 不可分辨。

定义 3.4　设 R 是集合 A 上的一个等价关系，对于任何 $a\in A$，令$[a]_R$表示所有与 a 等价的元素构成的属于 R 的集合，即

$$[a]_R=\{b \mid b\in A\ \text{且}(a,b)\in R\} \tag{3.1}$$

则$[a]_R$称为由 a 生成的等价类。关于关系以及等价关系的更详细的讨论，请参看有关离散数学的书籍。

定义 3.5　给定一个非空集合 U，设 $B=\{X_1, X_2,\cdots, X_n\}$，如果

（1）对于 $i=1,2,\cdots,n$，$X_i\subseteq U$，$X_i\neq\varnothing$；

（2）对于 $i\neq j$，$i, j=1,2,\cdots,n$，$X_i\cap X_j=\varnothing$；

（3）$\cup X_i = U$。
则称 B 是 U 的一个划分。

由上面集合划分的定义可知，如果 R 是集合 A 上的等价关系，则由 A 中元素生成的所有 R 等价类的集合构成了 A 的一个划分。也就是说，由集合 A 上的一个等价关系可以诱导出集合 A 的一个划分。事实上，该结论反过来也是正确的，即由集合 A 的一个划分也可以诱导出集合 A 上的一个等价关系。

一般认为，知识是人类通过实践认识到的客观世界的规律，是人类实践经验的总结和提炼，具有抽象和普遍的特性，是属于认识论范畴的概念。知识是信息经过加工处理、解释、挑选和改造而形成的。从认知科学的观点来看，知识来源于人类以及其他物种的分类能力。在粗糙集理论中，认为知识就是将对象进行分类的能力。对象是指任何可以想到的事物，如实际物体、状态、抽象概念、过程、时刻等。知识直接与真实或抽象世界有关的不同分类模式联系在一起，这里将其称为论述的论域，简称论域。

设 $U \neq \varnothing$ 是人们感兴趣的对象组成的有限集合，称为论域。对于论域中的任何子集 $X \subseteq U$，都可以称为 U 中的一个概念或范畴。规定空集也是一个概念。U 中的任意概念族称为关于 U 的抽象知识，简称知识。它代表对 U 中个体的分类。这样，知识就可以定义为：给定一组数据（集合） U 和等价关系 R，在等价关系 R 下对数据集合 U 的划分，称为知识。粗糙集理论主要是对在 U 上能形成划分的那些知识感兴趣。

U 上的一族划分称为关于 U 的一个知识库（knowledge base）。

设 R 是 U 上的一个等价关系，其中 U 为论域，U/R 表示 U 上由 R 导出的所有等价类。$[x]_R$ 表示包含元素 x 的等价类，$x \in U$。一个知识库就是一个关系系统 $K=(U, P)$，其中 U 为非空有限集，称为论域；P 是 U 上的一族等价关系。

知识表示就是要研究用机器表示知识的可行的、有效的、通用的原则和方法。目前，常用的知识表示方法有逻辑模式、框架、语义网络、产生式规则、状态空间、剧本等，这些是知识工程需要研究的内容。这里将介绍一种基于信息表的知识表达形式，即信息系统，它是粗糙集理论中对知识进行表达和处理的基本工具。

信息系统的基本成分是研究对象的集合，关于这些对象的知识是通过指定对象的属性（特征）和它们的属性值（特征值）来描述的。

定义 3.6　一个信息系统可以用一个四元有序组来表示，即 $S=\langle U, A, V, f\rangle$，其中：

（1）U 为非空有限集，称为论域；

（2）A 为非空有限集，称为属性集合；

（3）对于 $a \in A$，$V=\cup V_a$，V_a 是属性 a 的值域；

（4）$f: U \times A \to V$ 是定义在该信息系统中的信息函数，它指定 U 中每一个对象的属性值。

决策系统是一类特殊而重要的信息系统，也是一种特殊的信息表，它表示当满足某些条件时，决策应如何进行。

定义 3.7　一个信息系统 $S=\langle U, A, V, f\rangle$ 称为决策系统，如果 A 由条件属性集合 C 和决策属性集合 D 组成，C、D 满足 $C\cup D=A$，$C\cap D=\varnothing$。

常用 $\langle U, A\rangle$ 表示信息系统，用 $\langle U, C\cup D\rangle$ 表示决策系统，同时，为简化起见，常取决策属性集合 D 为 $\{d\}$，即只包含一个决策属性。由于信息系统和决策系统都是以表格形式来表达知识的，相应地，信息系统也称为信息表，决策系统也称为决策表。

粗糙集理论的基本思想是建立在这样一个假设之上的：对于论域中的每个元素（对象），都能找到某些信息与它相关联。由相同信息所刻画的元素（对象），被认为是相对于这些已获得的信息是相似的或不可分辨的。这种不可分辨关系就是粗糙集理论的数学基础。

定义 3.8　设 $S=\langle U, A\rangle$ 是信息系统，在任意属性子集 $B\subseteq A$ 上，可定义一个不可分辨关系 $\mathrm{IND}(B)$，即

$$\mathrm{IND}(B)=\{(x, y)|(x, y)\in U\times U: \forall a\in B, a(x)=a(y)\} \tag{3.2}$$

显然，$\mathrm{IND}(B)$是一个等价关系。

定义 3.9　设 $S=\langle U, A\rangle$ 是信息系统，属性子集 $B\subseteq A$，对任意一个 $x\in U$，称

$$[x]_B=\{y\in U|(x, y)\in \mathrm{IND}(B)\} \tag{3.3}$$

为包含元素 x 的 B 等价类

定义 3.10　设 $S=\langle U, A\rangle$ 是信息系统，在任意属性子集 $B\subseteq A$ 上，由不可分辨关系 $\mathrm{IND}(B)$对 U 进行划分形成的集合称为基本集。

用 $U/\mathrm{IND}(B)$来表示所有基本集的集合，用$[x]_{\mathrm{IND}(B)}$或$[x]_B$ 表示包含 x 的 B 的基本集。

3.2.3　粗糙集及其数字特征

由相似的元素（对象）组成的集合称为基本集，它就是构成论域的基本知识粒度。如果一个集合由一个基本集或几个基本集的并构成，那么这个集合就被认为是精确集。其含义是这类集合能够由论域中的基本知识粒度完全精确地刻画。否则，则认为该集合是粗糙集。

令 $X\subseteq U$ 为论域的一个子集，且 R 为一等价关系。当 X 为某些 R 基本集的并时，称 X 是 R 可定义的，否则 X 为 R 不可定义的。R 可定义集是论域的子集，它可在知识库 K 中被精确地定义，而 R 不可定义集不能在这个知识库中被定义。R 可定义集也称为 R 精确集，而 R 不可定义集也称为 R 非精确集或 R 粗糙集。

知识库 $K=(U, P)$，其中 P 是 U 上的一族等价关系，当存在一等价关系 $R\in P$

且 X 为 R 精确集时，集合 $X\subseteq U$ 称为 K 中的精确集；当对于任何 $R\in P$，X 都为 R 粗糙集时，则 X 称为 K 中的粗糙集。

对于粗糙集可以近似地定义，为达到这个目的，使用两个精确集（粗糙集的上近似集和下近似集）来描述。

定义 3.11　给定信息系统 $S=\langle U, A\rangle$，设 $X\subseteq U$ 是一对象集合，$B\subseteq A$ 是一属性集合。称

$$B_*(X)=\{x\in U: [x]_B\subseteq X\} \tag{3.4}$$

$$B^*(X)=\{x\in U: [x]_B\cap X\neq\varnothing\} \tag{3.5}$$

分别为 X 相对于 B 的下近似和 X 相对于 B 的上近似。

定义 3.12　给定信息系统 $S=\langle U, A\rangle$，设 $X\subseteq U$ 是一对象集合，$B\subseteq A$ 是一属性集合。称

$$\mathrm{POS}_B(X)=B_*(X) \tag{3.6}$$

$$\mathrm{NEG}_B(X)=U-B^*(X) \tag{3.7}$$

$$\mathrm{BN}_B(X)=B^*(X)-B_*(X) \tag{3.8}$$

分别为 X 在 B 下的正域、负域和边界。

$B_*(X)$和 $\mathrm{POS}_B(X)$是根据知识 B（属性子集 B），U 中所有一定能归入集合 X 的元素构成的集合；$B^*(X)$是根据知识 B，U 中所有一定能和可能能归入集合 X 的元素构成的集合；$\mathrm{BN}_B(X)$是根据知识 B，U 中既不能肯定归入集合 X，也不能肯定归入集合 $\sim X$（即 $U\setminus X$）的元素构成的集合；$\mathrm{NEG}_B(X)$是根据知识 B，U 中所有一定不能归入集合 X 的元素构成的集合。图 3.1 是粗糙集的概念示意图，图中的小方格表示论域 U 上由知识 B 形成的基本等价类。

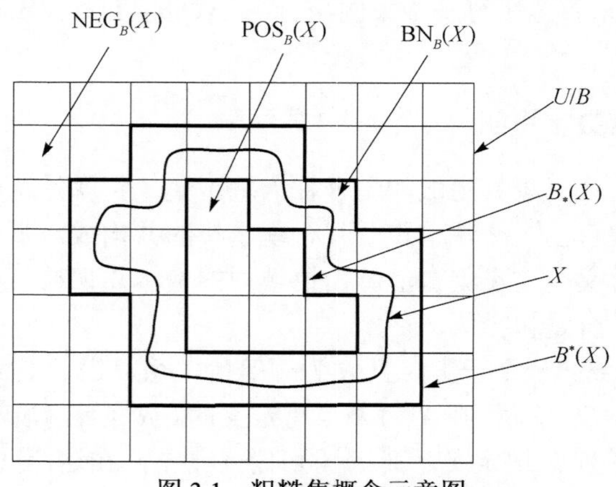

图 3.1　粗糙集概念示意图

一种不可分辨关系就形成了一个基本集族，这一族的基本集就实现了对论域的一种完全划分，由所有的能够被该粗糙集完全包含的基本知识粒度构成的集合，称为该粗糙集的下近似集或正域。而由基本知识粒度组成的能够完全包含该粗糙集的最小集合，称为该粗糙集的上近似集。在上近似集中，若把所有属于下近似集的基本知识粒度全部去除，则剩下的那一部分基本知识粒度所构成的集合称为该粗糙集的边界。而在论域中，若把所有属于上近似集的基本知识粒度全部去除，则剩下的那一部分基本知识粒度所构成的集合称为该粗糙集的负域。由此可见，无论是上近似集、下近似集还是边界、负域，都是由空集或基本知识粒度组成的。从某种意义上说，基本知识粒度就是论域的最小结构单位。

在粗糙集理论中，集合的不精确性是由边界的存在引起的，粗糙集的边界越大，其精确性则越低，为了更准确地表达这一点，粗糙集理论中用精度和粗糙度来描述粗糙集的不精确程度。

定义 3.13　设集合 X 是论域 U 上的一个关于知识 B 的粗糙集，定义其 B 精度（在不引起混淆的情况下，也简称精度）为

$$\alpha_B(X)=|B_*(X)|/|B^*(X)| \tag{3.9}$$

其中，$X\neq\varnothing$；$|X|$ 表示集合的基数；如果 $X=\varnothing$，则可定义 $\alpha_B(X)=1$。

精度 $\alpha_B(X)$ 用来反映对于了解集合 X 的知识的完全程度。显然，对每个 B 和 $X\subseteq U$，有 $0\leqslant\alpha_B(X)\leqslant 1$。如果 $\alpha_B(X)=1$，则 $\mathrm{BN}_B(X)=\varnothing$，集合 X 就变成普通意义上的精确集合；如果 $\alpha_B(X)<1$，则集合 X 有非空的 B 边界，集合 X 为 B 下的粗糙集。

定义 3.14　设集合 X 是论域 U 上的一个关于知识 B 的粗糙集，定义其 B 粗糙度（在不引起混淆的情况下，也简称粗糙度）为

$$\rho_B(X)=1-\alpha_B(X) \tag{3.10}$$

X 的粗糙度与精度恰恰相反，它表示的是集合 X 的知识的不完全程度。

可以看到，与概率论和模糊集理论不同，不精确性的数值不是事先假定的，而是通过表达知识不精确性的概念近似计算得到的。这样不精确性的数值表示的是有限知识（对象分类能力）的结果，所以不需要用一个机构来指定精确的数值来表达不精确的知识，而是采用量化概念（分类）来处理。不精确的数值特征用来表示概念的精确度。

3.2.4　知识约简

知识约简是粗糙集理论的核心内容之一。众所周知，在知识库（决策表）中的知识（属性）并不是同等重要的，甚至某些知识是冗余的。知识约简就是在保

持知识库（决策表）分类能力不变的条件下，删除其中不相关或不重要的知识。知识约简中有两个基本概念：约简（reduct）和核（core）。

定义 3.15 设$S=\langle U, A\rangle$是一个信息系统，令$r\in A$，如果$\mathrm{IND}(A)=\mathrm{IND}(A-\{r\})$，则称属性$r$为$A$中不必要的；否则，称$r$为$A$中必要的。

不必要的属性在信息系统中是多余的，如果将它从信息系统中去掉，不会改变信息系统的分类能力；相反，若从信息系统中去掉一个必要的属性，则一定改变信息系统的分类能力。

定义 3.16 设$S=\langle U, A\rangle$是一个信息系统，如果A中每一个属性r都是必要的，则称属性集合A是独立的，否则称A是依赖的。

对于依赖的属性集合，其中包含多余属性，可以对其进行约简，而对于独立的属性集合，去掉其中一个属性都将破坏信息系统的分类能力。

定义 3.17 设$S=\langle U, A\rangle$是一个信息系统，A中所有必要的属性组成的集合称为属性集合A的核，记为$\mathrm{core}(A)$。

定义 3.18 设$S=\langle U, A\rangle$是一个信息系统，$B\subseteq A$。如果

（1）$\mathrm{IND}(B)=\mathrm{IND}(A)$；

（2）B是独立的。

则称B是A的一个约简。

显然，A可以有多个约简。

下面的定理给出约简与核之间的重要关系。

定理 3.1 设$S=\langle U, A\rangle$是一个信息系统，则$\mathrm{core}(A)=\bigcap_{i=1}^{s} A_{0i}$，其中$A_{01}, A_{02},\cdots, A_{0i},\cdots,A_{0s}$是$A$的所有约简。

从定理 3.1 可以看出，核的概念具有两方面意义：首先，可作为计算所有约简的基础，因为核包含在每一个约简之中；其次，核可以解释为知识最重要部分的集合，进行知识约简时不能删除它。

在应用中，一个分类相对于另一个分类的关系十分重要，利用上述概念，给出决策系统（决策表）中相对约简和相对核的概念。首先定义一个分类相对于另一个分类的正域。

定义 3.19 设$S=\langle U, C\cup D\rangle$是一个决策系统，$C$和$D$是论域$U$上的条件属性集合和决策属性集合，$C$的$D$正域定义为

$$\mathrm{POS}_C(D)=\bigcup_{X\in U/\mathrm{IND}(D)} C_*(X) \tag{3.11}$$

C的D正域是论域中的所有根据分类$U/\mathrm{IND}(C)$的信息可以准确地划分到$U/\mathrm{IND}(D)$的等价类之中的对象的集合。

定义 3.20 设$S=\langle U, C\cup D\rangle$是一个决策系统，令$r\in C$，若$\mathrm{POS}_C(D)=\mathrm{POS}_{C-r}(D)$，

则称 r 为 C 中 D-不必要的；否则，称 r 为 C 中 D-必要的。

定义 3.21　设 $S=\langle U, C\cup D\rangle$ 是一个决策系统，如果 C 中每一个属性 r 都是 D-必要的，则称条件属性 C 是 D-独立的，否则称 C 是 D-依赖的。

定义 3.22　设 $S=\langle U, C\cup D\rangle$ 是一个决策系统，C 中所有 D-必要的属性组成的集合称为 C 的 D-相对核，记为 $\mathrm{core}_C(D)$。

定义 3.23　设 $S=\langle U, C\cup D\rangle$ 是一个决策系统，$B\subseteq C$。如果

（1）$\mathrm{POS}_B(D)=\mathrm{POS}_C(D)$；

（2）B 是 D-独立的。

则称 B 是 C 的一个 D-相对约简。

类似于定理 3.1，相对约简与相对核有如下关系。

定理 3.2　设 $S=\langle U, C\cup D\rangle$ 是一个决策系统，则 $\mathrm{core}_C(D)=\bigcap_{i=1}^{s} A_{0i}$，其中 $A_{01},A_{02},\cdots,A_{0i},\cdots,A_{0s}$ 是 C 的所有 D-相对约简。

约简和核这两个概念很重要，是粗糙集理论的精华。粗糙集理论提供了搜索约简和核的方法。计算约简的复杂性随着信息系统或决策系统的增大呈指数增长，是一个典型的 NP 完全问题，当然实际问题中没有必要求出所有的约简，引入启发式的搜索方法有助于找到较优的约简，即所含属性（或条件属性）最少的约简。

3.2.5　极大相容块及其性质

在给出不完备故障诊断系统的一些基本概念，并以相似类作为不完备故障诊断决策系统的基本知识粒度，进行不完备故障诊断决策系统的不确定性度量的基础上，本章引入一种全新的容差关系——极大相容块，来描述不完备故障诊断决策系统的基本知识粒度。

在一个不完备故障诊断决策系统 $\mathrm{FDDS}=\langle U, M\cup D, V_A, f_A, V_k, f_k\rangle$ 中，$A=M\cup D$。令 $B\subseteq M$ 是一个故障征兆属性子集，$X\subseteq U$ 是一个对象子集，如果对任意的 $u_i,u_j\in X$，有 $(u_i,u_j)\in \mathrm{SIM}(B)$，则称 X 关于 B 是相容的。如果不存在一个对象子集 $Y\subseteq U$，使得 $X\subset Y$ 且 Y 关于 B 是相容的，则称 X 是关于 B 的一个极大相容块。

极大相容块的概念描述了一种极大的对象集合，集合中的所有对象都是相似的，即按照属性 B 所提供的信息，它们是不可区分的。

把由 $B\subseteq M$ 确定的包含对象 $u_i\in U$ 的所有极大相容块形成的集合表示为 $C_{ui}(B)$，把由 $B\subseteq M$ 确定的所有极大相容块形成的集合表示为 $C(B)$，$U/C(B)$中的极大相容块也构成了 U 的一个覆盖。

例 3.1　这里采用一个形式化的故障实例说明本章中相关的概念和计算。表 3.1 描述了某机械设备的不完备故障诊断决策表。

表 3.1　不完备故障诊断决策表

U	V_u	n	t	p	v	d
u_1	50	Normal	High	*	Normal	f_1
u_2	4	*	*	Low	Normal	f_2
u_3	5	High	*	Very low	Normal	f_2
u_4	30	*	*	Normal	High	f_3
u_5	1	High	Normal	Low	Normal	f_1
u_6	10	Normal	*	Very low	Normal	f_1

其中，$U=\{u_1, u_2,\cdots, u_6\}$为该机械系统的六个状态；$M=\{n, t, p, v\}$为描述该机械设备的四个征兆属性集合，$V_n= V_t=\{*, \text{Normal}, \text{High}\}$，$V_v=\{\text{Normal}, \text{High}\}$，$V_p=\{*, \text{Normal}, \text{Low}, \text{Very low}\}$。$D=\{d\}$为描述机械设备状态的决策属性集合，$V_d=\{f_1, f_2, f_3\}$。$V_k=\{1,4,5,10,30,50\}$。

由M确定的包含对象的所有极大相容块为：$C_{u_1}(M)=\{\{u_1, u_2\},\{u_1, u_6\}\}$，$C_{u_2}(M)=\{\{u_1, u_2\},\{u_2, u_5\}\}$，$C_{u_3}(M)=\{\{u_3\}\}$，$C_{u_4}(M)=\{\{u_4\}\}$，$C_{u_5}(M)=\{\{u_2, u_5\}\}$，$C_{u_6}(M)=\{\{u_1, u_6\}\}$。$C(M)=\{\{u_3\},\{u_4\},\{u_1, u_2\},\{u_1, u_6\},\{u_2, u_5\}\}$。

为了叙述方便，令 $Y_1=\{u_3\}$，$Y_2=\{u_4\}$，$Y_3=\{u_1, u_2\}$，$Y_4=\{u_1, u_6\}$，$Y_5=\{u_2, u_5\}$。

同时，为了方便后文的叙述，这里列出根据相似关系确定的相似类：$S_M(u_1)=\{u_1, u_2,u_6\}$，$S_M(u_2)=\{u_1,u_2,u_5\}$，$S_M(u_3)=\{u_3\}$，$S_M(u_4)=\{u_4\}$，$S_M(u_5)=\{u_2,u_5\}$，$S_M(u_6)=\{u_1,u_6\}$。$U/\text{SIM}(M)=\{\{u_1,u_2,u_6\},\{u_1,u_2,u_5\},\{u_3\},\{u_4\},\{u_2, u_5\},\{u_1, u_6\}\}$。

在论域上，由相似关系形成的所有相似类和由极大相容块概念确定的所有极大相容块，都对论域形成了覆盖，对于一个不完备故障诊断决策系统 $\text{FDDS}=\langle U, M\cup D, V_A, f_A, V_k, f_k\rangle$，$A=M\cup D$。令 $B\subseteq M, X\subseteq U$，则 $X\in C(B)$，当且仅当 $X=\cap\{S_B(u_i)|u_i\in X\}$。

例 3.2（上接例 3.1）　根据上述描述可知：

因为 $Y_1=\{u_3\}$，所以有 $Y_1=S_M(u_3)$；

因为 $Y_2=\{u_4\}$，所以有 $Y_2=S_M(u_4)$；

因为 $Y_3=\{u_1, u_2\}$，所以有 $Y_3=S_M(u_1)\cap S_M(u_2)$；

因为 $Y_4=\{u_1, u_6\}$，所以有 $Y_4=S_M(u_1)\cap S_M(u_6)$；

因为 $Y_5=\{u_2, u_5\}$，所以有 $Y_5=S_M(u_2)\cap S_M(u_5)$。

可以通过图 3.2 给出两个覆盖之间的关系。

在图 3.2 中，每个小格子代表论域中不同的对象，阴影部分的格子代表相似类和极大相容块中包含的对象。

在一个不完备故障诊断决策系统 $\text{FDDS}=\langle U, M\cup D, V_A, f_A, V_k, f_k\rangle$ 中，$A=M\cup D$。征兆属性子集 $B\subseteq M$ 的任意一个相似类可以表示为包含于其中 B 的极大相容块的并，即

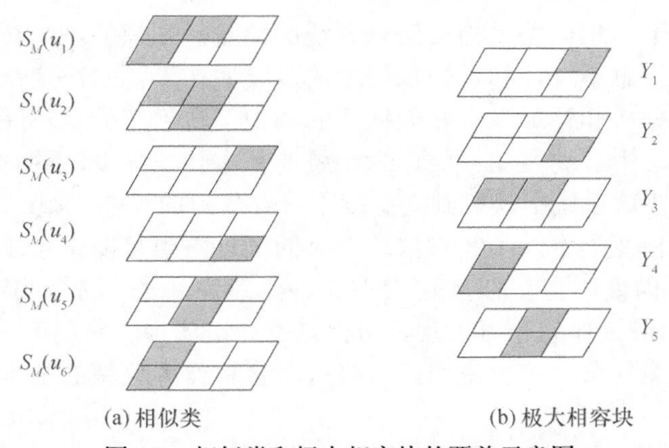

图 3.2　相似类和极大相容块的覆盖示意图

$$S_B(u_i)=\cup\{Y\in C(B)\mid Y\subseteq S_B(u_i)\}=\cup C_{u_i}(B) \tag{3.12}$$

例如，在例 3.1 中，$S_M(u_1)=\{u_1, u_2, u_6\}$，$\cup C_{u_1}(M)=Y_3\cup Y_4=\{u_1, u_2\}\cup\{u_1, u_6\}$，所以 $S_M(u_1)=\cup C_{u_1}(M)$。

根据 Kryszkiewicz[4]给出的不完备信息系统中任意集合的上、下近似的定义，下面给出基于相似类的不完备故障诊断决策系统中任意实例集合 $X\subseteq U$ 的上、下近似的描述。

在一个不完备故障诊断决策系统 $\text{FDDS}=\langle U, M\cup D, V_A, f_A, V_k, f_k\rangle$ 中，$A=M\cup D$。令 $B\subseteq M$ 是一个故障征兆属性子集，$X\subseteq U$ 是任意一个对象子集，定义 X 相对于 B 的下近似算子 $\underline{\text{Apr}}_B(\cdot)$ 和上近似算子 $\overline{\text{Apr}}_B(\cdot)$ 分别为

$$\underline{\text{Apr}}_B(X)=\{u_i\in U\mid S_B(u_i)\subseteq X\} \tag{3.13}$$

$$\overline{\text{Apr}}_B(X)=\{u_i\in U\mid S_B(u_i)\cap X\neq\varnothing\} \tag{3.14}$$

对一个不完备故障诊断决策系统的上、下近似，容易知道有

$$\underline{\text{Apr}}_B(X)=\{u_i\in X\mid S_B(u_i)\subseteq X\}\neq\cup\{S_B(u_i)\mid S_B(u_i)\subseteq X\} \tag{3.15}$$

$$\overline{\text{Apr}}_B(X)=\cup\{S_B(u_i)\mid u_i\in X\}\neq\cup\{S_B(u_i)\mid S_B(u_i)\cap X\neq\varnothing\} \tag{3.16}$$

由不可分辨关系形成的等价类，反映了在系统现有的信息下，要想实现等价类中对象之间的完全区分是不可能的。在一个完备的信息系统中，由不可分辨关系确定的等价类形成了信息系统的基本知识粒度。然而，在一个不完备信息系统中，相似关系并不产生信息系统的一个划分。对于每一个对象，相似性的信息可以通过相似类，即 $S_B(u_i)$来表示。显然，一个相似类中的某个对象并非只与该相似类中的对象相似，它还可能与另一个相似类中的对象相似。因此，在一个不

完备信息系统中，相似关系构成信息系统的覆盖，知识的基本粒度可以是相交的。对于一个信息系统，基本知识粒度的重要性在于：它决定从一个何种基础出发去理解、分析和计算隐含在数据中的知识。在已有的从不完备信息系统中获取知识的方法中，均将相似类作为系统的基本知识粒度，这种处理可能导致在一个不完备决策系统中获取到支持度不符合实际的可能规则。通过观察发现，即使在同一个相似类中，某些对象在现有的信息下也可能是可以被区分的。这从另一个角度也说明将相似类作为不完备信息系统的基本知识粒度是不恰当的。另外，从图 3.2 中也不难发现，由相似类对论域构成的覆盖，要比由极大相容块构成的覆盖复杂，这也说明，由极大相容块作为论域的基本知识粒度是合理的。

为了充分利用属性子集提供的信息，下面利用极大相容块的思想重新描述不完备故障诊断决策系统中任意实例子集的上、下近似，并将其与基于相似类的描述相比，说明其优点，而且给出二者等价的条件。

在一个不完备故障诊断决策系统 FDDS=$\langle U, M\cup D, V_A, f_A, V_k, f_k\rangle$ 中，$A=M\cup D$。令 $B\subseteq M$ 是一个故障征兆属性子集，$X\subseteq U$ 是任意一个对象子集，定义 X 相对于 B 的极大相容下近似算子 $\underline{\underline{\mathrm{apr}}}_B(\cdot)$ 和极大相容上近似算子 $\overline{\overline{\mathrm{apr}}}_B(\cdot)$ 分别为

$$\underline{\underline{\mathrm{apr}}}_B(X)=\cup\{Y\in C(B)\mid Y\subseteq X\} \tag{3.17}$$

$$\overline{\overline{\mathrm{apr}}}_B(X)=\cup\{Y\in C(B)\mid Y\cap X\neq\varnothing\} \tag{3.18}$$

性质 3.1[41] 设 FDDS = $\langle U, M\cup D, V_A, f_A, V_k, f_k\rangle$ 是一个不完备故障诊断决策系统，$A=M\cup D$。对任意的 $X\subseteq U$，$B\subseteq M$，下面的式子成立：

$$\overline{\overline{\mathrm{apr}}}_B(X)=\overline{\overline{\mathrm{Apr}}}_B(X) \tag{3.19}$$

$$\underline{\underline{\mathrm{Apr}}}_B(X)\subseteq\underline{\underline{\mathrm{apr}}}_B(X) \tag{3.20}$$

关于性质 3.1 的证明，可以参考文献[26]。

对于论域 U 的一个给定子集，其近似精度可以定义为给定子集上、下近似集合的基数的比值，即

$$\mu_B(X)=\frac{\mathrm{card}(\underline{\underline{\mathrm{Apr}}}_B(X))}{\mathrm{card}(\overline{\overline{\mathrm{Apr}}}_B(X))} \tag{3.21}$$

性质 3.1 意味着对于一个给定的子集 $X\subseteq U$，基于极大相容块的描述可以比基于相似类的描述获得更高的近似精度。因此，基于极大相容块的描述使得对论域上子集的刻画更为精细，更为接近实际。例 3.3 便是对性质 3.1 的具体说明。

例 3.3（上接例 3.1） 设 $X=\{u_1, u_2, u_3\}$，则有

$$\underline{\underline{\mathrm{Apr}}}_M(X)=\{u_i\in U\mid S_M(u_i)\subseteq X\}=\{u_3\}$$

$$\overline{\mathrm{Apr}}_M(X)=\{u_i \in U \mid S_M(u_i)\cap X\neq\varnothing\}=\{u_1, u_2, u_3, u_5, u_6\}$$

$$\underline{\mathrm{apr}}_M(X)=\cup\{Y\in C(M) \mid Y\subseteq X\}=\{u_1, u_2, u_3\}$$

$$\overline{\mathrm{apr}}_M(X)=\cup\{Y\in C(M) \mid Y\cap X\neq\varnothing\}=\{u_1, u_2, u_3, u_5, u_6\}$$

$$\mu_B^1(X)=\frac{\mathrm{card}(\underline{\underline{\mathrm{Apr}}}_B(X))}{\mathrm{card}(\overline{\mathrm{Apr}}_B(X))}=0.2,\quad \mu_B^2(X)=\frac{\mathrm{card}(\underline{\underline{\mathrm{apr}}}_B(X))}{\mathrm{card}(\overline{\mathrm{apr}}_B(X))}=0.6$$

$$\mu_B^1(X)<\mu_B^2(X)$$

3.2.6　流向图的基本概念

为了后文叙述的方便，现将有关流向图的一些基本概念简述如下。

定义 3.24　流向图是一个有向非循环图 $G=(N,B,\varphi)$，其中 N 是节点的集合；$B\subseteq N\times N$ 是有向分支的集合；$\varphi: B\to R^+$ 是流量函数，R^+ 为非负实数。

定义 3.25　假设流向图 $G=(N,B,\varphi)$，如果 $(x,y)\in B$，则称 x 是 y 的输入，y 是 x 的输出，$\varphi(x,y)$ 是从 x 到 y 的流量。

对于 $x\in N$，若 $I(x)$ 表示节点 x 的所有输入的集合，$O(x)$ 表示节点 x 的所有输出的集合，则有 $I(x)=\{y\in N|(y,x)\in B\}$，$O(x)=\{y\in N|(x,y)\in B\}$。

定义 3.26　假设流向图 $G=(N,B,\varphi)$，流向图 G 的输入和输出分别为

$$I(G)=\{x\in N|I(x)=\varnothing\} \tag{3.22}$$

$$O(G)=\{x\in N|O(x)=\varnothing\} \tag{3.23}$$

且 G 的输入和输出称为外节点，其他节点称为内节点。

根据节点间的流量，可以定义流经节点的流量。

定义 3.27　假设流向图 $G=(N,B,\varphi)$，节点 $x\in N$ 的流入量和流出量分别为

$$\varphi_+(x)=\sum_{y\in I(x)}\varphi(y,x) \tag{3.24}$$

$$\varphi_-(x)=\sum_{y\in O(x)}\varphi(x,y) \tag{3.25}$$

同理，定义整个流向图 G 的流入量和流出量分别为

$$\varphi_+(G)=\sum_{x\in I(G)}\varphi_-(x) \tag{3.26}$$

$$\varphi_-(G)=\sum_{x\in O(G)}\varphi_+(x) \tag{3.27}$$

在 Pawlak 提出的流向图的基本概念中，假定对于所有分支 $(x,y)\in B$，都有 $\varphi(x,y)\neq 0$，并且对于任意内节点 $x\in N$，有 $\varphi_+(x)=\varphi_-(x)=\varphi(x)$，其中 $\varphi(x)$ 是节点 $x\in N$

的流量。由此针对一个流向图 G，不难得到$\varphi_+(G)=\varphi_-(G)=\varphi(G)$，其中$\varphi(G)$是流向图 G 的流量。这可以看成流向图的流量守恒方程。

为了更好地表达流向图的特性，以及便于计算，有时需要将流向图进行标准化处理。

定义 3.28 标准化流向图是一个有向非循环图 $G=(N, B, \sigma)$，其中 N 是节点的集合，$B \subseteq N \times N$ 是有向分支的集合，$\sigma: B \to \langle 0,1 \rangle$ 是标准化流量函数，且对于$(x, y) \in B$，其强度为

$$\sigma(x, y) = \frac{\varphi(x, y)}{\varphi(G)} \tag{3.28}$$

分支的强度表达了流过分支的流量占总流量的百分比。显然，$0 \leqslant \sigma(x, y) \leqslant 1$，类似地，节点 $x \in N$ 和流向图 G 的标准化输入流和输出流分别为

$$\sigma_+(x) = \frac{\varphi_+(x)}{\varphi(G)} = \sum_{y \in I(x)} \sigma(y, x) \tag{3.29}$$

$$\sigma_-(x) = \frac{\varphi_-(x)}{\varphi(G)} = \sum_{y \in O(x)} \sigma(x, y) \tag{3.30}$$

$$\sigma_+(G) = \frac{\varphi_+(G)}{\varphi(G)} = \sum_{x \in I(G)} \sigma_-(x) \tag{3.31}$$

$$\sigma_-(G) = \frac{\varphi_-(G)}{\varphi(G)} = \sum_{x \in O(G)} \sigma_+(x) \tag{3.32}$$

显然，对于任意内节点 $x \in N$，有 $\sigma_+(x) = \sigma_-(x) = \sigma(x)$，其中 $\sigma(x)$ 是节点 $x \in N$ 的标准化流量。同理有 $\sigma_+(G) = \sigma_-(G) = \sigma(G) = 1$，其中 $\sigma(G)$ 是流向图 G 的标准化流量。

对于流向图中的每个分支，定义了置信度和覆盖度两个参数。

定义 3.29 $G=(N, B, \sigma)$为标准化流向图，分支$(x, y) \in B$ 的置信度和覆盖度分别定义为

$$\mathrm{cer}(x, y) = \frac{\sigma(x, y)}{\sigma(x)} \tag{3.33}$$

$$\mathrm{cov}(x, y) = \frac{\sigma(x, y)}{\sigma(y)} \tag{3.34}$$

其中，$\sigma(x) \neq 0$，$\sigma(y) \neq 0$。

根据置信度和覆盖度的定义，可以直接得到下面的关于置信度和覆盖度的若干性质：

$$\sum_{y\in O(x)} \mathrm{cer}(x,y)=1 \tag{3.35}$$

$$\sum_{x\in I(y)} \mathrm{cov}(x,y)=1 \tag{3.36}$$

$$\sigma(x)=\sum_{y\in O(x)} \mathrm{cer}(x,y)\sigma(x)=\sum_{y\in O(x)} \sigma(x,y) \tag{3.37}$$

$$\sigma(y)=\sum_{x\in I(y)} \mathrm{cov}(x,y)\sigma(y)=\sum_{x\in I(y)} \sigma(x,y) \tag{3.38}$$

$$\mathrm{cer}(x,y)=\frac{\mathrm{cov}(x,y)\sigma(y)}{\sigma(x)} \tag{3.39}$$

$$\mathrm{cov}(x,y)=\frac{\mathrm{cer}(x,y)\sigma(x)}{\sigma(y)} \tag{3.40}$$

不难发现，上面的性质可以从概率的角度进行解释，式（3.37）和式（3.38）满足全概率定律；式（3.39）和式（3.40）满足贝叶斯公式，即可以通过流向图中分支之间的流量分布来以一种确定的方式描述这些具有概率含义的性质，也就是说，流向图所描绘的网络可以看成贝叶斯公式的一种具有确定含义的图形化解释。

定义 3.30　$G=(N, B, \sigma)$为标准化流向图，分支$(x, y)\in B$，流向图 G 中从 x 到 y 的一条有向路径表示为$[x\cdots y]$，是一个节点系列 $x_1,\cdots,x_n$，其中 $x_1=x$，$x_n=y$，并且对于每一个 i，都有 $(x_i,x_{i+1})\in B$，$1\leqslant i\leqslant n-1$。

从上述定义不难看出，路径是由相连接的不同分支组成的，即路径是分支的一个系列。同理，路径的置信度、覆盖度和强度定义如下。

定义 3.31　$G=(N, B, \sigma)$为标准化流向图，路径$[x_1\cdots x_n]$的置信度定义为

$$\mathrm{cer}[x_1\cdots x_n]=\prod_{i=1}^{n-1}\mathrm{cer}(x_i,x_{i+1}) \tag{3.41}$$

路径$[x_1\cdots x_n]$的覆盖度定义为

$$\mathrm{cov}\left[x_1\cdots x_n\right]=\prod_{i=1}^{n-1}\mathrm{cov}(x_i,x_{i+1}) \tag{3.42}$$

路径$[x_1\cdots x_n]$的强度定义为

$$\sigma[x_1\cdots x_n]=\sigma(x_1)\mathrm{cer}[x_1\cdots x_n]=\sigma(x_n)\mathrm{cov}[x_1\cdots x_n] \tag{3.43}$$

定义 3.32　标准化流向图 $G=(N, B, \sigma)$中从 x 到 y 的所有路径的集合表示为$\langle x,y\rangle$，称为流向图 G 中从 x 到 y 的一个连接。

换句话说，连接是流向图 G 中由节点 x 和 y 确定的一个子图，则连接 $\langle x,y\rangle$ 的置信度为

$$\operatorname{cer}\langle x, y\rangle = \sum_{[x\cdots y]\in\langle x, y\rangle} \operatorname{cer}[x\cdots y] \tag{3.44}$$

连接 $\langle x, y\rangle$ 的覆盖度为

$$\operatorname{cov}\langle x, y\rangle = \sum_{[x\cdots y]\in\langle x, y\rangle} \operatorname{cov}[x\cdots y] \tag{3.45}$$

连接 $\langle x, y\rangle$ 的强度为

$$\sigma\langle x, y\rangle = \sum_{[x\cdots y]\in\langle x, y\rangle} \sigma[x\cdots y] = \sigma(x)\operatorname{cer}\langle x, y\rangle = \sigma(y)\operatorname{cov}\langle x, y\rangle \tag{3.46}$$

定义 3.33　标准化流向图 $G=(N, B, \sigma)$，如果在子图中，对于每一个连接 $\langle x, y\rangle$，都用单一分支 (x,y) 替代，最后得到的新图 G' 称为流向图 G 的融合。同时有 $\operatorname{cer}(x, y)=\operatorname{cer}\langle x, y\rangle$、$\operatorname{cov}(x, y)=\operatorname{cov}\langle x, y\rangle$ 和 $\sigma(G)=\sigma(G')$。

定义 3.34　标准化流向图 $G=(N, B, \sigma)$，$(x, y)\in B$，如果有 $\sigma(x, y)=\sigma(x)\sigma(y)$，则称 x 和 y 是相互独立的。

如果 x 和 y 是相互独立的，从上述定义不难得到：

$$\frac{\sigma(x, y)}{\sigma(x)} = \operatorname{cer}(x, y) = \sigma(y) \tag{3.47}$$

$$\frac{\sigma(x, y)}{\sigma(y)} = \operatorname{cov}(x, y) = \sigma(x) \tag{3.48}$$

定义 3.35　标准化流向图 $G=(N, B, \sigma)$，$(x, y)\in B$，如果 $\operatorname{cer}(x, y) > \sigma(y)$ 或 $\operatorname{cov}(x, y) > \sigma(x)$，则称 x 和 y 是正相关的。类似地，如果 $\operatorname{cer}(x, y) < \sigma(y)$ 或 $\operatorname{cov}(x, y) < \sigma(x)$，则称 x 和 y 是负相关的。

可以发现，独立和相关是对称的，类似于统计中使用的参数。对于流向图 G 中每个分支 $(x, y)\in B$，定义如下相关系数：

$$\eta(x, y) = \frac{\operatorname{cer}(x, y) - \sigma(y)}{\operatorname{cer}(x, y) + \sigma(y)} = \frac{\operatorname{cov}(x, y) - \sigma(x)}{\operatorname{cov}(x, y) + \sigma(x)} \tag{3.49}$$

显然，$-1 \leqslant \eta(x, y) \leqslant 1$。

当且仅当 $\operatorname{cer}(x, y)=\sigma(y)$ 和 $\operatorname{cov}(x, y)=\sigma(x)$ 时，有 $\eta(x, y)=0$；

当且仅当 $\operatorname{cer}(x, y)=\operatorname{cov}(x, y)=0$ 时，有 $\eta(x, y)=-1$；

当且仅当 $\sigma(x)=\sigma(y)=0$ 时，有 $\eta(x, y)=1$。

不难发现，如果 $0 \leqslant \eta(x, y) \leqslant 1$，则 x 和 y 是正相关的；如果 $\eta(x, y)=0$，则 x 和 y 是相互独立的；如果 $-1 \leqslant \eta(x, y) \leqslant 0$，则 x 和 y 是负相关的。相关系数表达了节点 x 和 y 之间的相关程度，类似于统计学中使用的相关系数。

流向图也可以用决策算法来进行解释。流向图中的节点集合可以看成逻辑公式的集合，每条有向分支都代表一条决策规则，其中输入节点表示决策规则的条

件部分，输出节点表示决策规则的决策部分。

3.3　不完备故障诊断决策表的广义决策规则

在实际的故障诊断问题中，从机械设备采集的原始信息常有某种程度的不一致性，在由不一致信息形成的故障诊断决策表中，主要表现为某些实例具有相同的征兆属性值，但它们具有不同的决策属性。为了解决决策表中决策规则的不一致性，Kryszkiewicz[4]提出了广义决策函数的概念，并且利用广义决策规则的概念建立了广义决策规则，广义决策规则可以提供给决策者更为灵活的决策选择。广义决策规则与通常的决策规则的不同之处在于它们的决策部分。从形式上看，确定性决策规则的决策部分是由决策属性和一个决策值构成的，而一般地，广义决策规则的决策部分则是由决策属性和一个决策值集合构成的，它可以理解为某些确定性行为的析取，尽管这些决策行为可能是不一致的。在不完备故障诊断决策表中，未知故障征兆属性值的存在，更显著增加了故障诊断决策表的不一致性。因此，针对故障诊断问题中的不完备性，结合文献[4]的有关论述，下面给出不完备故障诊断决策系统的广义决策函数及广义决策规则的描述。

在一个不完备故障诊断决策系统 FDDS= $\langle U, M\cup D, V_A, f_A, V_k, f_k\rangle$ 中，$A=M\cup D$。对任意 $u_i\in U$，称$\partial_M(u_i)=\{f_D(u_j)|u_j\in S_M(u_i)\}$为 FDDS 的广义决策函数。$\partial_M(u_i)$，$u_i\in U$，确定了基于可利用的信息，对象 u_i 可能被分类到的决策类，如果 $\mathrm{card}(\partial_M(u_i))=1$，则一定可以被分类到仅含有一个决策值的决策类中。对任意 $Y\in C(M)$，称$\delta_M(Y)=\{f_D(u_i)|u_i\in Y\}$为 FDDS 的极大相容广义决策函数。

下面的性质给出了上述两种广义决策函数的关系。

性质 3.2　设 FDDS=$\langle U, M\cup D, V_A, f_A, V_k, f_k\rangle$是一个不完备故障诊断决策系统，$A=M\cup D$，$B\subseteq M$，$Y\in C(B)$，下面的式子成立：

$$\delta_B(Y)=\cap\{\partial_B(u_i)\mid u_i\in Y\} \tag{3.50}$$

例 3.4 便是对性质 3.2 的具体说明。

例 3.4（上接例 3.1）　由 FDDS 中的广义决策函数和极大相容广义决策函数的定义，可知$\partial_M(u_1)=\{f_1,f_2\}$，$\partial_M(u_2)=\{f_1,f_2\}$，$\partial_M(u_3)=\{f_2\}$，$\partial_M(u_4)=\{f_3\}$，$\partial_M(u_5)=\{f_1,f_2\}$，$\partial_M(u_6)=\{f_1\}$；$\delta_M(Y_1)=\{f_2\}$，$\delta_M(Y_2)=\{f_3\}$，$\delta_M(Y_3)=\{f_1,f_2\}$，$\delta_M(Y_4)=\{f_1\}$，$\delta_M(Y_5)=\{f_1,f_2\}$。其中，$Y_1,Y_2,Y_3,Y_4,Y_5\in C(M)$，$Y_1=\{u_3\}$，$Y_2=\{u_4\}$，$Y_3=\{u_1,u_2\}$，$Y_4=\{u_1,u_6\}$，$Y_5=\{u_2,u_5\}$。上述结果分别如表 3.2 和表 3.3 所示。根据性质 3.2 可知：$\delta_M(Y_1)=\partial_M(u_3)=\{f_2\}$，$\delta_M(Y_3)=\partial_M(u_1)\cap\partial_M(u_2)=\{f_1,f_2\}$，$\delta_M(Y_4)=\partial_M(u_1)\cap\partial_M(u_6)=\{f_1\}$，其余同理可得。

表 3.2　广义决策

u_i	$\partial_M(u_i)$
u_1	$\{f_1,f_2\}$
u_2	$\{f_1,f_2\}$
u_3	$\{f_2\}$
u_4	$\{f_3\}$
u_5	$\{f_1,f_2\}$
u_6	$\{f_1\}$

表 3.3　极大相容广义决策

Y	$\delta_M(Y)$
Y_1	$\{f_2\}$
Y_2	$\{f_3\}$
Y_3	$\{f_1,f_2\}$
Y_4	$\{f_1\}$
Y_5	$\{f_1,f_2\}$

隐含于不完备故障诊断决策表中的知识可以被发现，并且可以被表达成决策规则的形式。

在一个不完备故障诊断决策系统 FDDS=$\langle U, M\cup D, V_A, f_A, V_k, f_k\rangle$ 中，$A=M\cup D$。每个实例都可以表示成一个符合形式：$t\to s$ 的故障诊断决策规则的集合。其中，$t=\wedge(a,v)$，$a\in B\subseteq M$，$v\in V_a\backslash\{*\}$，$s=\vee(d,w)$，$d\in D$，$w\in V_d$。t 和 s 分别称为规则的条件部分和决策部分。

另外，满足属性-值对(a,v)的对象集合，即$\{u_i\in U\mid f_a(u_i)=v\}$，将被表示为$\|(a,v)\|$，同时注意到：如果 $v\neq *$，那么$\|(a, *)\|\cap\|(a, v)\|=\varnothing$。令$\|t\|$是满足决策规则的条件部分 t 的对象集合，$\|s\|$是满足决策规则的决策部分 s 的对象集合。

在一个不完备故障诊断决策系统 FDDS=$\langle U, M\cup D, V_A, f_A, V_k, f_k\rangle$ 中，$A=M\cup D$。称对象 $u_i\in U$ 在 FDDS 中支持一个故障诊断决策规则 $t\to s$，当且仅当 u_i 在 FDDS 中同时满足决策规则的条件部分 t 和决策部分 s。称故障诊断决策规则 $t\to s$ 在 FDDS 中是广义的，当且仅当 $\overline{\mathrm{Apr}}_B\|t\|\subseteq\|s\|$，其中 B 是出现在决策规则条件部分 t 的所有征兆属性。

在一个不完备故障诊断决策系统 FDDS 中，如果一个决策规则 $t\to s$ 在 FDDS 中是广义决策规则，则这个决策规则称为在 FDDS 中是一致的（或相容的）。而且，如果由 FDDS 得到的所有决策规则的合取是广义的，则决策表 FDDS 称为一致的（或相容的），否则称为不一致的（或不相容的）。故障诊断决策表的一致性意味着可以按照它提供的条件无矛盾地决定一个行为。

在一个不完备故障诊断决策系统 FDDS = $\langle U, M\cup D, V_A, f_A, V_k, f_k\rangle$ 中，$A=M\cup D$。一个故障诊断决策规则 $t\rightarrow s$ 称为最优广义的，当且仅当它是广义的，且由出现在 t 或 s 中合取与析取的任何真子集所构成的规则均不是广义的。一个故障诊断决策规则 $t\rightarrow s$ 称为确定的，当且仅当它是广义的，且 s 中只包含一个决策值。

例 3.5　下面的决策规则可以从如表 3.1 所示的不完备故障诊断决策表中获取。

r_1: (n=Normal)∧(t=High)∧(v=Normal)→(d= f_1)　　// 对象 u_1 支持

r_2: (p=Low)∧(v=Normal)→ (d= f_2)　　// 对象 u_2 支持

r_3: (n=High)∧(p=Very low)∧(v=Normal)→ (d= f_2)　　// 对象 u_3 支持

r_4: (p=Normal)∧(v=High)→(d= f_3)　　// 对象 u_4 支持

r_5: (n=High)∧(t=Normal)∧(p=Low)∧(v=Normal)→(d=f_1) // 对象 u_5 支持

r_6: (n=Normal)∧(p =Very low)∧(v=Normal)→ (d=f_1)　　// 对象 u_6 支持

对于规则 r_1，$\overline{\mathrm{Apr}}_{(n,t,v)}\ \|\{u_1\}\|=\{u_1,u_2,u_6\}$，而 $\|s\|=\{u_1,u_5,u_6\}$，所以规则 r_1 不是广义的。

对于规则 r_2，$\overline{\mathrm{Apr}}_{(p,v)}\ \|\{u_2,u_5\}\|=\{u_1,u_2,u_5\}$，而 $\|s\|=\{u_2,u_3\}$，所以规则 r_2 不是广义的。

对于规则 r_3，$\overline{\mathrm{Apr}}_{(n,p,v)}\ \|\{u_3\}\|=\{u_3\}$，而 $\|s\|=\{u_2,u_3\}$，所以规则 r_3 是广义的；同时也是确定的，但不是最优的。

对于规则 r_4，$\overline{\mathrm{Apr}}_{(p,v)}\ \|\{u_4\}\|=\{u_4\}$，而 $\|s\|=\{u_4\}$，所以规则 r_4 是广义的；同时也是确定的，但不是最优的。

对于规则 r_5，$\overline{\mathrm{Apr}}_{(n,t,p,v)}\ \|\{u_5\}\|=\{u_2,u_5\}$，而 $\|s\|=\{u_1,u_5,u_6\}$，所以规则 r_5 不是广义的。

对于规则 r_6，$\overline{\mathrm{Apr}}_{(n,p,v)}\ \|\{u_6\}\|=\{u_1,u_6\}$，而 $\|s\|=\{u_1,u_5,u_6\}$，所以规则 r_6 是广义的；同时也是确定的，但不是最优的。

因为规则 r_1、r_2 和 r_5 不是广义的，所以表 3.1 的不完备故障诊断决策系统是不一致的。

一个不完备故障诊断决策表是一致的，当且仅当它的每一个完备化都是一致的。Kryszkiewicz[4]用下面的命题来描述这一事实，即一个不完备决策表是一致的，当且仅当对任意的 $u_i\in U$，都有 $\mathrm{card}(\partial_M(u_i))=1$。利用极大相容广义决策规则给出上述命题的等价描述，可以得到一种更为简便的判断一个不完备故障诊断决策表是否一致的命题，即一个不完备故障诊断决策系统是一致的，当且仅当对任意的 $Y\in C(M)$，都有 $\mathrm{card}(\delta_M(Y))=1$。

例 3.6（上接例 3.4）　由表 3.3 中的极大相容广义决策值，可知 $\mathrm{card}(\delta_M(Y_3))=2$，$\mathrm{card}(\delta_M(Y_5))=2$，所以如表 3.1 所示的不完备故障诊断决策表是不一致的。事实上，

存在 FDDS 的一个完备化，使得其中含有矛盾的规则。例如，表 3.4 就是表 3.1 的一个完备化，但是分别由对象 u_1 和 u_2 支持的规则是不一致的，即它们有相同的条件部分，但有不同的决策部分。

表 3.4　不完备故障诊断决策表的完备化

U	V_u	n	t	p	v	d
u_1	50	Normal	High	Low	Normal	f_1
u_2	4	Normal	High	Low	Normal	f_2
u_3	5	High	High	Very low	Normal	f_2
u_4	30	High	Normal	Normal	High	f_3
u_5	1	High	Normal	Low	Normal	f_1
u_6	10	Normal	Normal	Very low	Normal	f_1

3.4　不完备故障诊断决策系统的约简

Skowron 等[7]提出的分辨矩阵为求取故障征兆属性的最小约简提供了很好的思路，利用分辨矩阵形成的分辨函数求取约简成为一种广泛应用的方法。但是 Skowron 等的分辨矩阵是针对完备的信息系统，针对故障诊断中的不完备信息，该方法应进行一定的拓展，因此基于分辨矩阵的基本思想，结合极大相容块的含义，本节提出一种适合不完备故障诊断决策系统的约简策略。

针对文献[4]中给出的不完备决策表约简的定义，下面给出不完备故障诊断决策系统约简的定义。

定义 3.36　在一个不完备故障诊断决策系统 FDDS $=\langle U, M\cup D, V_A, f_A, V_k, f_k\rangle$ 中，$A=M\cup D$。称一个征兆属性子集 $B\subseteq M$ 为决策系统 FDDS 的一个约简，如果对任意的 $u_i\in U$，都有$\partial_B(u_i)=\partial_M(u_i)$成立，且 B 是 M 的一个极小子集。

一般来讲，由一个不完备故障诊断决策表的一个约简获得的故障诊断决策规则要比由原始决策表获得的故障诊断决策规则有更为简单的形式。但是，上述约简是面向整个不完备故障诊断决策表的，获得的诊断决策规则的条件部分的长度是相同的。从决策表的角度来看，获得的约简可能是最小约简，但是对具体的某条决策规则，由经过征兆属性约简的不完备故障诊断决策表得到的并非一定是最简单的形式，因此在基于粗糙集的故障诊断中，通常由原始决策表经过属性约简和值约简两个步骤来获得简洁的诊断决策规则。

为了提高获取诊断决策规则的效率，本节将上述属性约简和值约简过程结合在一起，提出一种面向对象的约简定义，用于从不完备故障诊断决策表中直接获取形式简洁的诊断决策规则。

这种约简的定义如下。

定义 3.37　在一个不完备故障诊断决策系统 FDDS= $\langle U, M\cup D, V_A, f_A, V_k, f_k\rangle$ 中，$A=M\cup D$。称一个征兆属性子集 $B\subseteq M$ 为决策系统 FDDS 的面向对象 $u_i\in U$ 的一个约简，当且仅当

$$\delta_B(u_i)=\delta_M(u_i) \text{ 且} \forall B'\subset B,\ \delta_{B'}(u_i)\neq\delta_M(u_i) \tag{3.51}$$

3.4.1　分辨矩阵基元的定义

根据完备故障诊断决策系统中分辨矩阵的定义可知，当两个实例的故障决策属性取值不同且可以通过某些征兆属性的取值不同加以区分时，它们所对应的分辨矩阵元素的取值为这两个实例中征兆属性值不同的征兆属性集合，即可以区分这两个实例的征兆属性集合；由于每个对象都有确定的属性值，所以基于对象之间的可分辨关系（等价关系）构造的分辨矩阵，它的矩阵元素是对称的，分辨矩阵是一个依主对角线对称的矩阵，所以在考虑完备故障诊断系统的分辨矩阵时，只需要考虑其上三角（或下三角）部分就可以了。但是在不完备故障诊断决策系统中，由于某些对象含有未知的属性值，经典的等价关系已经拓展成容差关系，适合完备系统的分辨矩阵也要进行相应的拓展。下面首先给出不完备信息系统中分辨矩阵基元的概念。

定义 3.38　在一个不完备故障诊断决策系统 FDDS = $\langle U, M\cup D, V_A, f_A, V_k, f_k\rangle$ 中，$A=M\cup D$，$(u_i,u_j)\in U\times U$。称 $\beta_M(u_i,u_j)$为分辨矩阵基元，且 $\beta_M(u_i,u_j)$具有如下表示形式：$\beta_M(u_i,u_j)=\{a\in M \mid f_a(u_i)$和 $f_a(u_j)$都是正则的，且 $f_a(u_i)\neq f_a(u_j)$，$f_D(u_j)\notin\partial_M(u_i)\}$；如果 $f_D(u_j)\in\partial_M(u_i)$，则 $\beta_M(u_i,u_j)=\varnothing$。

从不完备故障诊断决策系统分辨矩阵基元的定义可以看出，分辨矩阵基元不一定是对称的，即 $\beta_M(u_i,u_j)$和 $\beta_M(u_j,u_i)$不一定是相等的，下面的性质给出了分辨矩阵基元相等的条件。

性质 3.3　在一个不完备故障诊断决策系统 FDDS = $\langle U, M\cup D, V_A, f_A, V_k, f_k\rangle$ 中，$A=M\cup D$。$\beta_M(u_i,u_j)$为分辨矩阵基元，如果$\partial_M(u_i)\cap\partial_M(u_j)=\varnothing$，则 $\beta_M(u_i,u_j)=\beta_M(u_j,u_i)$。

证明　对于 $\beta_M(u_i,u_j)$，有 $f_D(u_j)\in\partial_M(u_j)$，又$\partial_M(u_i)\cap\partial_M(u_j)=\varnothing$，可得 $f_D(u_j)\notin\partial_M(u_i)$；同理，对于 $\beta_M(u_j,u_i)$，可得 $f_D(u_i)\notin\partial_M(u_j)$；根据分辨矩阵基元的定义可得 $\beta_M(u_i,u_j)=\beta_M(u_j,u_i)$。

性质 3.3 表明，当两个对象的广义决策函数值不同时，其互相的分辨矩阵基元是相等的。

性质 3.4　在一个不完备故障诊断决策系统 FDDS =$\langle U, M\cup D, V_A, f_A, V_k, f_k\rangle$ 中，$A=M\cup D$。$\beta_M(u_i,u_j)$为分辨矩阵基元，如果$\partial_M(u_i)=\partial_M(u_j)$，则 $\beta_M(u_i,u_j)=\beta_M(u_j, u_i)=\varnothing$。

证明　对于 $\beta_M(u_i,u_j)$，有 $f_D(u_j)\in\partial_M(u_j)$，又$\partial_M(u_i)=\partial_M(u_j)$，可得 $f_D(u_j)\in\partial_M(u_i)$；同理，对于 $\beta_M(u_j, u_i)$，可得 $f_D(u_i)\in\partial_M(u_j)$；根据分辨矩阵基元的定义可得 $\beta_M(u_i,u_j)=$

$\beta_M(u_j, u_i)=\varnothing$。

性质 3.4 表明，当两个对象的广义决策函数值相同时，其互相的分辨矩阵基元均为空。

性质 3.5 在一个不完备故障诊断决策系统 FDDS=$\langle U, M\cup D, V_A, f_A, V_k, f_k\rangle$ 中，$A=M\cup D$。$\beta_M(u_i,u_j)$为分辨矩阵基元，如果$\partial_M(u_j)\subset\partial_M(u_i)$，则 $\beta_M(u_i, u_j)=\varnothing$。

证明 对于 $\beta_M(u_i,u_j)$，可得 $f_D(u_j)\in\partial_M(u_j)$；又$\partial_M(u_j)\subset\partial_M(u_i)$，所以 $f_D(u_j)\in\partial_M(u_i)$，根据分辨矩阵基元的定义可得 $\beta_M(u_i,u_j)=\varnothing$。

结合性质 3.3～性质 3.5，可以简化分辨矩阵基元的计算过程：对于两个广义决策函数值集合相交为空的对象，因为分辨矩阵基元 $\beta_M(u_i, u_j)$和 $\beta_M(u_j, u_i)$相等，所以只需计算其中的一个；对于两个广义决策函数值集合完全相等的对象，其分辨矩阵基元都为空；对于一个分辨矩阵基元，如果列元素的广义决策值集合是行元素的广义决策值集合的真子集，则该分辨矩阵基元为空。

3.4.2 面向对象的分辨矩阵

根据分辨矩阵基元的定义，下面给出不完备故障诊断决策系统 FDDS 中面向对象的分辨矩阵的定义。并利用面向对象的分辨矩阵来构造面向对象的分辨函数，用以计算不完备故障诊断决策系统的面向对象的约简。

定义 3.39 在一个不完备故障诊断决策系统 FDDS = $\langle U, M\cup D, V_A, f_A, V_k, f_k\rangle$ 中，$A=M\cup D$。card(U)=n，令 $\beta_M(u_i,u_j)$表示 FDDS 的面向对象的分辨矩阵中第 u_i 行第 u_j 列的元素，即分辨矩阵基元，其中 $u_i,u_j\in U$。则面向对象的分辨矩阵可用一个基本元素为 $\beta_M(u_i,u_j)$的 $n\times n$ 矩阵表示。其中 $\beta_M(u_i,u_j)$如定义 3.38 所示。则称

$$\Delta(u_i)=\prod\sum\beta_M(u_i,u_j) \tag{3.52}$$

是 FDDS 中面向对象 u_i 的分辨函数。如果 $\beta_M(u_i,u_j)=\varnothing$，则令 $\sum\beta_M(u_i,u_j)=1$；否则，$\sum\beta_M(u_i,u_j)$ 是包含在 $\beta_M(u_i,u_j)$中的征兆属性所对应变量的析取。

在一个不完备故障诊断决策系统 FDDS=$\langle U, M\cup D, V_A, f_A, V_k, f_k\rangle$ 中，$A=M\cup D$。面向对象 u_i 的分辨函数 $\Delta(u_i)$的析取范式的子式确定了面向对象 $u_i\in U$ 的所有约简，根据最小约简的定义易知，基数最小的子式便是面向对象 $u_i\in U$ 的最小约简。

例 3.7（上接例 3.1） 根据不完备故障诊断决策表的面向对象的分辨矩阵的定义可得表 3.5。

表 3.5 面向对象的分辨矩阵

u_i \ u_j	u_1	u_2	u_3	u_4	u_5	u_6
u_1				v		
u_2				p,v		

续表

u_i \ u_j	u_1	u_2	u_3	u_4	u_5	u_6
u_3	n			p,v	p	n
u_4	v	p,v	p,v		p,v	p,v
u_5				p,v		
u_6		p	n	p,v		

根据表 3.5 和式（3.52），可以求出表 3.1 中所有面向对象的分辨函数，将这些分辨函数等价地转化为它的析取范式如下：

$\Delta(u_1)=\prod\sum\beta_M(u_1,u_4)=\sum\beta_M(u_1,u_4)=v$;

$\Delta(u_2)=\prod\sum\beta_M(u_2,u_4)=\sum\beta_M(u_2,u_4)=p\vee v$;

$\Delta(u_3)=\left[\sum\beta_M(u_3,u_1)\right]\left[\sum\beta_M(u_3,u_4)\right]\left[\sum\beta_M(u_3,u_5)\right]\left[\sum\beta_M(u_3,u_6)\right]=n(p\vee v)pn=np$;

$\Delta(u_4)=v(p\vee v)(p\vee v)(p\vee v)(p\vee v)=v$;

$\Delta(u_5)=p\vee v$;

$\Delta(u_6)=pn(p\vee v)=np$。

3.4.3　面向对象-极大相容块的分辨矩阵

下面给出面向对象-极大相容块的分辨矩阵的定义。

定义 3.40　在一个不完备故障诊断决策系统 FDDS=$\langle U, M\cup D, V_A, f_A, V_k, f_k\rangle$ 中，$A=M\cup D$。card(U)=n，card($C(M)$)=m，令$\beta_M(u_i,Y)$表示 FDDS 的面向对象-极大相容块的分辨矩阵中第 u_i 行第 Y 列的元素，其中 $u_i\in U$，$Y\in\{C(M)-C_{ui}(M)|\delta_M(Y)\not\subseteq\partial_M(u_i)\}$，则面向对象-极大相容块的分辨矩阵可用一个 $n\times m$ 的矩阵表示为 $\beta_M(u_i,Y)=\prod\sum\beta_M(u_i,u_j)$。其中，$\beta_M(u_i,u_j)$为分辨矩阵基元，如果$\beta_M(u_i,u_j)=\varnothing$，则令$\sum\beta_M(u_i,u_j)=1$；否则，$\sum\beta_M(u_i,u_j)$是包含在$\beta_M(u_i,u_j)$中的征兆属性所对应变量的析取。则称

$$\Delta(u_i,Y)=\prod\sum\beta_M(u_i,Y) \tag{3.53}$$

是 FDDS 中对象 u_i 的面向对象-极大相容块的分辨函数。

在一个不完备故障诊断决策系统 FDDS=$\langle U, M\cup D, V_A, f_A, V_k, f_k\rangle$ 中，$A=M\cup D$。对象 u_i 的面向对象-极大相容块的分辨函数 $\Delta(u_i,Y)$的析取范式的子式确定了对象 $u_i\in U$ 的所有面向对象-极大相容块约简，根据最小约简的定义易知，基数最小的子式便是对象 $u_i\in U$ 的最小面向对象-极大相容块约简。

例 3.8（上接例 3.1）　根据不完备故障诊断决策表的面向对象-极大相容块的分辨矩阵的定义可得表 3.6。

表 3.6　面向对象-极大相容块的分辨矩阵

u_i \ Y_j	Y_1	Y_2	Y_3	Y_4	Y_5
u_1		v			
u_2		p,v			
u_3		p,v	n	n	p
u_4	p,v		v	v	p,v
u_5		p,v			
u_6	n	p,v	p		p

根据表 3.6，可以求出表 3.1 中所有面向对象-极大相容块的分辨函数，将这些分辨函数等价地转化为它的析取范式为：$\Delta(u_1,Y)=v$，$\Delta(u_2,Y)=p\vee v$，$\Delta(u_3,Y)=(p\vee v)nnp=np$，$\Delta(u_4,Y)=(p\vee v)vv(p\vee v)=v$，$\Delta(u_5,Y)=p\vee v$，$\Delta(u_6,Y)=n(p\vee v)pp=np$。

所得结果与例 3.7 的结果完全相同，这说明，面向对象-极大相容块的分辨矩阵相比于面向对象的分辨矩阵，不仅所得结果相同，而且可以缩小分辨矩阵的规模。

3.4.4　面向极大相容块的分辨矩阵

下面给出面向极大相容块的分辨矩阵的定义。

定义 3.41　在一个不完备故障诊断决策系统 FDDS=$\langle U, M\cup D, V_A, f_A, V_k, f_k\rangle$ 中，$A=M\cup D$。card(U)=n，card($C(M)$)=m，令$\beta_M(X, Y)$表示面向极大相容块的分辨矩阵中第 X 行第 Y 列的元素，其中 $X\in C(M)$，$Y\in\{C(M)|\delta_M(Y)\not\subset\delta_M(X)\}$，则面向极大相容块的分辨矩阵可用一个 $m\times m$ 的矩阵表示为 $\beta_M(X,Y)=\prod\sum\beta_M(u_i,Y)$。其中 $\beta_M(u_i,Y)$为面向对象-极大相容块的分辨矩阵元素。其中 $\beta_M(X, Y)$表示分辨矩阵中第 X 行第 Y 列的元素，则称

$$\Delta=\prod\sum\beta_M(X,Y) \tag{3.54}$$

是面向极大相容块的分辨函数。

在一个不完备故障诊断决策系统 FDDS=$\langle U, M\cup D, V_A, f_A, V_k, f_k\rangle$ 中，$A=M\cup D$。面向极大相容块的分辨函数 Δ 的析取范式的子式确定了不完备故障诊断决策系统 FDDS 的所有约简，根据最小约简的定义易知，基数最小的子式便是不完备故障诊断决策系统 FDDS 的最小约简。

例 3.9（上接例 3.1）　根据不完备故障诊断决策表中面向极大相容块的分辨矩阵的定义可得表 3.7。

表 3.7　面向极大相容块的分辨矩阵

Y_i \ Y_j	Y_1	Y_2	Y_3	Y_4	Y_5
Y_1		p,v	n	n	p
Y_2	p,v		v	v	p,v
Y_3		v			
Y_4	n	v	P		p
Y_5		p,v			

根据表 3.7，可以求出面向极大相容块的分辨函数 $\Delta=(p\vee v)nnp(p\vee v)vv(p\vee v)vnvpp(p\vee v)=npv$。这表示$\{n,p,v\}$是不完备故障诊断决策表 3.1 的唯一约简。

基于提出的分辨矩阵基元概念，上面给出了三种不同层次上的分辨矩阵的定义，那么这些定义之间存在着什么样的关系呢？本书通过下面的性质来描述它们之间的关系。

性质 3.6　在一个不完备故障诊断决策系统 FDDS=$\langle U, M\cup D, V_A, f_A, V_k, f_k\rangle$ 中，$A=M\cup D$。$X\in C(M)$、$Y\in C(M)$、$u_i\in X$、$\beta_M(u_i, u_j)$、$\beta_M(u_i, Y)$、$\beta_M(X, Y)$分别是面向对象的分辨矩阵、面向对象-极大相容块的分辨矩阵和面向极大相容块的分辨矩阵中的元素，则三者之间的关系为

$$\beta_M(u_i,Y)=\prod\sum\beta_M(u_i,u_j) \tag{3.55}$$

$$\beta_M(X,Y)=\prod\sum\beta_M(u_i,Y) \tag{3.56}$$

上述性质由面向对象、面向对象-极大相容块和面向极大相容块的分辨矩阵定义可以直接得到。

3.5　不完备故障诊断决策系统的规则获取

在故障诊断中，征兆属性约简的最终目的是获得简洁的诊断决策规则，3.4 节中，针对不完备故障诊断决策系统中的知识约简问题，给出了三种不同层次上的分辨矩阵的定义，本节利用上述定义，给出一种从不完备故障诊断决策表中获取广义诊断决策规则的粗糙集方法，并对所获取的广义故障诊断决策规则给出恰当的评价参数。

在粗糙集理论中，从数据集中获取知识通常要经过属性约简和值约简两个步骤，为了提高获取诊断决策规则的效率，本节将上述属性约简和值约简过程结合在一起，提出一种面向对象-极大相容块的约简方法，用于从不完备故障诊断决策表中直接获取形式简洁的诊断决策规则。

该方法描述如下：

（1）根据原始的故障诊断数据，将未知的属性值用“*”表示，形成不完备

故障诊断决策表。

（2）利用相似关系的概念，求出故障状态域中所有实例对象的广义决策函数。

（3）求出对象 u_i ($u_i \in U$)的面向对象-极大相容块分辨函数，将该分辨函数等价地转化为它的析取范式，便可以得到对象 u_i 的所有面向对象-极大相容块约简。

（4）对不完备故障诊断决策表中的所有对象重复执行（3）中的操作，求出所有对象的面向对象-极大相容块约简。

（5）利用计算得到的所有对象的面向对象-极大相容块约简，求出决策表中各个对象支持的广义诊断决策规则。

（6）对求得的决策表中各个对象支持的广义诊断决策规则的条件部分和决策部分进行合并，得到整个决策表支持的广义诊断决策规则集合。

（7）对得到的整个决策表支持的广义诊断决策规则集合利用定义的支持量和决策规则的支持对象作为评价指标。

例 3.10（上接例 3.8）　将求得的所有面向对象-极大相容块分辨函数等价地转化为它的析取范式为：$\Delta(u_1)=v$, $\Delta(u_2)=p \vee v$, $\Delta(u_3)=np$, $\Delta(u_4)=v$, $\Delta(u_5)=p \vee v$, $\Delta(u_6)=np$。

这些析取范式的子式确定了所有面向对象-极大相容块约简。由上述约简，可以得到各个对象支持的广义诊断决策规则如下：

r_1: (v=Normal)→(d=f_1)∨(d=f_2)　　// 对象 1 支持
r_2: (p=Low)→(d=f_1)∨(d=f_2)　　// 对象 2 支持
r_3: (v=Normal)→(d=f_1)∨(d=f_2)　　// 对象 2 支持
r_4: (n=High)∧(p=Very low)→(d=f_2)　　// 对象 3 支持
r_5: (v=High)→(d=f_3)　　// 对象 4 支持
r_6: (p=Low)→(d=f_1)∨(d=f_2)　　// 对象 5 支持
r_7: (v=Normal)→(d=f_1)∨(d=f_2)　　// 对象 5 支持
r_8: (n=Normal)∧(p=Very low)→(d=f_1)　// 对象 6 支持

将上述由表 3.1 中 6 个对象支持的广义诊断决策规则的条件部分和决策部分进行合并运算，便得到如表 3.8 所示的整个决策表支持的广义诊断决策规则集合。

表 3.8　广义诊断决策规则集合

序号	广义诊断决策规则	支持量	支持对象
r_1'	(v=Normal)→(d=f_1)∨(d=f_2)	70	u_1, u_2, u_3, u_5, u_6
r_2'	(p=Low)→(d=f_1)∨(d=f_2)	5	u_2, u_5
r_3'	(v=High)→(d=f_3)	30	u_4
r_4'	(n=High)∧(p=Very low)→(d=f_2)	5	u_3
r_5'	(n=Normal)∧(p=Very low)→(d=f_1)	10	u_6

由定义可知，规则 r'_1、r'_2 是不确定的，而 r'_3、r'_4、r'_5 三条规则是确定的，同时上述五条诊断决策规则都是最优的。因此，这些诊断决策规则是不完备故障诊断决策表 3.1 中所包含的诊断知识的精练概括和直观表示。这些规则为后续的故障诊断知识库的建立奠定了一个良好的基础。

下面结合一个电力系统中操作点安全状态的诊断实例说明本章所提出的基于不完备信息的故障诊断规则获取方法的可行性。在电力系统中，控制中心数据库中的数据和信息量很大，大量不可确定因素的干扰及其发生时的不可预测性，以及数据测量、传输等环节的不确定性，有可能使得传输到控制中心的数据是不完备的。如何根据这些不完备的数据进行操作点状态的决策，对于操作员来说不是一件容易的事情。3.4 节提出的基于不完备信息的故障诊断规则获取方法为这一问题的解决提供了一条可行的途径。下面具体考虑一个电力控制中心数据库，它由一组测量数据和分析数据组成[42]，如表 3.9 所示。表中每行代表一类操作点的情况，该状态分类的规则是由专家制定的（通常是高级操作员或工程师）。最后一列为数据对象的广义决策函数值。故障征兆属性集合 $M=\{c_1, c_2, c_3, c_4, c_5, c_6, c_7, c_8\}$，其中，$c_1$、$c_2$、$c_3$ 表示各传输线上实际电流量值与额定容量的百分比，$V_{ci}=\{*,L,M,H\}$，$i=1,2,3$；L、M、H 分别表示各传输线上实际电流量值与额定容量的百分比小于 40%、大于等于 40%且小于等于 70%、大于 70%。c_4、c_5、c_6 表示各传输线上实际电压的标幺值，$V_{ci}=\{*,L,N,H\}$，$i=4,5,6$；L、N、H 分别表示各传输线上实际电压的标幺值小于 0.85、大于等于 0.85 且小于等于 1.05、大于 1.05。c_7、c_8 表示环路断点的状态，$V_{ci}=\{*,0,1\}$，$i=7,8$；0 表示开，1 表示关。决策属性 $D=\{d\}$，$V_d=\{S,U_1,U_2\}$，分别对应电力系统中可能的三个安全状态（安全、不安全水平 1 和不安全水平 2）。V_u 表示相同状态的个数，$V_k=\{1,2,3,4\}$。

表 3.9　实例集及其广义决策

U	V_u	c_1	c_2	c_3	c_4	c_5	c_6	c_7	c_8	d	$\partial_M(u_i)$
u_1	2	M	M	L	N	H	N	1	1	S	{S}
u_2	1	*	M	*	N	H	*	1	1	S	$\{S,U_2\}$
u_3	3	M	L	L	*	H	*	*	1	S	$\{S,U_1\}$
u_4	2	*	*	M	N	N	N	0	1	S	{S}
u_5	1	M	*	L	*	H	N	1	1	S	$\{S,U_1\}$
u_6	1	*	M	*	N	*	*	1	1	S	$\{S,U_2\}$
u_7	3	L	*	L	*	*	H	*	1	U_2	$\{S,U_1,U_2\}$
u_8	2	L	*	M	H	L	*	0	1	U_2	$\{U_1,U_2\}$
u_9	1	*	M	M	*	L	H	*	1	U_2	$\{S,U_1,U_2\}$
u_{10}	1	L	M	*	H	N	*	0	1	U_2	$\{U_1,U_2\}$
u_{11}	1	H	*	M	L	H	L	*	1	U_2	$\{U_2\}$
u_{12}	4	*	M	*	H	*	H	*	1	U_1	$\{U_1,U_2\}$
u_{13}	2	L	H	M	*	N	H	0	1	U_1	$\{U_1\}$
u_{14}	1	M	*	*	L	*	*	1	1	U_1	$\{S,U_1,U_2\}$

现在需要解决的问题就是从这些已有的不完备信息中得到决定不同安全级别的决策规则，以帮助一般操作员也能达到做出专家级决策的水平。

根据极大相容块的概念，可以得到上述不完备故障诊断决策表的所有极大相容块：$Y_1=\{u_1, u_2, u_5, u_6\}$, $Y_2=\{u_2, u_6, u_7\}$, $Y_3=\{u_3, u_5, u_{14}\}$, $Y_4=\{u_4\}$, $Y_5=\{u_6, u_9\}$, $Y_6=\{u_7, u_{10}, u_{12}\}$, $Y_7=\{u_8, u_9, u_{12}\}$, $Y_8=\{u_9, u_{14}\}$, $Y_9=\{u_{11}\}$, $Y_{10}=\{u_{13}\}$。其极大相容广义决策函数值为：$\delta_M(Y_1)=\{\mathrm{S}\}$, $\delta_M(Y_2)=\{\mathrm{S},\mathrm{U}_2\}$, $\delta_M(Y_3)=\{\mathrm{S},\mathrm{U}_1\}$, $\delta_M(Y_4)=\{\mathrm{S}\}$, $\delta_M(Y_5)=\{\mathrm{S},\mathrm{U}_2\}$, $\delta_M(Y_6)=\{\mathrm{U}_1,\mathrm{U}_2\}$, $\delta_M(Y_7)=\{\mathrm{U}_1,\mathrm{U}_2\}$, $\delta_M(Y_8)=\{\mathrm{U}_1,\mathrm{U}_2\}$, $\delta_M(Y_9)=\{\mathrm{U}_2\}$, $\delta_M(Y_{10})=\{\mathrm{U}_1\}$。求得相应的面向对象-极大相容块的分辨矩阵如表 3.10 所示。

表 3.10　实例集的面向对象-极大相容块的分辨矩阵

u_i	Y_j									
	Y_1	Y_2	Y_3	Y_4	Y_5	Y_6	Y_7	Y_8	Y_9	Y_{10}
u_1		c_1,c_6	c_4		c_3,c_5,c_6				c_1,c_3,c_4,c_6	c_1,c_2,c_3,c_5,c_6,c_7
u_2			c_4			c_4	c_4	c_4		c_2,c_5,c_7
u_3		c_1			c_2,c_3,c_5	c_1	c_3,c_5	c_2,c_3,c_5	c_1,c_3	
u_4		c_3,c_6	c_4,c_7		c_5,c_6				c_4,c_5,c_6	c_6
u_5		c_1,c_6			c_3,c_5,c_6	c_1	c_3,c_5	c_3,c_5,c_6	c_1,c_3,c_6	
u_6			c_4			c_4	c_4	c_4		c_2,c_7
u_7										
u_8	c_7	c_4,c_7	c_1,c_3,c_5	c_4,c_5	c_4,c_7					
u_9										
u_{10}	c_7	c_4,c_7	c_1,c_5	c_4	c_4,c_7					
u_{11}		c_4	c_1	c_4,c_5,c_6	c_4	c_4,c_6	c_4,c_6	c_1		c_1,c_5,c_6
u_{12}		c_4		c_4,c_6	c_4					
u_{13}	c_7		c_1,c_3,c_5	c_6	c_2		c_5	c_2,c_5	c_1,c_5,c_6	
u_{14}										

可以求出所有面向对象-极大相容块的分辨函数，将这些分辨函数等价地转化为它的析取范式为：$\Delta(u_1,Y)=c_4c_6$，$\Delta(u_2,Y)=c_2c_4\vee c_4c_5\vee c_4c_7$，$\Delta(u_3,Y)=c_1c_3\vee c_1c_5$，$\Delta(u_4,Y)=c_4c_6\vee c_6c_7$，$\Delta(u_5,Y)=c_1c_3\vee c_1c_5$，$\Delta(u_6,Y)=c_2c_4\vee c_4c_7$，$\Delta(u_7,Y)=\varnothing$，$\Delta(u_8,Y)=c_5c_7$，$\Delta(u_9,Y)=\varnothing$，$\Delta(u_{10},Y)=c_1c_4c_7\vee c_4c_5c_7$，$\Delta(u_{11},Y)=c_1c_4$，$\Delta(u_{12},Y)=c_4$，$\Delta(u_{13},Y)=c_2c_5c_6c_7$，$\Delta(u_{14},Y)=\varnothing$。

利用计算得到的所有对象的面向对象-极大相容块约简求出各个对象支持的广义诊断决策规则，对求得的广义决策规则的条件部分和决策部分进行合并，便得到整个不完备决策表支持的广义决策规则集合，如表 3.11 所示。

表 3.11　实例集的广义诊断决策规则集合

序号	广义诊断决策规则	支持量	支持对象
r_1	$(c_4=\text{N})\wedge(c_6=\text{N})\rightarrow(d=\text{S})$	4	u_1, u_4
r_2	$(c_2=\text{M})\wedge(c_4=\text{N})\rightarrow(d=\text{S})\vee(d=\text{U}_2)$	4	u_1, u_2, u_6
r_3	$(c_4=\text{N})\wedge(c_5=\text{H})\rightarrow(d=\text{S})\vee(d=\text{U}_2)$	3	u_1, u_2
r_4	$(c_4=\text{N})\wedge(c_1=1)\rightarrow(d=\text{S})\vee(d=\text{U}_2)$	4	u_1, u_2, u_6
r_5	$(c_1=\text{M})\wedge(c_3=\text{L})\rightarrow(d=\text{S})\vee(d=\text{U}_1)$	6	u_1, u_3,u_5
r_6	$(c_1=\text{M})\wedge(c_5=\text{H})\rightarrow(d=\text{S})\vee(d=\text{U}_1)$	6	u_1, u_3,u_5
r_7	$(c_6=\text{N})\wedge(c_7=0)\rightarrow(d=\text{S})$	2	u_4
r_8	$(c_5=\text{L})\wedge(c_7=0)\rightarrow(d=\text{U}_1)\vee(d=\text{U}_2)$	2	u_8
r_9	$(c_1=\text{H})\wedge(c_4=\text{L})\rightarrow(d=\text{U}_2)$	1	u_{11}
r_{10}	$(c_4=\text{H})\rightarrow(d=\text{U}_1)\vee(d=\text{U}_2)$	7	u_8, u_{10}, u_{12}
r_{11}	$(c_2=\text{H})\wedge(c_5=\text{N})\wedge(c_7=0)\rightarrow(d=\text{U}_1)$	2	u_{13}

表 3.11 便是利用提出的方法，从包含不完备信息的电力系统操作点数据集中获取的决策规则，这些规则是原始数据集中所包含的诊断知识的精练概括和直观表示，可以为电力系统控制中心的操作员在后续的操作点安全状态识别中提供决策支持。

3.6　基于不完备故障诊断决策流向图的诊断知识表示

故障诊断的知识表示就是研究用何种形式将有关故障诊断问题的知识存入计算机，以便进行处理，它属于人工智能领域中的一个最为活跃的研究分支。在故障诊断领域，诊断知识的表示与诊断知识的获取、管理、解释等知识处理环节密切相关，对故障诊断的决策形成和问题求解影响重大。在解决问题时，不同的知识表示方式可能会产生完全不同的解决方案。恰当的知识表示形式可以使问题的解决更为容易。原则上，知识表示要满足以下几点要求：

（1）表示能力。能够将问题求解所需要的知识正确有效地表达出来。

（2）可理解性。知识的表达应该简单、明了、符合人类的思维习惯。

（3）可使用性。知识的表示和使用是密切相关的。知识表示的目的是更好地使用知识，而使用的前提是良好的知识表示方式。

（4）可学习性。知识不是一成不变的，随着时间的推移，知识也在进行着新旧更替，良好的可学习性，有助于获取新的知识。

知识的表示方法有很多，如一阶谓词逻辑表示法、产生式表示法、语义网络表示法、框架表示法、面向对象表示法等。

本节在分析常用于故障诊断领域的各种知识表示方法的基础上，结合不完备信息下的故障诊断问题的特点，提出一种将定量分析和定性推理相结合的新的故障诊断知识表示方法，即流向图方法。

3.6.1　故障诊断领域知识表示面临的问题

在现有的故障诊断知识表示方法中，广泛采用的是产生式表示法，该方法以其最接近领域专家的意图而被广泛采用，但是产生式表示法具有不直观等不足，因此针对不完备信息下的故障诊断问题，寻找一种合适的故障诊断知识表示方法，并研究其知识获取方法，对完善故障诊断的理论体系，促进故障诊断技术的实用化都具有重要的学术价值和实践意义。

在现有的诊断知识表示中，产生式规则表示法因其直观自然、易于理解而应用广泛。但是，产生式规则表示的刚性太强，对层次的表达力很弱，在推理过程中不能省略事先确定的相继关系，必须一步步前后匹配，从而降低了推理效率。不像隐式的神经网络表示法具有知识容量大、并行处理和推理速度快等优点。对于包含不完备信息的故障诊断知识，虽然可以表达成产生式规则的形式，但由于产生式规则的推理策略是一种反复进行的“匹配-冲突消除-执行”的过程，即先用规则的前提与已知事实匹配，再从规则库中选取可用的规则（当存在多条规则时，必须有合适的策略），去除规则之间的冲突，最后执行相应的规则，这样的执行效率较低。不完备信息的存在，必然加剧规则之间的冲突，使推理效率降低，甚至出现推理无法进行的情况，导致推理失败。另外，无论是显式表示还是隐式表示，对于具有复杂结构关系或层次关系的诊断问题都无法将知识表示和知识获取很好地结合在一起。

因此，无论是显式的产生式表示法，还是隐式的神经网络表示法，都不能充分地表达具有复杂结构关系或层次关系的且含有不完备信息的诊断问题。

3.6.2　不完备故障诊断决策流向图

Pawlak 教授提出的流向图采用图形化的方法描述了信息之间的关系，从量化的角度对数据进行分析和推理。但是，具体到故障诊断问题，需要对流向图进行相应的扩展，结合故障诊断问题的领域背景，本节在标准化流向图的基础上，提出一种适用于描述含有不完备信息的故障诊断问题的图形化表示方法。

对于含有不完备诊断信息的故障诊断数据集，采用提出的改进限制相容关系作为描述不完备诊断系统中对象之间的关系模型，并且假定不完备诊断信息只出现在征兆属性中。

在现有的故障诊断技术和方法中，大多采用决策表的形式作为故障诊断问题的信息表示方式。例如，通过观测得到某机械设备的 7 个状态描述如表 3.12 所示。

其中，$U=\{u_1,u_2,\cdots,u_7\}$为该机械系统的 7 个状态；$M=\{n,p,t\}$为描述该机械系统特征的三个征兆属性集合，$V_n=\{N,H\}$、$V_t=\{N,H\}$、$V_p=\{*,N,L,V\}$为征兆属性的值域，且征兆属性 p 在状态对象 u_7 上的取值为未知值，即这是一个不完备故障诊断决策表；$D=\{d\}$为描述机械系统状态的决策属性集合，$V_d=\{Y,N\}$为决策属性的取值。

表 3.12　不完备故障诊断决策表

U	n	p	t	d
u_1	N	L	H	Y
u_2	H	L	N	Y
u_3	H	V	H	Y
u_4	N	N	H	N
u_5	H	L	N	N
u_6	N	V	H	Y
u_7	N	*	N	N

该故障诊断决策表可以看成以产生式规则作为故障诊断问题表示的一种方式。

在故障诊断决策表的基础上，可以利用对象的流动来描述流向图中各节点之间的依赖关系，采用图形化的方式描述不完备故障诊断决策表涵盖的信息。于是在 Pawlak 提出的流向图的基础上，本节给出不完备故障诊断决策流向图的定义。

1. 不完备故障诊断决策流向图的定义

定义 3.42　不完备故障诊断决策流向图是一个局部有向非循环图 $G(\mathrm{IFDD})=(U,M,D,N,R,\varphi_N,\varphi_R)$，其中 U 是设备系统的状态（实例）集合；M 和 D 分别为征兆属性节点集合和决策属性节点集合，$M=\{m_1,m_2,\cdots,m_m\}$，$D=\{d\}$，征兆属性 m_i 的值域 $V_{m_i}=\{m_i(x)\,|\,\exists x\in U\}$，决策属性 d 的值域 $V_d=\{d(x)\,|\,\exists x\in U\}$。如果某一个属性值域 V_{m_i} 包含特殊符号“＊”，则表示该属性值是未知的。实际上，假设对于属性 $m_j\in M$，对象 $u_i\in U$ 只有一个值 $m_j(u_i)$，这样如果 $m_j(u_i)$的值是未知的，则实际值一定是集合 $V_{m_j}\setminus\{*\}$ 中的一个。如果至少有一个征兆属性 $m_j\in M$，使得 V_{m_j} 中含有未知值，即 $*\in V_{m_j}$，并且对所有 $d\in D$，V_d 中都不含有未知值，则将其称为不完备故障诊断决策流向图。

任何与“＊”不同的属性值都称为是正则的。在不完备故障诊断决策流向图中，如果 U 中所有对象的所有属性值都是正则的，则该流向图将退化为一个完备的故障诊断决策流向图。所以，不完备故障诊断决策流向图是一种更为一般的故障诊断的知识表示形式。

在上述不完备故障诊断决策流向图的定义中，空值只出现在征兆属性的值域中，在决策属性值域中，不包含空值。本书认为决策属性值包含空值的状态实例，可以当成错误实例予以删除。

征兆属性节点表示为一个由征兆属性和其取值联合描述的二元组$(m_i:V_{m_{ij}} \mid m_i \in M, V_{m_{ij}} \in V_{m_i})$，其中 m_i 属于征兆属性集合，而$V_{m_{ij}}$ 表示征兆属性m_i的第 j 个属性值，V_{m_i} 表示征兆属性 m_i 的值域集合。

根据征兆属性值是否完备的情况，将征兆属性节点分为完备征兆属性节点和不完备征兆属性节点。其中的完备征兆属性节点在 G(IFDD)中用一个实线圆圈表示，圆圈中的字符表示该征兆属性节点的属性值；包含不完备征兆属性值的节点表示为$(m_i{:}*|m_i{\in}M)$，简称不完备征兆属性节点，在 G(IFDD)中用一个虚圆圈表示，并将其与可能相等的完备征兆属性节点竖向连接排列放置；同理，决策属性节点也可表示为一个结构相同、含义不同的二元组$(d:V_{d_j} \mid d \in D, V_{d_j} \in V_d)$，在 G(IFDD)中用一个方框表示。

$N{\subseteq}M{\times}M$ 为征兆属性节点之间的无向分支的集合，用连接两个节点的实线表示；$R{\subseteq}M{\times}D$ 为征兆属性节点集合和决策属性节点之间的有向分支的集合，用连接两个节点的带箭头的实线表示；在上述两种分支集合的定义中，如果分支的节点中有不完备征兆属性节点$(m_i{:}*|m_i{\in}M)$，则称为不完备分支，不完备分支既可能是无向分支，也可能是有向分支，所以在用符号表达时，就在无向分支集合和有向分支集合的基础上加上一个*号角标即可，在流向图中，不完备分支用连接两个节点（其中必有不完备节点）的一条虚线表示。

$\varphi_N: N \to 2^U$ 为流经完备无向分支的对象集合，$\varphi_N\left(m_i:V_{m_{ij}}, m_{i+1}:V_{m_{i+1,k}}\right) = \left\{u \in U \middle| \left(m_i(u)=V_{m_{ij}}\right) \wedge \left(m_{i+1}(u)=V_{m_{i+1,k}}\right)\right\}$ 为从完备征兆属性节点$(m_i:V_{m_{ij}})$流到下层完备征兆属性节点$(m_{i+1}:V_{m_{i+1,k}})$的对象的集合。$\varphi_R: R \to 2^U$ 为流经有向分支的对象集合。

另外，本节也给出流经不完备无向分支的对象集合。$\varphi_N^*: N^* \to 2^U$ 为流经不完备无向分支的对象集合，$\varphi_N^*\left(m_i:V_{m_{ij}} \cup *, m_{i+1}:V_{m_{i+1,k}} \cup *\right) = \left\{u \in U \middle| \left(m_i(u)=*\right) \vee \left(m_{i+1}(u)=*\right)\right\}$ 为流经不完备无向分支的对象集合。

在 G(IFDD)中，U 是指在 G(IFDD)中流动的设备系统的所有已观测到的状态（实例）集合，在 Pawlak 流向图中的节点集合和分支集合在定义 3.42 中进行了征兆属性和决策属性的划分，将 Pawlak 流向图中的节点集合分为征兆属性节点集合 M 和决策属性节点集合 D，对应的分支集合也区分为征兆属性节点间的无向分支集合，包含不完备信息节点$(m_i{:}*|m_i{\in}M)$的不完备分支，以及征兆属性节点集合与决策属性节点之间的有向分支集合。

在故障诊断流向图 G(IFDD)中，不同的征兆属性对应不同的节点层，每个征

兆属性对应 G(IFDD)中的一层节点，该层节点的数量等于该层节点对应的征兆属性值域中离散变量的数量，但是由于某些征兆属性包含缺失的征兆属性值，所以定义了不完备征兆属性节点的概念，由于采用了改进限制相容关系模型，所以认为不完备征兆属性节点可以取该征兆属性值域中的部分值，因此在节点的布置上，将不完备信息节点与可能相等的完备征兆属性值节点竖向连接排列放置，在节点的计数上，将这一对完备征兆属性节点和不完备征兆属性节点看成一个节点。

征兆属性集合的数量等于 G(IFDD)中征兆部分的节点层数（或节点列数）；G(IFDD)中的最后一层节点对应故障诊断中的决策属性。也就是说，G(IFDD)中的层次有两种类型：征兆属性层 Ml 和决策属性层 Dl，其中决策属性层 Dl 只有一层，征兆属性层 Ml=$\{m_1,m_2,\cdots,m_m\}$包括多层，具体层数根据征兆属性的数目决定。

在征兆属性层之间，节点之间的分支是无向的，任意两个征兆属性节点之间有分支的连接，用满足两节点征兆属性值的对象集合作为参数。因此，征兆属性节点层之间的次序可以互相调换，只会改变 G(IFDD)中无向分支的连接情况，而不会影响故障诊断流向图 G(IFDD)的表达，但是要说明的是，征兆属性层中的最后一层（简称征兆属性最末层）与决策属性层之间的分支是有向分支，所以只有征兆属性最末层的位置变动会影响 G(IFDD)中有向分支的连接情况。

定义 3.43　不完备故障诊断决策流向图 $G(\mathrm{IFDD})=(U,M,D,N,R,\varphi_N,\varphi_R)$，$\left(m_m{:}V_{m_{m,j}}\cup *,d:V_{d_j}\right)\in R$，其中 m_m 是征兆属性层节点中的最末层，则称$\left(m_m{:}V_{m_{m,j}}\cup *\right)$是$(d:V_{d_j})$的输入，$(d:V_{d_j})$是$\left(m_m{:}V_{m_{m,j}}\cup *\right)$的输出，$\varphi_R\left(m_m{:}V_{m_{m,j}}\cup * \to d:V_{d_j}\right)=\left\{u\in U\middle|\left(m_m(u)=V_{m_{m,j}}\cup *\right)\wedge\left(d(u)=V_{d_j}\right)\right\}$为从征兆属性最末层的节点$\left(m_m:V_{m_{m,j}}\cup *\right)$流到决策属性层节点$\left(d:V_{d_j}\right)$的对象的集合。

对于完备征兆属性节点$\left(m_i:V_{m_{ij}}\middle|m_i\in M,V_{m_{ij}}\in V_{m_i}\right)\in M$，可以用$I\left(m_i:V_{m_{ij}}\right)$表示从上一层（按照从左到右的顺序）节点流到节点$\left(m_i:V_{m_{ij}}\right)$的所有输入节点的集合，$O\left(m_i:V_{m_{ij}}\right)$表示节点$\left(m_i:V_{m_{ij}}\right)$流到下一层节点的所有输出节点的集合，则有

$$I\left(m_i:V_{m_{ij}}\right)=\left\{\left(m_{i-1}:V_{m_{i-1,k}}\right)\in M\middle|\left(m_{i-1}:V_{m_{i-1,k}},m_i:V_{m_{ij}}\right)\in N\right\}\tag{3.57}$$

$$O\left(m_i:V_{m_{ij}}\right)=\left\{\left(m_{i+1}:V_{m_{i+1,k}}\right)\in M\middle|\left(m_i:V_{m_{ij}},m_{i+1}:V_{m_{i+1,k}}\right)\in N\right\}\tag{3.58}$$

同理，在征兆属性层出现的不完备征兆属性节点$(m_i{:}*|m_i\in M)$，可以用$I(m_i{:}*)$表示从上一层（按照从左到右的顺序）节点流到节点$(m_i{:}*)$的所有输入节点的集合，$O(m_i{:}*)$表示节点$(m_i{:}*)$流到下一层节点的所有输出节点的集合，则有

$$I\left(m_i:*\right)=\left\{\left(m_{i-1}:V_{m_{i-1,k}}\cup *\right)\in M\middle|\left(m_{i-1}:V_{m_{i-1,k}}\cup *,m_i:*\right)\in N\right\} \tag{3.59}$$

$$O\left(m_i:*\right)=\left\{\left(m_{i+1}:V_{m_{i+1,k}}\cup *\right)\in M\middle|\left(m_i:*,m_{i+1}:V_{m_{i+1,k}}\cup *\right)\in N\right\} \tag{3.60}$$

比较式(3.57)～式(3.60)不难发现，不完备征兆属性节点的存在使得 G(IFDD)中征兆属性各层节点之间的关系呈现出更为复杂的特点。

根据输入节点集合和输出节点集合，可以定义流经节点的对象。在定义流经节点的对象时，由于征兆属性层各节点之间的分支是无向的，它们各节点之间流经的对象只是描述了征兆属性及其取值的对象的分布情况，与决策规则的形成关联度不直接，所以在征兆属性节点层中，只有最末层的征兆属性节点因其和决策层节点直接通过有向分支连接引起人们的研究兴趣。

定义 3.44　不完备故障诊断决策流向图 $G(\text{IFDD})=(U,M,D,N,R,\varphi_N,\varphi_R)$，$\left(m_m:V_{m_{m,j}}\cup *,d:V_{d_j}\right)\in R$，则征兆属性层节点中的最末层 m_m 的节点 $\left(m_m:V_{m_{m,j}}\cup *\right)$ 的输入对象 $\varphi_N^+\left(m_m:V_{m_{m,j}}\cup *\right)$ 和输出对象 $\varphi_R^-\left(m_m:V_{m_{m,j}}\cup *\right)$ 分别为

$$\varphi_N^+\left(m_m:V_{m_{m,j}}\cup *\right)=\bigcup_{\left(m_{m-1}:V_{m_{m-1,k}}\cup *\right)\in I\left(m_m:V_{m_{m,j}}\cup *\right)}\varphi_N\left(m_{m-1}:V_{m_{m-1,k}}\cup *,m_m:V_{m_{m,j}}\cup *\right) \tag{3.61}$$

$$\varphi_R^-\left(m_m:V_{m_{m,j}}\cup *\right)=\bigcup_{\left(d:V_{d_j}\right)\in O\left(m_m:V_{m_{m,j}}\cup *\right)}\varphi_R\left(m_m:V_{m_{m,j}}\cup *\rightarrow d:V_{d_j}\right) \tag{3.62}$$

由定义可知，如果节点不是征兆属性层中的第一层节点和决策属性层节点，则 $\varphi_N^+\left(m_i:V_{m_{ij}}\cup *\right)=\varphi_N^-\left(m_i:V_{m_{ij}}\cup *\right)=\varphi\left(m_i:V_{m_{ij}}\cup *\right)$，其中 $\varphi\left(m_i:V_{m_{ij}}\cup *\right)$ 是流经节点的对象。

在 G(IFDD)中，流经节点的对象表示支持决策规则的对象，在故障诊断中，经常使用置信度来描述一条诊断决策规则的可信程度，为此采用集合中“势”的概念来刻画 G(IFDD)中征兆属性层非首层和非末层节点 $\left(m_i:V_{m_{ij}}\cup *\right)$ 的流入量和流出量。

$$\text{card}\left[\varphi_N^+\left(m_i:V_{m_{ij}}\cup *\right)\right]=\sum_{\left(m_{i-1}:V_{m_{i-1,k}}\cup *\right)\in I\left(m_i:V_{m_{ij}}\cup *\right)}\text{card}\left[\varphi_N\left(m_{i-1}:V_{m_{i-1,k}}\cup *,m_i:V_{m_{ij}}\cup *\right)\right] \tag{3.63}$$

$$\text{card}\left[\varphi_N^-\left(m_i:V_{m_{ij}}\cup *\right)\right]=\sum_{\left(m_{i+1}:V_{m_{i+1,k}}\cup *\right)\in O\left(m_i:V_{m_{ij}}\cup *\right)}\text{card}\left[\varphi_N\left(m_i:V_{m_{ij}}\cup *,m_{i+1}:V_{m_{i+1,k}}\cup *\right)\right] \tag{3.64}$$

其中，$\text{card}\left[\varphi_N\left(m_{i-1}:V_{m_{i-1,k}}\cup *,m_i:V_{m_{ij}}\cup *\right)\right]$ 为 G(IFDD)中无向分支 $\left(m_{i-1}:V_{m_{i-1,k}}\cup *,\right.$

$m_i:V_{m_{ij}}\cup *\big)$ 的流量。

如果是征兆属性层最末层节点 $\left(m_m:V_{m_{m,j}}\cup *\right)$，则其流入量可以按照式（3.63）求得，但是其流出量的公式与式（3.64）不同，而是如下所示：

$$\operatorname{card}\left[\varphi_R^-\left(m_m:V_{m_{m,j}}\cup *\right)\right]=\sum_{\left(d:V_{d_j}\right)\in O\left(m_i:V_{m_{ij}}\cup *\right)}\operatorname{card}\left[\varphi_R\left(m_m:V_{m_{m,j}}\cup *\to d:V_{d_j}\right)\right] \quad (3.65)$$

其中，$\operatorname{card}\left[\varphi_R\left(m_m:V_{m_{m,j}}\cup *\to d:V_{d_j}\right)\right]$ 为有向分支 $\left(m_m:V_{m_{m,j}}\cup *\to d:V_{d_j}\right)$ 的流量。

在 G(IFDD)中，假设 $\forall u\in U$，如果 $u\in\varphi\left(m_i:V_{m,k},m_{i+1}:V_{m_{i+1,j}}\right)$，则 $u\notin\varphi\left(m_i:V_{m,k},m_{i+1}:V_{m_{i+1,p}}\right)$，即对于任意对象，如果其流经某个完备征兆属性节点，那么它只能流向下层节点中的某一个完备征兆属性节点，而不能同时流向下层节点中的其他完备征兆属性节点。这表明相邻层完备征兆属性节点之间流经对象是不重复的。如果上述节点中包含不完备征兆属性节点，则不完备对象将流过相邻层之间的所有不完备分支（由该不完备对象形成）连接的节点，因此由于不完备对象的存在，相邻层征兆属性节点之间流过的对象存在重复的可能，而且重复的对象就是含有不完备征兆属性值的对象。

利用上述定义，可以画出由表 3.12 中 7 个实例对象形成的不完备故障诊断决策流向图 G(IFDD)，如图 3.3 所示。

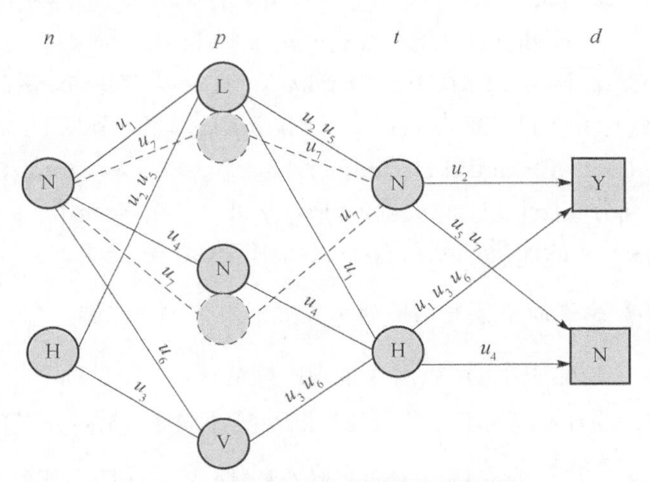

图 3.3　不完备故障诊断决策流向图

结合定义 3.42 可知：设备系统的状态实例集合 $U=\{u_1,u_2,u_3,u_4,u_5,u_6,u_7\}$，共有

3 个征兆属性和 1 个决策属性，所以在 G(IFDD)中，共有四层节点，其中征兆属性层为 3 层，即 Ml={n,p,t}，决策属性层为 1 层，即 Dl={d}；征兆属性节点集合 $M=\{n:\mathrm{N},n:\mathrm{H},p:\mathrm{L}\cup *,p:\mathrm{N}\cup *,p:\mathrm{V},t:\mathrm{N},t:\mathrm{H}\}$，征兆属性节点之间的完备无向分支的集合 N={(n:N,p:L),(n:N,p:N),⋯}；不完备无向分支集合 $N^*=\{(n:\mathrm{N},p:\mathrm{L}*),(n:\mathrm{N},p:\mathrm{N}*),(p:\mathrm{L}*,t:\mathrm{N}),(p:\mathrm{N}*,t:\mathrm{N})\}$；决策属性节点集合 $D=\{d:\mathrm{Y},d:\mathrm{N}\}$，完备征兆属性节点集合和决策属性节点之间的有向分支的集合 $R=\{(t:\mathrm{N}\to d:\mathrm{Y}),(t:\mathrm{N}\to d:\mathrm{N}),\cdots\}$；由节点($n$:H)和($p$:L)构成的无向分支($n$:H,$p$:L)上流经的对象集合 $\varphi_N(n:\mathrm{H},p:\mathrm{L})=\{u_2,u_5\}$，因其对象集合中有两个元素，所以该无向分支($n$:H, p:L)的流量为 2；由不完备征兆属性节点(p:L*)和(t:N)构成的不完备无向分支 $(p:\mathrm{L}*,t:\mathrm{N})$ 上流经的对象集合 $\varphi_N^*(p:\mathrm{L}*,t:\mathrm{N})=\{u_7\}$，该不完备无向分支 $(p:\mathrm{L}*,t:\mathrm{N})$ 的流量为 1。

在图 3.3 中，征兆属性层的最末层是征兆属性 t 所在的层，该层的节点 $(t:\mathrm{H})$ 的所有输入节点的集合和所有输出节点的集合分别为 $I(t:\mathrm{H})=\{(p:\mathrm{L}),(p:\mathrm{N}),(p:\mathrm{V})\}$ 和 $O(t:\mathrm{H})=\{(d:\mathrm{Y}),(d:\mathrm{N})\}$，完备征兆属性节点 $(t:\mathrm{H})$ 的输入对象和输出对象分别如下：

$$\varphi_N^+(t:\mathrm{H})=\varphi_N(p:\mathrm{L},t:\mathrm{H})\cup\varphi_N(p:\mathrm{N},t:\mathrm{H})\cup\varphi_N(p:\mathrm{V},t:\mathrm{H})=\{u_1,u_3,u_4,u_6\}$$

$$\varphi_R^-(t:\mathrm{H})=\varphi_R(t:\mathrm{H}\to d:\mathrm{Y})\cup\varphi_R(t:\mathrm{H}\to d:\mathrm{N})=\{u_1,u_3,u_4,u_6\}$$

流经节点(t:H)的对象为 $\varphi(t:\mathrm{H})=\{u_1,u_3,u_4,u_6\}$，节点的流入量和流出量分别为

$$\mathrm{card}[\varphi_N^+(t:\mathrm{H})]=\mathrm{card}\{u_1\}+\mathrm{card}\{u_4\}+\mathrm{card}\{u_3,u_6\}=4$$

$$\mathrm{card}[\varphi_R^-(t:\mathrm{H})]=\mathrm{card}\{u_1,u_3,u_6\}+\mathrm{card}\{u_4\}=4$$

其中，有向分支 $(t:\mathrm{H}\to d:\mathrm{Y})$ 的流量 $\mathrm{card}[\varphi_R(t:\mathrm{H}\to d:\mathrm{Y})]=\mathrm{card}\{u_1,u_3,u_6\}=3$。

流经节点 $(p:\mathrm{L}*)$ 的对象为 $\varphi(p:\mathrm{L}*)=\{u_1,u_2,u_5,u_7\}$，节点的流入量和流出量分别为 $\mathrm{card}[\varphi_N^+(p:\mathrm{L}*)]=\mathrm{card}\{u_1\}+\mathrm{card}\{u_7\}+\mathrm{card}\{u_2,u_5\}=4$，$\mathrm{card}[\varphi_R^-(p:\mathrm{L}*)]=4$，其中，完备无向分支($p$:L,$t$:N)的流量 $\mathrm{card}[\varphi_N(p:\mathrm{L},t:\mathrm{N})]=\mathrm{card}\{u_2,u_5\}=2$，不完备无向分支($p$:L*,$t$:N)的流量 $\mathrm{card}[\varphi_N(p:\mathrm{L}*,t:\mathrm{N})]=\mathrm{card}\{u_7\}=1$。

2. 不完备故障诊断决策流向图的决策规则及其评价指标

故障诊断决策流向图也可以用决策规则来解释。

定义 3.45 G(IFDD)为不完备故障诊断决策流向图，无向分支 $\left(m_{i-1}:V_{m_{i-1,k}}\cup *,m_i:V_{m_{ij}}\cup *\right)\in N$，有向分支 $\left(m_m:V_{m_{m,j}}\cup *,d:V_{d_j}\right)\in R$，从征兆属性首层的某节点到决策属性层的某节点的一条决策规则是一个由完备属性节点构成的节点系列，可以表示为 $\mathrm{DR}:\left[\left(m_1:V_{m_{1,k}}\right),\cdots,\left(m_m:V_{m_{m,l}}\right),\left(d:V_{d_j}\right)\right]$，且对于任意一个这样的

完备节点系列，都有$\left(\bigcap_{i=1}^{m-1}\varphi_N\left(m_i:V_{m_{i,k}},m_{i+1}:V_{m_{i+1,l}}\right)\right)\bigcap\varphi_R\left(m_m:V_{m_{m,k}}\rightarrow d:V_{d_j}\right)\neq\varnothing$。其中决策规则的条件部分为节点系列$\left(m_1:V_{m_{1,k}}\right),\cdots,\left(m_m:V_{m_{m,k}}\right)$，决策部分为节点$\left(d:V_{d_j}\right)$。

如果从征兆属性首层的某节点到决策属性层的某节点的一条决策规则构成的节点系列中包含不完备征兆属性节点，则可以表示为

$$\mathrm{DR}^*:\left[\left(m_1:V_{m_{1,k}}\right),\cdots,\left(m_i:V_{m_{i,k}}\cup *\right),\cdots,\left(m_m:V_{m_{m,l}}\right),\left(d:V_{d_j}\right)\right]$$

且对于任意一个这样的含有不完备征兆属性节点的节点系列，都有

$$\left(\bigcap_{j=1}^{m-1}\varphi_N\left(m_j:V_{m_{j,k}},m_{j+1}:V_{m_{j+1,l}}\right)\right)\bigcap\varphi_N\left(m_i:V_{m_{i,k}}\cup *\right)\bigcap\varphi_R\left(m_m:V_{m_{m,k}}\rightarrow d:V_{d_j}\right)\neq\varnothing$$

其中，DR^*的条件部分为节点系列$\left(m_1:V_{m_{1,k}}\right),\cdots,\left(m_i:V_{m_{i,k}}\cup *\right),\cdots,\left(m_m:V_{m_{m,l}}\right)$，决策部分为节点$\left(d:V_{d_j}\right)$。

定义 3.46　分别针对决策中是否含有不完备信息给出两种适用于不完备故障诊断决策流向图决策规则的表示方式，在 G(IFDD)中，每条分支上都标识有流过该分支的对象，对于一条由节点系列（或分支系列）构成的决策规则，只有组成该决策规则的全部节点（或分支）上的对象的交集不为空时，才表示该决策规则是有对象支撑的，是可信的。为此，给出决策规则的支持对象的概念。

定义 3.47　G(IFDD)为不完备故障诊断决策流向图，无向分支$\left\{m_{i-1}:V_{m_{i-1,k}}\cup *,m_i:V_{m_{ij}}\cup *\right\}\in N$，有向分支$\left(m_m:V_{m_{m,j}}\cup *,d:V_{d_j}\right)\in R$，从征兆属性首层的某节点到决策属性层的某节点的一条决策规则是一个由完备征兆属性节点构成的节点系列，可以表示为$\mathrm{DR}:\left[\left(m_1:V_{m_{1,k}}\right),\cdots,\left(m_m:V_{m_{m,l}}\right),\left(d:V_{d_j}\right)\right]$，称流过组成该条决策规则的全部节点（或分支）上的对象为该条决策规则的支持对象，即$\varphi_{NR}(\mathrm{DR})=\left(\bigcap_{i=1}^{m-1}\varphi_N\left(m_i:V_{m_{i,k}},m_{i+1}:V_{m_{i+1,l}}\right)\right)\bigcap\varphi_R\left(m_m:V_{m_{m,k}}\rightarrow d:V_{d_j}\right)$，并且决策规则的支持度为$\mathrm{card}\left\{\varphi_{NR}\left[\left(m_1:V_{m_{1,k}}\right),\cdots,\left(m_m:V_{m_{m,l}}\right),\left(d:V_{d_j}\right)\right]\right\}$，即决策规则的支持度与支持对象的数量相等。

对于含有不完备征兆属性节点的决策规则，则可以表示为$\mathrm{DR}^*:\left[\left(m_1:V_{m_{1,k}}\right),\cdots,\left(m_i:V_{m_{i,k}}\cup *\right),\cdots,\left(m_m:V_{m_{m,l}}\right),\left(d:V_{d_j}\right)\right]$

称流过组成该条决策规则的全部节点（或分支）上的对象为该条决策规则

的支持对象，即 $\varphi_{NR}\left(\mathrm{DR}^*\right)=\left(\bigcap_{i=1}^{m-1}\varphi_N\left(m_i:V_{m_{i,k}},m_{i+1}:V_{m_{i+1,l}}\right)\right)\bigcap\varphi_N\left(m_i:V_{m_{i,k}}\cup *\right)\bigcap\varphi_R\left(m_m:V_{m_{m,k}}\to d:V_{d_j}\right)$，并且决策规则 DR^* 的支持度为 $\mathrm{card}\left\{\varphi_{NR}\left[\left(m_1:V_{m_{1,k}}\right),\cdots,\left(m_i:V_{m_{i,k}}\cup *\right),\cdots,\left(m_m:V_{m_{m,l}}\right),\left(d:V_{d_j}\right)\right]\right\}$，即决策规则的支持度与支持对象的数量相等。

例如，在如图 3.3 所示的 G(IFDD)中，节点系列(n:H),(p:V),(t:H),(d:Y)就是一条决策规则，该决策规则的支持对象为$\{u_3\}$，支持度为 1；节点系列 (n:N),(p:L*),(t:N),(d:N)也是一条决策规则，该决策规则的支持对象为$\{u_7\}$，支持度为 1；节点系列 (n:H),(p:L),(t:H),(d:Y)就不是一条决策规则，因为实例集合中没有任何对象流过该节点系列。因此，G(IFDD)中蕴含的决策规则不能根据节点、分支之间的物理连接来简单确定。

在经典的产生式规则表示中，经常用置信度、覆盖度等参数来刻画决策规则的性能。G(IFDD)作为一种新颖的故障诊断知识表示方法，下面给出不完备故障诊断决策流向图中描述决策规则的相应参数。

定义 3.48　G(IFDD)为不完备故障诊断决策流向图，从征兆属性首层的某节点到决策属性层的某节点的一条决策规则表示为 $\mathrm{DR}:\left[\left(m_1:V_{m_{1,k}}\right),\cdots,\left(m_m:V_{m_{m,k}}\right),\left(d:V_{d_j}\right)\right]$，决策规则 DR 的置信度定义为

$$\mathrm{cer(DR)}=\frac{\mathrm{card}\left\{\varphi_{NR}\left[\left(m_1:V_{m_{1,k}}\right),\cdots,\left(m_m:V_{m_{m,l}}\right),\left(d:V_{d_j}\right)\right]\right\}}{\mathrm{card}\left\{\varphi_{NR}\left[\left(m_1:V_{m_{1,k}}\right),\cdots,\left(m_m:V_{m_{m,l}}\right)\right]\right\}} \tag{3.66}$$

其中，$\mathrm{card}\left\{\varphi_{NR}\left[\left(m_1:V_{m_{1,k}}\right),\cdots,\left(m_m:V_{m_{m,l}}\right)\right]\right\}\neq 0$。

在式（3.66）中，$\mathrm{card}\left\{\varphi_{NR}\left[\left(m_1:V_{m_{1,k}}\right),\cdots,\left(m_m:V_{m_{m,l}}\right),\left(d:V_{d_j}\right)\right]\right\}$ 为满足规则 DR 的条件部分 $\left(m_1:V_{m_{1,k}}\right),\cdots,\left(m_m:V_{m_{m,l}}\right)$ 和决策部分 $\left(d:V_{d_j}\right)$ 的实例对象的个数，即支持规则 DR 的实例对象个数；$\mathrm{card}\left\{\varphi_{NR}\left[\left(m_1:V_{m_{1,k}}\right),\cdots,\left(m_m:V_{m_{m,l}}\right)\right]\right\}$ 为满足规则 DR 的条件部分 $\left(m_1:V_{m_{1,k}}\right),\cdots,\left(m_m:V_{m_{m,l}}\right)$ 的实例的个数。因此，置信度表达了在 G(IFDD)中，支持 DR 的实例在与 DR 具有相同条件部分的实例中的比例，即反映了 DR 的可信程度。

如果 cer(DR)=1，则 DR 称为确定决策规则；如果 0＜cer(DR)＜1，则 DR 称为不确定决策规则。

置信度也可以作为不完备故障诊断决策流向图中决策规则一致性的描述，如果置信度为 1，那么流过该条决策规则条件部分的对象，将同时也流过该条决策规则的决策部分。

同理，也可以得到含有不完备征兆属性节点的决策规则 $\mathrm{DR}^*:\left[\left(m_1:V_{m_{1,k}}\right),\cdots,\left(m_i:V_{m_{i,k}}\cup *\right),\cdots,\left(m_m:V_{m_{m,l}}\right),\left(d:V_{d_j}\right)\right]$的置信度定义：

$$
\operatorname{cer}(\mathrm{DR}^*)=\frac{\operatorname{card}\left\{\varphi_{NR}\left[\left(m_1:V_{m_{1,k}}\right),\cdots,\left(m_i:V_{m_{i,k}}\cup *\right),\cdots,\left(m_m:V_{m_{m,l}}\right),\left(d:V_{d_j}\right)\right]\right\}}{\operatorname{card}\left\{\varphi_{NR}\left[\left(m_1:V_{m_{1,k}}\right),\cdots,\left(m_i:V_{m_{i,k}}\cup *\right),\cdots,\left(m_m:V_{m_{m,l}}\right)\right]\right\}} \tag{3.67}
$$

其中，$\operatorname{card}\left\{\varphi_{NR}\left[\left(m_1:V_{m_{1,k}}\right),\cdots,\left(m_i:V_{m_{i,k}}\cup *\right),\cdots,\left(m_m:V_{m_{m,l}}\right)\right]\right\}\neq 0$。

置信度只能评价依据该决策规则得到正确结论的概率估计，而不能表达该决策规则在 G(IFDD)的同类决策中的覆盖程度，即该决策规则是基于多少决策相同的实例而得到，这一信息在故障诊断中是很重要的，因此本书引入决策规则的覆盖度的概念。

定义 3.49　G(IFDD)为故障诊断决策流向图，从征兆属性首层的某节点到决策属性层的某节点的一条决策规则表示为$\mathrm{DR}:\left[\left(m_1:V_{m_{1,k}}\right),\cdots,\left(m_m:V_{m_{m,k}}\right),\left(d:V_{d_j}\right)\right]$，决策规则 DR 的覆盖度定义为

$$
\operatorname{cov}(\mathrm{DR})=\frac{\operatorname{card}\left\{\varphi_{NR}\left[\left(m_1:V_{m_{1,k}}\right),\cdots,\left(m_m:V_{m_{m,l}}\right),\left(d:V_{d_j}\right)\right]\right\}}{\operatorname{card}\left\{\varphi_{NR}\left(d:V_{d_j}\right)\right\}} \tag{3.68}
$$

其中，$\operatorname{card}\left\{\varphi_{NR}\left(d:V_{d_j}\right)\right\}\neq 0$。

在式（3.68）中，$\operatorname{card}\left\{\varphi_{NR}\left[\left(m_1:V_{m_{1,k}}\right),\cdots,\left(m_m:V_{m_{m,l}}\right),\left(d:V_{d_j}\right)\right]\right\}$为满足规则 r_i 的条件部分$\left(m_1:V_{m_{1,k}}\right),\cdots,\left(m_m:V_{m_{m,l}}\right)$和决策部分$\left(d:V_{d_j}\right)$的实例的个数，即支持规则 DR 的实例的个数；$\operatorname{card}\left\{\varphi_{NR}\left(d:V_{d_j}\right)\right\}$为满足规则 DR 的决策部分$\left(d:V_{d_j}\right)$的实例的个数。因此，覆盖度表达了在 G(IFDD)中，支持 DR 的实例在与 DR 具有相同决策部分的实例中的比例，即反映了 DR 的覆盖程度。

同理，也可以得到含有不完备征兆属性节点的决策规则 $\mathrm{DR}^*:\left[\left(m_1:V_{m_{1,k}}\right),\cdots,\left(m_i:V_{m_{i,k}}\cup *\right),\cdots,\left(m_m:V_{m_{m,l}}\right),\left(d:V_{d_j}\right)\right]$的覆盖度定义：

$$\operatorname{cov}(\mathrm{DR}^*)=\frac{\operatorname{card}\left\{\varphi_{NR}\left[\left(m_1:V_{m_{1,k}}\right),\cdots,\left(m_i:V_{m_{i,k}}\cup *\right),\cdots,\left(m_m:V_{m_{m,l}}\right),\left(d:V_{d_j}\right)\right]\right\}}{\operatorname{card}\left\{\varphi_{NR}\left(d:V_{d_j}\right)\right\}} \tag{3.69}$$

其中，$\operatorname{card}\left\{\varphi_{NR}\left(d:V_{d_j}\right)\right\}\neq 0$。

这样既考虑产生的诊断决策规则的置信度，也考虑其覆盖度，就能够对包含不一致信息的决策规则进行合理度量，以解决由于不一致信息而导致诊断决策规则无法使用的问题。

在定义 3.49 的基础上，观察图 3.3，可知该不完备故障诊断决策流向图中共有 8 条决策规则，其中有 2 条决策规则的有向分支部分相同。将求得的 8 条决策规则的置信度、覆盖度表示在 *G*(IFDD)中，可以得到如图 3.4 所示的包含评价指标的不完备故障诊断决策流向图。

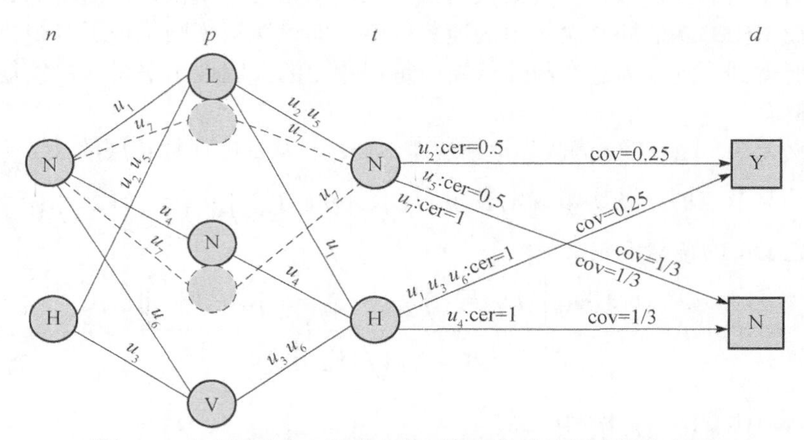

图 3.4　含有置信度和覆盖度的不完备故障诊断决策流向图

从图 3.4 中可知，该不完备故障诊断决策流向图共有 7 个实例对象，共有 8 条决策规则，其中，实例对象 u_7 由于含有不完备征兆属性值，根据改进限制相容关系，该对象可以分解为两条决策规则。根据置信度可知，对象 u_2 和 u_5 支持的决策规则为不确定决策规则，它们具有相同的条件部分，但是具有不同的决策结论；其余的 6 个对象支持的决策规则都是确定决策规则。同理，也可以从覆盖度的角度来分析决策规则。

3.7　基于不完备故障诊断决策流向图的知识获取

人类专家的大部分决策都是在知识不完备的情况下做出的。因此，智能故障诊断必须具备在诊断信息不完备的情况下进行诊断推理的能力。

目前在故障诊断知识获取中，面对包含不完备诊断信息的数据集，常采用以下两种处理策略：①删除法，这类方法是将包含不完备诊断信息的样本删除，从而得到一个完备的诊断数据集后进行知识获取；②补全法，这类方法是用一定的值去填充不完备值，从而使其完备化进行知识获取[43,44]。上述两种通过完备化后进行知识获取的方法都会或多或少地改变原始的诊断数据集。对于故障诊断问题，获取包含故障信息的诊断样本代价较大，在样本很少的情况下，删除少量样本就足以严重影响信息的客观性和结果的正确性；另外，依靠纯数学含义上的统计方法的补全处理不一定完全符合客观事实，而且对不完备值不正确的填充往往会将新的噪声引入数据中，也可能导致数据丧失其不完备性的真正领域背景含义，从而挖掘出错误的诊断结论，造成误诊。

因此，针对故障诊断问题的不完备性，为了获取具有良好适应能力和最大匹配能力的诊断决策规则，本章在提出的改进限制相容关系的基础上，基于不完备故障诊断决策流向图的知识表示形式，研究采用流向图的网络拓扑形式来实现诊断知识获取过程的可视化，提出一种从不完备数据中获取诊断决策规则的知识获取新方法。

众所周知，故障诊断决策表通常包含不相关和多余的故障征兆，它们的存在使得难以获取简单有效的决策。故障征兆属性约简就是从原始的故障征兆属性集合中寻求属性数目最小的征兆子集的过程。当约简故障征兆属性时，应在不损失故障诊断决策表的数据信息的前提下，去掉冗余的故障征兆，以最简的方式表示决策表中故障征兆属性和决策属性的关系。在已知的关于粗糙集知识约简的研究成果中，Skowron 提出的分辨矩阵为求取故障征兆属性的最小约简提供了很好的思路。因此，利用分辨矩阵形成的分辨函数求取约简成为一种广泛应用的方法。但是，基于分辨矩阵的约简策略是不完备的。分辨矩阵是针对完备的信息系统，无法解决包含不完备信息的故障诊断问题。

针对提出的不完备故障诊断决策流向图，在分析粗糙集理论中约简概念和技术的基础上，本节针对不完备故障诊断决策流向图的约简问题进行研究。通过分析不完备故障诊断决策流向图的结构，将其结构约简分为征兆属性层次约简和征兆属性节点约简两部分。

另外，观察不完备征兆属性节点在 G(IFDD)中所处的位置，为了简化问题求解的过程，可以将采用改进限制相容关系描述的不完备对象进行完备化，即采用不完备征兆属性可能的取值来代替未知征兆属性值，反映在 G(IFDD)上，就是用虚线表示的节点及分支。在进行知识获取的过程中，由于不完备对象在 G(IFDD)中采用不同于完备对象的表示符号，这将为后续的属性约简和知识获取提供方便。

1. *层次约简*

约简的思想来自粗糙集理论，而在粗糙集理论中，约简的理论基础是不可分辨关系，在一个决策系统中，可以约简掉的属性是指去掉它也不会改变整个决策表中对象的不可分辨关系。在不完备故障诊断决策流向图中，描述对象之间不可分辨关系的是由可视化的节点及分支构成的流向图网络，对于这种图形化的表示方式，在3.6 节中已经提及，G(IFDD)中蕴含的决策规则是一个节点系列，而该决策规则的支持对象是其重要的指标参数，根据不可分辨关系的含义，启发人们在 G(IFDD)中可以采用流过决策规则的对象是否变化作为 G(IFDD)中征兆属性层约简的标准。

定义 3.50 G(IFDD)为不完备故障诊断决策流向图，$M=\{m_1, m_2,\cdots, m_m\}$为征兆属性层，$D=\{d\}$为决策属性层，称征兆属性层 $m_i\in M$ 是相对于 D 可以约简的，若 $\forall r\in(\mathrm{DR}\cup\mathrm{DR}^*)$，都有 $\varphi_{M-\{m_i\}}(r_{M-\{m_i\}})=\varphi_M(r_M)$；否则称征兆属性层 $m_i\in M$ 是相对于 D 必不可少的。

定义 3.50 中 $r_{M-\{m_i\}}$ 表示在原始的故障诊断决策 r_M 所表达的节点系列中，去掉节点$\left(m_i:V_{m_{ij}}\middle|m_i\in M,V_{m_{ij}}\in V_{m_i}\right)$后形成的故障诊断决策规则。

定义 3.51 G(IFDD)为不完备故障诊断决策流向图，$M=\{m_1, m_2,\cdots, m_m\}$为征兆属性层，$D=\{d\}$为决策属性层，若 $\forall r\in(\mathrm{DR}\cup\mathrm{DR}^*)$，都有 $\varphi_{M'}(r_{M'})=\varphi_M(r_M)$，且不存在 $M''\subset M$，使得 $\varphi_{M''}(r_{M''})=\varphi_M(r_M)$ 成立，则称征兆属性层 $M'\subseteq M$ 是相对于 D 的约简。

从层次约简的定义可以看出，每当删除一个征兆属性层后，就要判断删除后的 G(IFDD)中各决策规则支持对象的变化情况，如果所有决策规则的支持对象没有变化，那就说明整个不完备故障诊断决策流向图表达的全部实例对象之间的关系没有变化，否则就表示此征兆属性层是 G(IFDD)必不可少的，不可以约简掉该征兆属性层。此过程依次重复进行，直到 M 中的全部属性都进行该操作。这时得到的征兆属性层集合即原始征兆属性层的一个约简。

下面给出 G(IFDD)的层次约简计算步骤：

（1）根据初始的 G(IFDD)，计算所有决策规则的支持对象集合$\{\varphi_M(r_1), \varphi_M(r_2),\cdots, \varphi_M(r_n)\}$。

（2）从故障诊断征兆属性层的第一层 m_1 到最末层 m_m，依次删除当前征兆属性层 m_i，并重新建立 m_{i-1} 和 m_{i+1} 层节点之间的分支连接，形成一个新的不完备故障诊断决策流向图 G'(IFDD)。

（3）采用与步骤（1）相同的方法计算 G'(IFDD)全部决策规则的支持对象集合$\{\varphi_{M'}(r_1), \varphi_{M'}(r_2),\cdots, \varphi_{M'}(r_n)\}$。

（4）如果$\varphi_M(r_1)=\varphi_{M'}(r_1), \varphi_M(r_2)=\varphi_{M'}(r_2),\cdots,\varphi_M(r_n)=\varphi_{M'}(r_n)$，则表示 $m_i\in M$ 层是

可以约简的，令 $M-\{m_i\}\Rightarrow M$，跳转到步骤（2），继续删除下一故障征兆属性层；否则进入下一步。

（5）表示 $m_i \in M$ 层是必不可少的，则保持 M 不变，跳转到步骤（2），继续删除下一故障征兆属性层。

（6）当进行到 $m_m \in M$ 时，表示已经计算到征兆属性层的最后一层，此时计算过程结束，所得到的征兆属性层集合就是经过约简后得到的最终集合，根据该征兆属性集合得到的不完备故障诊断决策流向图即经过层次约简后的流向图。

下面结合表 3.12 给出上述计算步骤的具体实现过程。

在实例的 G(IFDD)中，共有四层节点，其中征兆属性层为 3 层，即 Ml=$\{n,p,t\}$，决策属性层为 1 层，即 Dl=$\{d\}$；原始的 G(IFDD)中决策规则如下：

$$r_1:(n:\mathrm{N}),(p:\mathrm{L}),(t:\mathrm{H})\rightarrow(d:\mathrm{Y}),\varphi_M(r_1)=\{u_1\}$$
$$r_2:(n:\mathrm{H}),(p:\mathrm{L}),(t:\mathrm{N})\rightarrow(d:\mathrm{Y}),\varphi_M(r_2)=\{u_2\}$$
$$r_3:(n:\mathrm{H}),(p:\mathrm{V}),(t:\mathrm{H})\rightarrow(d:\mathrm{Y}),\varphi_M(r_3)=\{u_3\}$$
$$r_4:(n:\mathrm{N}),(p:\mathrm{N}),(t:\mathrm{H})\rightarrow(d:\mathrm{N}),\varphi_M(r_4)=\{u_4\}$$
$$r_5:(n:\mathrm{H}),(p:\mathrm{L}),(t:\mathrm{N})\rightarrow(d:\mathrm{N}),\varphi_M(r_5)=\{u_5\}$$
$$r_6:(n:\mathrm{N}),(p:\mathrm{V}),(t:\mathrm{H})\rightarrow(d:\mathrm{Y}),\varphi_M(r_6)=\{u_6\}$$
$$r_7^*:(n:\mathrm{N}),(p:\mathrm{L}),(t:\mathrm{N})\rightarrow(d:\mathrm{N}),\varphi_M(r_7^*)=\{u_7\}$$
$$r_8^*:(n:\mathrm{N}),(p:\mathrm{N}),(t:\mathrm{N})\rightarrow(d:\mathrm{N}),\varphi_M(r_8^*)=\{u_7\}$$

原始的不完备故障诊断决策流向图共有 8 条决策规则，其中后两条决策规则是由不完备对象 u_7 产生的。

按次序去掉征兆属性层 n，得到如图 3.5 所示的故障诊断决策流向图。

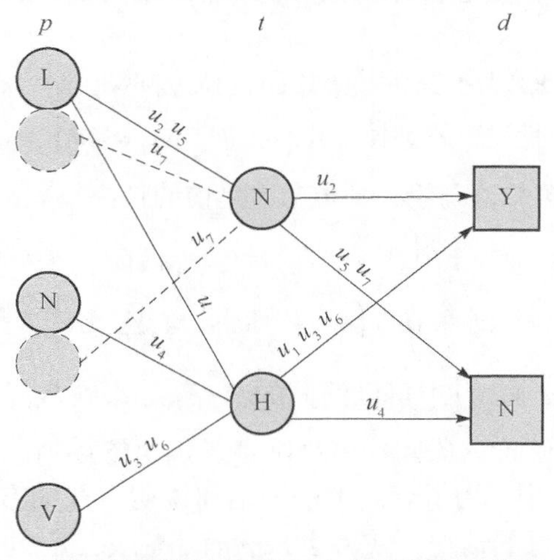

图 3.5　删掉征兆属性层 n 的不完备故障诊断决策流向图

观察图 3.5 中的所有决策规则及其支持对象，可以得到如下结果：

$$r_1:(p:\mathrm{L}),(t:\mathrm{H})\to(d:\mathrm{Y}),\varphi_M(r_1)=\{u_1\}$$
$$r_2:(p:\mathrm{L}),(t:\mathrm{N})\to(d:\mathrm{Y}),\varphi_M(r_2)=\{u_2\}$$
$$r_3:(p:\mathrm{V}),(t:\mathrm{H})\to(d:\mathrm{Y}),\varphi_M(r_3)=\{u_3,u_6\}$$
$$r_4:(p:\mathrm{N}),(t:\mathrm{H})\to(d:\mathrm{N}),\varphi_M(r_4)=\{u_4\}$$
$$r_5:(p:\mathrm{L}),(t:\mathrm{N})\to(d:\mathrm{N}),\varphi_M(r_5)=\{u_5\}$$
$$r_6:(p:\mathrm{V}),(t:\mathrm{H})\to(d:\mathrm{Y}),\varphi_M(r_6)=\{u_3,u_6\}$$
$$r_7^*:(p:\mathrm{L}),(t:\mathrm{N})\to(d:\mathrm{N}),\varphi_M(r_7^*)=\{u_7\}$$
$$r_8^*:(p:\mathrm{N}),(t:\mathrm{N})\to(d:\mathrm{N}),\varphi_M(r_8^*)=\{u_7\}$$

通过比较发现，去掉征兆属性层 n 后的决策规则 r_3 和 r_6 的支持对象发生了变化，由原来的$\{u_3\}$、$\{u_6\}$都变为$\{u_3,u_6\}$，也就是说，原来的对象 u_3 和 u_6 是可以分辨的，但是去掉征兆属性层 n 后，它们变为不可区分了。因此，根据定义可知，征兆属性层 n 是必不可少的。

接下来依次去掉征兆属性 p、t，可知征兆属性层 p 和 t 都是必不可少的。

2. 节点约简

经过征兆属性层次约简之后，不完备故障诊断决策流向图去除掉了冗余的故障诊断征兆属性层，但是对于某个具体的故障诊断决策，其条件部分中的各个节点并不全是必不可少的，因此针对具体的诊断决策，删除掉其条件部分的冗余的节点，使由节点和分支构成的路径最短，从而使不完备故障诊断决策流向图的结构得以简化，同时又不改变不完备故障诊断决策流向图表达的信息，这就是节点约简的思想。

定义 3.52 G(IFDD)为不完备故障诊断决策流向图，$M=\{m_1,m_2,\cdots,m_m\}$为征兆属性层，$D=\{d\}$为决策属性层，若去掉节点$\left(m_i:V_{m_{ij}}\mid m_i\in M,V_{m_{ij}}\in V_{m_i}\right)$后形成的故障诊断决策规则的支持对象集合与没去掉该节点之前的该决策规则的支持对象相同，即$\varphi_{NR}\left[\left(m_1:V_{m_{1,k}}\right),\cdots,\left(m_{i-1}:V_{m_{i-1,k}}\right),\left(m_{i+1}:V_{m_{i+1,l}}\right),\cdots,\left(m_m:V_{m_{m,l}}\right),\left(d:V_{d_j}\right)\right]=\varphi_{NR}\left[\left(m_1:V_{m_{1,k}}\right),\cdots,\left(m_m:V_{m_{m,l}}\right),\left(d:V_{d_j}\right)\right]$，则称节点$\left(m_i:V_{m_{ij}}\middle| m_i\in M,V_{m_{ij}}\in V_{m_i}\right)$是决策规则 $\mathrm{DR}:\left[\left(m_1:V_{m_{1,k}}\right),\cdots,\left(m_m:V_{m_{m,l}}\right),\left(d:V_{d_j}\right)\right]$中可以约简的节点。如果在故障诊断决策规则中不存在可以约简的节点，则称该诊断决策规则是最优决策规则。

注意在定义 3.52 中，为了表达上的简洁和说明问题的方便，并没有提及决策规则中含有不完备信息的情况，实际上，含有不完备信息的故障诊断决策规则在使用改进限制相容关系处理之后，已经转化为完备的决策规则，对于这种决策规则，定义 3.52 完全适用。

下面结合经过征兆属性层次约简的实例给出节点约简的结果。

应该指出，上述约简后的流向图并不是唯一的，已经证明求取最小约简的计算是一个 NP 难问题，甚至不同的属性排序，都可以得到不同的约简结果。所以，求取最小约简一直是粗糙集领域中的一个研究热点。

对于某个具体的故障诊断决策规则，如果仅把条件部分的节点数量最少作为约简的一个评价标准，那么可以得到不止一种节点约简结果，这样就面临一个如何选择的问题。结合故障诊断的领域背景，可知不同的故障征兆在故障诊断过程中获取的难易程度、代价等是不同的，人们倾向于选择易于获取的征兆属性组合，因此可以根据实际情况，为每个故障征兆属性定义一个综合描述其性能的参数，参数的数值大小与获取难度呈正比关系，以此作为不同征兆属性组合选择的依据。

结合约简的定义，给出如下几条性质。

性质 3.7　在一个不完备故障诊断决策流向图 G(IFDD)中，如果连接相邻两节点的分支只有一条，且流经此分支的对象具有相同的决策属性值，那么该分支连接的两节点可以构成决策属性的条件部分，形成一条诊断决策规则。

此性质可从图 3.6 中对象$\{u_3,u_6\}$流过的分支约简结果得到验证。

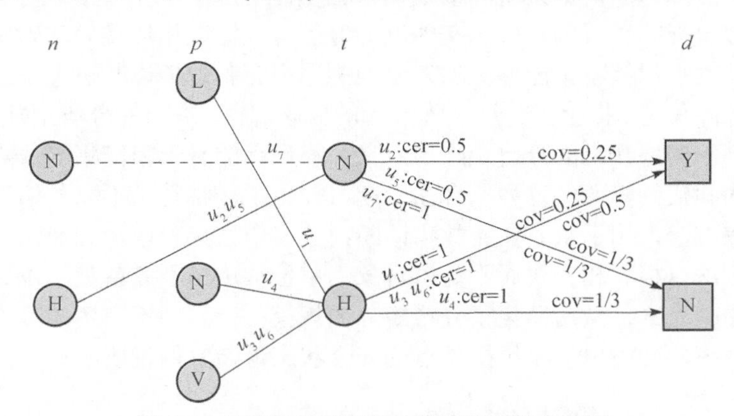

图 3.6　约简后的不完备故障诊断决策流向图

性质 3.8　在一个不完备故障诊断决策流向图 G(IFDD)中，如果某节点$\left(m_i : V_{m_{ij}} \middle| m_i \in M, V_{m_{ij}} \in V_{m_i}\right) \in M$ 只有一个输入节点或输出节点，并且流过此节点分支的对象具有相同的决策属性值，那么该节点可以独立构成决策属性的条件部分，形成一个单节点的诊断决策规则。

上述性质可以根据定义直接得到。

经过征兆属性层次约简和征兆属性节点约简的不完备故障诊断决策流向图

中，可以得到以图形化的形式表示的决策规则集合，图 3.6 中包含的故障诊断决策规则如下：

$$r_1:(p:\mathrm{L}),(t:\mathrm{H})\to(d:\mathrm{Y}),\mathrm{cer}(r_1)=1,\mathrm{cov}(r_1)=0.25$$
$$r_2:(n:\mathrm{H}),(t:\mathrm{N})\to(d:\mathrm{Y}),\mathrm{cer}(r_2)=0.5,\mathrm{cov}(r_2)=0.25$$
$$r_3:(p:\mathrm{V}),(t:\mathrm{H})\to(d:\mathrm{Y}),\mathrm{cer}(r_3)=1,\mathrm{cov}(r_3)=0.5$$
$$r_4:(p:\mathrm{N}),(t:\mathrm{H})\to(d:\mathrm{N}),\mathrm{cer}(r_4)=1,\mathrm{cov}(r_4)=1/3$$
$$r_5:(n:\mathrm{H}),(t:\mathrm{N})\to(d:\mathrm{N}),\mathrm{cer}(r_5)=0.5,\mathrm{cov}(r_5)=1/3$$
$$r_6:(n:\mathrm{N}),(t:\mathrm{N})\to(d:\mathrm{N}),\mathrm{cer}(r_6)=1,\mathrm{cov}(r_6)=1/3$$

上述 6 条决策规则所表达的就是图 3.6 中的决策信息，在每条规则后面，给出了此规则的置信度和覆盖度。从这 6 条决策规则可以看出，它们在征兆属性层次上并不完全相同。

3.8 本 章 小 结

本章在粗糙集理论和流向图方法的基础上，提出了用极大相容块取代相似类作为不完备故障诊断决策系统的基本知识粒度，给出了不完备诊断对象集合的一种新的近似定义。以其为基础定义的近似算子可以比以相似类为基础定义的近似算子有更高的近似精度，能够更加充分地利用不完备故障诊断决策系统中相似关系提供的故障信息。提出了分辨矩阵基元的概念，基于提出的分辨矩阵基元概念，给出了三种不同层次上的分辨矩阵的定义，将现存的基于粗糙集的故障诊断方法中属性约简和值约简两个过程结合在一起，提出了一种基于不完备信息的故障诊断规则获取方法，用于从不完备故障诊断决策表中直接获取形式简洁的诊断决策规则。该方法以极大相容块而不是以对象为单位构造了不完备故障决策系统的分辨矩阵中的列元素，从而简化了分辨矩阵的规模；提高了不完备故障诊断决策系统约简的效率，并以电力系统操作点的安全状态诊断实例说明了该方法的可行性和有效性。

本章采用流向图方法进行了不完备故障诊断的知识表示和知识获取技术的研究。研究了将定量分析和定性推理相结合的不完备故障诊断知识表示的新方法——不完备故障诊断决策流向图。将不完备故障诊断决策流向图中的节点定义为由征兆属性和其取值联合描述的二元组；采用流经分支的对象集合作为分支描述参数，建立了计算流经各种不同分支上流量的公式，采用置信度和覆盖度作为不完备故障诊断决策流向图中的决策规则评价指标。提出了采用层次约简和节点约简相结合的不完备故障诊断决策流向图的结构约简方法，给出了层次约简和节点约简的基本算法，获得了约简后的精简的不完备故障诊断决策流向图，并从中获得了故障诊断决策规则的集合。

参 考 文 献

[1] Chmielewski M R, Grzymala-Busse J W, Peterson N W, et al. The rule induction system LERS—A version for personal computers. Foundations of Computing and Decision Sciences, 1993,18(3-4): 181-212.

[2] Liang J Y, Xu Z B. Uncertainty measures of roughness of knowledge and rough sets in incomplete information systems. Proceedings of the World Congress on Intelligent Control and Automation, 2000, 4: 2526-2529.

[3] Kryszkiewicz M. Rough set approach to incomplete information systems. Information Sciences, 1998, 112(1-4): 39-49.

[4] Kryszkiewicz M. Rules in incomplete information systems. Information Sciences, 1999, 113 (3-4): 271-292.

[5] Kryszkiewicz M. Properties of incomplete information systems in the framework of rough sets // Polkowski L, Skowron A. Rough Sets in Knowledge Discovery 1. Heidelberg: Physica-Verlag, 1998: 422-450.

[6] 王国胤. Rough 集理论与知识获取. 西安: 西安交通大学出版社, 2001.

[7] Skowron A, Rauszer C. The discernibility matrices and functions in information system // Slowinski R. Intelligent Decision Support—Handbook of Applications and Advances of the Rough Sets Theory. Dordrecht: Kluwer Academic Publishers, 1992: 331-362.

[8] Li Z W, Liu X F, Zhang G, et al. A multi-granulation decision-theoretic rough set method for distributed fc-decision information systems. Applied Soft Computing, 2017, 56: 233-244.

[9] Anupama N, Srinivas K S, Srinivasa R E. Soft fuzzy rough set-based MR brain image segmentation. Applied Soft Computing, 2017, 54: 456-466.

[10] Hassanien A E, Gaber T, Mokhtar U, et al. An improved moth flame optimization algorithm based on rough sets for tomato diseases detection. Computers and Electronics in Agriculture, 2017, 136: 86-96.

[11] Kim Y, Ahn W, Oh K J, et al. An intelligent hybrid trading system for discovering trading rules for the futures market using rough sets and genetic algorithms. Applied Soft Computing, 2017, 55: 127-140.

[12] Lee S, Enke D, Kim Y. A relative value trading system based on a correlation and rough set analysis for the foreign exchange futures market. Engineering Applications of Artificial Intelligence, 2017, 61: 47-56.

[13] Yan H, Wu D, Huang G, et al. Water rophication assessment based on rough set and

multidimensional cloud model. Chemometrics and Intelligent Laboratory Systems, 2017, 164: 103-112.

[14] Yan H, Huang Y, Wang G, et al. Water eutrophication evaluation based on rough set and petri nets: A case study in Xiangxi-River, Three Gorges Reservoir. Ecological Indicators, 2016, 69: 463-472.

[15] Gao Y, Zhang X, Wu L, et al. Resource basis, ecosystem and growth of grain family farm in China: Based on rough set theory and hierarchical linear model. Agricultural Systems, 2017, 154: 157-167.

[16] Amin A, Anwar S, Adnan A, et al. Customer churn prediction in the telecommunication sector using a rough set approach. Neurocomputing, 2017, 237: 242-254.

[17] Liao S, Chang H. A rough set-based association rule approach for a recommendation system for online consumers. Information Processing and Management, 2016, 52: 1142-1160.

[18] Pacheco F, Cerrada M, Sanchez R V, et al. Attribute clustering using rough set theory for feature selection in fault severity classification of rotating machinery. Expert Systems with Applications, 2017, 71: 69-86.

[19] Pawlak Z. Rough sets and flow graphs. Proceedings of SPIE—The International Society for Optical Engineering, San Jose, 2006: 1-11.

[20] Pawlak Z. Theorize with data using rough sets. Proceedings of IEEE Computer Society's International Computer Software and Applications Conference, Washington, 2002: 1125-1128.

[21] Pawlak Z. Probability, truth and flow graph. Electronic Notes in Theoretical Computer Science, 2003, 82(4): 3-11.

[22] Pawlak Z. Flow graphs and data mining. Lecture Notes in Computer Science, Transactions on Rough Sets Ⅲ, 2005, (3400): 1-36.

[23] Pawlak Z. Decision trees and flow graphs. Lecture Notes in Computer Science, 2006, (4259): 1-11.

[24] Pawlak Z. Flow graphs and decision algorithms. Lecture Notes in Artificial Intelligence (Subseries of Lecture Notes in Computer Science), 2003, (2639): 1-10.

[25] Pawlak Z. Flow graphs and intelligent data analysis. Fundamenta Informaticae, 2005, 64(1-4): 369-377.

[26] Butz C J, Yan W, Yang B T. The computational complexity of inference using rough set flow graphs. Proceedings of SPIE—The International Society for Optical Engineering, 2006: 335-344.

[27] Butz C J, Yan W, Yang B. An efficient algorithm for inference in rough set flow graphs. Lecture Notes in Computer Science, Transactions on Rough Sets V, 2006: 102-122.

[28] Sun J G, Liu H W, Zhang H J. An extension of Pawlak's flow graphs. Lecture Notes in

Computer Science, 2006: 191-199.

[29] Sun J G, Liu H W, Qi C S, et al. An interpretation of flow graphs by granular computing. Lecture Notes in Computer Science, 2006: 448-457.

[30] Liu H W, Sun J G, Qi C S, et al. Inference and reformation in flow graphs using granular computing. Lecture Notes in Computer Science, 2007: 261-270.

[31] Czyzewski A, Kostek B. Musical metadata retrieval with flow graphs. Lecture Notes in Artificial Intelligence, 2004: 691-698.

[32] 朱汉雄, 潘克西, 刘治星. 上海煤炭流向图及其消费总量控制路线. 电力与能源, 2014, 35(3): 237-242.

[33] Chitcharoen D, Pattaraintakorn P. Novel matrix forms of rough set flow graphs with applications to data integration. Computers and Mathematics with Applications, 2010, 60: 2880-2897.

[34] Amighi A, Gomes P, Gurov D, et al. Provably correct control flow graphs from Java bytecode programs with exceptions. International Journal on Software Tools for Technology Transfer, 2016, 18: 653-684.

[35] Babaei E, Mohammadian L, Hagh E D. Analyzing a four quadrant DC-DC Luo converter by means of signal flow graph modeling technique. Ain Shams Engineering Journal, 2016, DOI: 10.10161j.asej.2016.08.009.

[36] Pawlak Z. Rough Sets: Theoretical Aspects of Reasoning about Data. Boston: Kluwer Academic Publishers, 1991.

[37] Pawlak Z. Rough sets. Communications of the ACM, 1995, 38(11): 89-95.

[38] 曾黄麟. 粗集理论及其应用. 2 版. 重庆: 重庆大学出版社, 1998.

[39] 张文修, 吴伟志, 梁吉业, 等. 粗糙集理论与方法. 北京: 科学出版社, 2001.

[40] 刘清. Rough 集及 Rough 推理. 北京: 科学出版社, 2001.

[41] Yee L, Li D. Maximal consistent block technique for rule acquisition in incomplete information systems. Information Sciences, 2003, 153(SUPP): 85-106.

[42] Lambert-Torres G. Application of rough sets in power system control center data mining. Proceedings of the IEEE Power Engineering Society Transmission and Distribution Conference, New York, 2002, 1: 627-631.

[43] Greco S, Matarazzo B, Slowinski R. Rough approximation of a preference relation by dominance relations. European Journal of Operational Research, 1999, 117(1): 63-83.

[44] Wang M, Hu N Q, Qin G J. A method for rule extraction based on granular computing: Application in the fault diagnosis of a helicopter transmission system. Journal of Intelligent and Robotic Systems, 2013, 71(3-4): 445-455.

第 4 章　基于不一致信息的故障诊断知识获取

4.1　引　言

在自然科学、社会科学的很多领域，都不同程度地涉及对不确定因素和对不完备信息的处理，从实际系统中采集到的数据常常包含噪声，不够精确甚至不完整，采用纯数学上的假设来消除或回避这种不确定性，效果往往不理想。反之，如果结合领域背景对这些信息进行适当的处理，常常有助于相关实际问题的解决。多年来研究人员一直在努力寻找科学地处理不完整性和不确定性的有效途径，1982 年波兰学者 Pawlak 提出的粗糙集理论，是继概率论、模糊集、证据理论之后的又一个新的处理不确定性的数学工具。经过三十多年的研究和发展，粗糙集理论在信息系统分析[1]、知识与数据发现[2]、决策支持系统[3]、模式识别与分类[4]、医疗诊断[5]、故障检测[6,7]、文本处理[8]等方面取得了较为成功的应用。目前，基于粗糙集理论的不确定性知识分析方法的研究已经成为人工智能的一个新的热点，许多学者正在这一方向进行深入的研究。

从数据挖掘的角度来看，数据集可以分为两大类：一类是一致性的，另一类是不一致性的[9]。目前数据挖掘领域的研究，大部分是集中在数据集完全一致的情况下的知识获取[10-14]，可是在实际问题中，由于人们对事物认识的有限性，以及数据在测量和记录时的人为错误等，现有的数据集都或多或少地存在不一致性。因此，如何在不一致的数据中发现规则，逐渐引起数据挖掘工作者的注意，并成为研究的热点之一。在信息处理领域中，针对知识获取中数据表现出的不一致性，文献[15]提出了一种用于默认推理的逻辑框架，但其得到的规则分散重复，且较复杂。文献[16]提出了一种将优势关系下的不一致信息系统进行一致化转换的算法，能够将优势关系信息系统中的不一致信息识别出来，缺点是计算量大。文献[17]提出了一种数据挖掘框架，从已知数据中提取潜在有用的规则，但是考虑的因素较少。文献[18]提出了一种将粗糙集和双射软集理论（BISO）结合构建鲁棒分类模型的混合智能系统，该系统能够通过粗糙集处理数据不一致性，但是数据库获取较为困难。文献[19]中所提出的数据挖掘模型，得到的规则不多，且长度不齐整，不利于进行规则匹配。文献[20]对于从包含不一致信息的决策表中获取缺省规则的问题进行了研究，提出了相应的知识获取算法，但是这种方法不能有效地过滤噪声，而且获取的规则数量巨大（尽管利用置信度对规则进行了适当的删减)，最为重要的是该方法对于不一致性的研究和所提出的解决方法是不完备的，在规则匹配时会出现匹配矛盾的情况。

在故障诊断领域中，诊断规则获取的目的在于从大量数据中发现对故障诊断推理有指导意义的规则，一般来讲，这些规则在表现形式上应比较简洁，并且具有一定程度的概括性。同时，在实际的故障诊断问题中，描述故障模式的信息常有某种程度的不完备，如两个故障实例的故障征兆值相同而故障类型不同[21]。在这种情况下，要想产生置信度为 1，且能覆盖所有实例的决策规则是不可能的。所以，人们转而寻求获取置信度小于 1 的决策规则（通常称为可能规则或概率规则)，到目前为止，粗糙集理论是唯一一种无须先验知识即可获取这种可能规则的方法。

不一致性作为故障诊断问题的一个普遍特征，目前研究的并不多，如果能够提供一种解决问题的方法，即使在故障诊断信息不一致的状况下，仍能进行诊断规则的获取，应用所获取的诊断决策规则进行新故障的推理和决策，尽可能给出故障诊断问题的最大可能解，无疑是很有实际意义的。

4.2　故障诊断信息不一致的原因及实例集的规律性

故障诊断的数据中之所以包含不一致信息，主要有以下三种原因：①表征故障现象的故障征兆不充分；②诊断信息的获取不准确；③数据预处理产生的冲突。针对这三种原因，本章对故障诊断中的不一致信息，主要有以下两种理解，一种是针对原因①，认为由于受认识水平和技术条件等的限制，在对故障诊断问题的认识上，由于获取的信息不完备、不充分而造成的不一致，这种不一致不能当成错误来处理；另一种是针对原因②和③，认为在诊断信息获取和处理等过程中，由于错误而引入了噪声，产生了不一致信息，这种不一致信息在后续的处理中，应该当成错误来处理。

文献[22]在研究 UCI 机器学习数据库中的样本集时发现，各个样本集的规律是不同的，并进一步给出了样本集规律的描述。受此启发，通过观察各种故障诊断决策系统，发现各故障诊断样本实例集也具有一定的规律性，大致存在以下几类具有代表性的故障诊断实例集：

（1）故障诊断实例集的规律性很强，只需极少的几条简洁规则就可概括整个故障诊断实例集包含的信息；

（2）故障诊断实例集的规律性较强，从中可以获得一些简洁规则，但还存在少量的实例不能被这些简洁规则包含；

（3）故障诊断实例集的规律性很差，整个故障诊断实例集中都不存在简洁的规则。

故障诊断实例集的这些差异，是由于人们对故障诊断实例集的领域了解程度不同造成的，同时也反映了不同的诊断问题所适合的表示模型可能不同。对于第一类故障诊断实例集，反映了人们对这些领域的了解是充分的，可以形成简洁规则，从更高的抽象程度来把握数据，因此适合应用规则进行故障诊断样本集的知识发现；而最后一类故障诊断实例集，反映了人们对这些领域是不太了解的，或完全陌生的，因此从故障诊断数据集中看不出明显的规律，数据散布特别大，或者近乎随机分布，这时采用“死记硬背”的策略记忆所有的实例是唯一可行的办法，可能比较适合用语义网络来表示；而更多的故障诊断实例集似乎处于上面两种极端情况之间的一种中间状态，即第二类故障诊断实例集。如果完全采用规则，必然会导致规则的数目增多，有悖于使用规则简洁表达故障诊断实例集包含知识的初衷，而如果采用完全记忆故障诊断实例集实例的策略，则存储的代价太高。因此，采取“规则＋例外”的策略应当是比较适合的方法，即用一些规则覆盖住大部分实例，对于另外一小部分例外采用直接记忆的方式。

这种现象与人的学习过程也有相似之处：对于了解充分的领域，一些简洁的规则即可解决问题；对于了解甚少的领域，则难以形成规则，记忆的形式将是实例；而在大多数情况下，人们使用的方法都是简洁规则加少量的例外。因此，从对故障诊断实例集与人类学习的观察，本章认为对于相当一大类故障诊断问题，适合采用基于规则与基于例子的表示相结合的方法。然而，前人针对基于规则与基于例子表示的综合研究，多是从机器学习本身的策略与方法上对两种表示模型进行分析与整合，而没有注意从人的学习过程中借鉴一些有益的思想，从而建立起有一定心理学根据的综合计算模型。基于上述对故障诊断中不完备信息的理解和故障诊断实例集的规律性，受启于心理学上的“规则＋例外”模型，本章提出一种基于粗糙集理论的故障诊断决策规则获取模型，用于在不一致信息的情况下进行诊断决策规则的获取。

4.3　基于不一致信息的故障诊断知识获取模型

从前人的研究中可以看到，人的学习过程是相当复杂的，不一定拘泥于仅仅使用基于规则的策略、基于例子的策略，或是基于“规则＋例外”的策略，而是根据不同的问题领域采取不同的策略。其中，“规则＋例外”的策略处于规则与例外两个极端之间，对于多数复杂的样本集可能更实用一些。下面重点讨论这一策略，首先分析心理学上的“规则＋例外”模型及其不足，然后结合粗糙集理论在知识发现上的特点，对心理学上的“规则＋例外”进行改进，提出一种改进的“规则＋例外”故障诊断规则获取模型。

4.3.1 心理学、机器学习中的“规则＋例外”模型

兴起于 20 世纪 50 年代的认知心理学（cognitive psychology），运用信息加工的观点来研究知觉、注意、记忆、概念、思维、学习等认知活动。心理学中关于概念学习的研究大致经历了两个阶段，即针对定义严谨（well-defined）和定义松散（ill-defined）两种概念结构的研究。前者是指目标明确、解决问题所需要的所有信息已得到直接或间接呈现并且只有一个正确答案的问题；后者是指目标不明确、解决问题所需要的信息缺乏或者存在几种可能解决方案的问题。显然，从研究性学习的角度看，定义松散的问题更具有价值，因为它接近人类认识问题的实际情况，更为复杂、困难，更能激发人类的探索活动。

在心理学上，针对定义松散的自然概念的学习过程，主要有 Medin 等的 Context 模型（简称 C 模型）[23]和 Nosofsky 等的 RULEX 模型[24]。

C 模型：直观地讲，Medin 等的 C 模型是一种“死记硬背”模型。该模型认为：认知主体在记忆中长时间保存所有学习过的样例，分类基于对于已存储样例的回溯，考察每个样例和待分类样例的相似程度，找到最相似的样例进行决策。在这个模型中，学习阶段仅仅是单纯的记忆，而核心操作体现为测试待分类样例和存储样例的相似性上。C 模型成功地解释了学习效果和学习效率等一些典型的认知现象，但是其存储和记忆的空间需求都很大，而人的学习过程不会记忆所有的样例。

RULEX 模型：Nosofsky 等试图寻求一个对于定义松散和定义严谨概念结构都适合的学习模型。他提出的 RULEX 模型可以描述“智者”的学习过程，该模型继承了对定义严谨概念形成规则的思想，提出了“规则+例外”的思路，认为定义松散概念虽然不能像定义严谨概念那样得到完美的简单规则，但是可以使用不完美的简单规则加上一些例外来刻画概念。RULEX 模型没有存储完整的样例，只存储一些规则和例外。它能够很好地解释 C 模型的结果，同时还能解释一些 C 模型不能解释的结果，如概念结构对学习效率的影响等[22]。RULEX 模型的缺点是不能解释一些再认现象，如所有的旧实例都比新实例的再认率高的原因。产生这种现象的原因是 RULEX 模型对于例外，仍然试图形成一些规则或模式，它针对特例的局部特征的组合猜测一个模式，只记忆了部分信息，所以对于需要每个例子整体信息的再认实验，其解释就不太理想。

针对“规则＋例外”模型的上述缺点，周育健[22]改进了 RULEX 的“规则＋例外”模型，并将其应用在机器学习领域中，该模型认为人在学习时，既有形成简单规则的强烈愿望，也有当简单规则不能覆盖所有样例时对例外进行整体记忆的趋势。这种模型强调局部与整体信息的结合，在规则形成阶段采用和 RULEX 模型相同的步骤，而在例外形成阶段采用 C 模型整体记忆的方法。而在再认实验

中，首先应用信息含量大的例外，再使用规则。当不能严格匹配时，使用和C模型类似的最大相似原则。在该模型中，采用粗糙集的核理论来寻找例外中值得重点记忆的属性。虽然文献[22]提出的基于粗糙集理论的“规则＋例外”机器学习模型在一定程度上改进了RULEX的“规则＋例外”模型，但其在具体的应用中，存在如下不足。

1. 不适合处理不一致信息

该模型是在保持分类一致的条件下，利用粗糙集理论的知识约简机制，实现机器学习中样本集的属性约简和值约简，然而在实际情况中，由于受认识能力和认识手段等的限制，人们对某一领域的认识不可能是完全透彻的，获取的描述该领域有关问题的信息也经常是不确定的，常常包含不一致信息。因此，该模型只具有理论研究意义，要将其应用于包含不一致信息的故障诊断问题中，还需进行适当的扩展和改进。

2. 规则获取效率低

该模型在规则获取之前，对数据集中相同的重复实例没有进行相应的处理，使得在后续的规则发现时由于相同实例的重复处理而降低运算效率。另外，文献[22]中获得规则的算法，在计算值约简时，采取的是逐个实例考察的串行策略，这将大大降低算法的运行效率。

3. 规则的泛化能力较弱

该模型在规则获取阶段，完全是基于局部信息的模型，其规则的形成过程完全是对例子的局部相同点的注意，即通过对例子的局部特征处理而形成假设规则，这种规则获取策略，由于只注重了局部特征，而没有从全部特征出发，所以处理与保留的信息都比较少，形成规则的泛化能力较弱。因此，该模型虽然能够很好地解释学习过程的分类数据，却不能较好地解释再认数据。

4. 缺乏对获取规则的评价

该模型使用频率直方图作为工具，将根据粗糙集理论的约简机制形成的规则集合区分为规则与例外，解决了规则与例外的先验区分问题，但是并没有对获取的规则进行评价，规则集中的各条规则在使用中的重要程度等同，这显然不符合人类在使用经验知识时的优先策略。

5. 不完善的问题求解策略

该模型虽然注意到例外与规则在问题求解过程中的不同，并提出了优先考虑例外的求解策略，但是没有注意到求解结果可能出现的各种情况，因此该模型的问题求解策略是不完善的。

6. 静态的学习策略

该模型虽然提及了由于新的实例的加入，需要考虑规则与例外之间的转化，指出了规则与例外的相对性，但没有给出具体可行的增量学习算法。另外，随着新实例的加入，规则的可信度也是不断变化的。因此，该模型只是一个静态的学习策略，要想使其实用化，必须使该模型具有动态增量学习的能力。

4.3.2　改进的“规则＋例外”故障诊断知识获取模型

借用心理学上的概念，可以认为，描述故障诊断问题的实例数据集也是定义松散的。前已述及，由于受主、客观条件的限制，这些数据集只是对故障诊断问题的部分描述，不可能是确定的，经常包含不一致信息，不一致信息的存在，将直接影响获取简洁的诊断决策规则。但是，从故障诊断的实际情况来看，包含不一致信息的故障诊断问题更具有价值，因为它接近人类认识问题的实际情况，更为复杂、困难，更能激发人类的探索活动。

综合认知心理学和机器学习的研究结果，有理由认为采用“规则＋例外”的方法对包含不一致信息的故障诊断问题进行规则发现是比较好的方法。根据认知心理学和机器学习中的“规则＋例外”模型的不足，结合粗糙集理论的研究成果，本节提出一种改进的“规则＋例外”故障诊断规则获取模型，用于从包含不一致信息的故障诊断数据集中获取诊断规则，包含如下阶段。

1. 规则与例外的划分阶段

通过观察建立的原始故障诊断决策表，找出矛盾的实例，对于一对矛盾的实例，选择数量函数值大的实例留下，而将另一个放入一个称为故障诊断例外子表的决策表中，如果数量函数值相同，则随机选择其中一个；而原始故障诊断决策表中剩余的实例形成一个称为故障诊断规则子表的决策表，经过这一步处理，原始故障诊断决策表便分解成两个故障诊断决策子表。在故障诊断规则子表中包含的是原始故障诊断决策表中剩余的实例，通常这些实例包含了故障诊断问题的大部分信息，在后续的处理中，将要从故障诊断规则子表中获取故障诊断决策规则；而在故障诊断例外子表中包含的是从原始故障诊断决策表中剔除的实例，这些实例与故障诊断决策子表中的某些实例矛盾，在后续的处理中，将要以此形成例外。

2. 规则的形成阶段

针对故障诊断规则子表，利用粗糙集理论中有关约简的知识，针对整个故障征兆属性集合进行征兆属性约简和值约简，形成适合全局的故障诊断决策规则集合，避免了通过局部特征形成泛化能力较弱的规则的不足。同时，由于在该阶段采用的是整体规则获取策略，所以形成的规则可以较好地解释再认数据。另外，根据故障诊断问题的实际情况可知，各决策规则的诊断性能并不相同，故在对决策规则进行值约简之后，需要对获得的泛化决策规则给出恰当的评价参数，对其进行合理的度量，才能在故障诊断问题的求解过程中合理有效地使用这些决策规则。

3. 例外的形成阶段

在规则形成之后，将针对故障诊断例外子表形成例外，文献[22]提出的“规则+例外”机器学习模型由于是在一致分类意义下，通过粗糙集理论中的核理论对描述例外的重要特征进行记忆，从本质上讲，这种处理方法是对例外进行了一定意义上的泛化，使例外不再“例外”，在一致分类情况下，这种描述例外的方法不会对原样本集产生影响。但是，在包含不一致信息的情况下，这种方法有可能导致由原始故障诊断决策表形成的两个子表产生新的不一致信息，这种人为的不一致信息的引入，一般是不允许的。因此，为了保持例外在故障诊断决策表中的特殊性，使其成为真正意义上的“例外”，本章仍然采用对例外进行整体记忆的策略。

4. 问题的求解阶段

首先继承 RULEX 模型对例外优先考虑的思想，认为例外的可靠性强，但灵活性较差，而规则正好相反。因此，例外与规则的使用原则是先考虑例外，再考虑规则。其次针对问题的求解结果出现的各种情况，例如，求解结果可能是没有任何例外和规则相符，也可能是有多条规则相符，但决策结论不一致等，提出了一种综合评价策略，完善了诊断问题的求解策略。

5. 增量的学习阶段

在实际应用中，描述故障诊断问题的数据往往是动态变化的，通常随着时间的推移，数据量将逐渐增加，许多现存的故障诊断知识获取方法需要事先给出所有的训练样本，如果以后有数据上的变化，整个学习过程就需要重新进行，如何避免重复学习，是故障诊断知识获取方法走向实用化急需解决的问题之一。

观察人的学习过程不难发现，在学习的开始阶段，可利用的信息很少，例子也不多，还不容易看到问题的规律，这时最好的方式可能恰恰是记忆所有的例子。随着对问题了解的深入，掌握的例子不断增加，例子间的规律性也开始显现，这时可能形成一部分规则，同时记忆一部分例外；随着对问题了解的进一步深入和例子的不断再增加，最终就可能形成完整的简洁规则，这时学习过程可能就达到了一种和谐。而一旦又出现了一些新的例子，则可能又重复开始新的学习过程，因此这是一个动态的学习过程。针对新实例的加入，有可能引起规则、例外及其相应的评价参数的变化。

下面给出改进的“规则＋例外”故障诊断规则获取模型的具体描述。

第一步：规则、例外的获取。

（1）从描述故障状态的原始数据出发，确定故障征兆属性集合和故障决策属性集合，进行故障征兆属性的离散化，确定各属性的值域，建立原始故障诊断决策表。

（2）找出故障诊断决策表中的所有矛盾实例对，挑出每个实例对中数量函数值较小的实例（如果两个实例的数量函数值相同，则随机选择其中一个），将其放入故障诊断例外子表中，原故障诊断决策表中剩余的实例便形成故障诊断规则子表。

（3）对故障诊断规则子表进行征兆属性约简和值约简，得到决策规则集合，对获得的决策规则给出恰当的评价参数（支持量、覆盖度、条件长度），对其进行合理的度量。

（4）对故障诊断例外子表中的实例进行整体记忆，并给出支持量作为每个例外的评价参数。

第二步：问题的求解策略。

（1）对于一个经过离散化的待诊实例，首先与例外集中的实例进行逐个匹配，如果存在匹配实例，则输出相匹配例外的决策属性作为最后的诊断结论，并将相匹配例外的支持量加 1。

（2）如果不存在匹配实例，则与规则集中的广义决策规则进行逐个匹配，返回的相匹配的诊断决策规则集可以分为下面几种情况[25]：①规则集为空；②规则集中有一条规则；③规则集中有多条规则，且结论一致；④规则集中有多条规则，但结论不一致。对于情况①，说明根据现有的对故障问题的认识程度，还不能对该新的故障状态做出足够可信的故障决策；对于情况②和③，只需把结论输出即可；对于情况④，需要对所有的结论进行综合评价。

4.4　诊断实例

下面结合一个汽轮发电机组振动故障诊断实例说明改进的“规则＋例外”故障诊断规则获取模型的可行性和有效性。

4.4.1　诊断问题的描述

汽轮发电机组结构及振动的复杂性和耦合性使其故障具有多层次性、随机性等特点，难以通过理论分析的方法在故障原因和故障征兆之间建立对应的关系。因此，以神经网络、遗传算法、模糊技术、专家系统等人工智能技术为代表的智能故障诊断技术被广泛应用于汽轮发电机组振动故障诊断中，取得了较好的诊断效果[26-29]。在实际的故障诊断问题中，从汽轮发电机组采集的描述故障模式的信息可能是不一致的或矛盾的，如两个故障实例的故障征兆值相同而故障类型不同。不一致信息的存在，直接影响生成简洁、高效的诊断决策规则，影响了故障诊断的效率和实时性。由此可见，不一致性是汽轮发电机组振动故障诊断问题的一个普遍特征，如果能够提供一种解决问题的方法，即使对包含不一致信息的故障诊断数据，仍能提取出用于故障诊断的决策规则，则无疑是很有实际意义的。

本节针对汽轮发电机组故障诊断问题的上述特点，利用 4.3 节建立的改进的“规则＋例外”故障诊断规则获取模型解决汽轮发电机组振动故障诊断问题。

4.4.2　故障诊断决策表的建立

目前，已有不少文献对汽轮发电机组的振动故障机理进行分析及实验研究，得到了大量有关机组振动的典型故障征兆[27]。这些征兆大多以振动信号的频域特征来描述，本章以汽轮发电机组振动信号的频域特征频谱中(0.3～0.44)f、(0.45～0.6)f、1f、2f、3f、4f 和大于 4f （f为旋转频率）等 7 个不同频段上的幅值分量能量作为故障征兆属性[30]。

在确定了故障征兆属性之后，接下来的问题就是属性的离散化。目前，已提出了多种离散化方法，如等距离法、等频率法和最小熵法[31]。本章对所有的 7 个故障征兆首先进行归一化预处理，然后根据实践采用下述断点实现连续征兆属性的离散化：

如果 $c_i \in (0.35,1)$，则 $c_i \Rightarrow 1$，否则 $c_i \Rightarrow 0(i=1,2,3)$;

如果 $c_j \in (0.20,1)$，则 $c_j \Rightarrow 1$，否则 $c_j \Rightarrow 0(j=4,5,6,7)$。

对来自某汽轮发电机组振动故障的 30 个故障实例（组成了故障状态域）进行上述处理，得到如表 4.1 所示的原始故障诊断决策表。其中，故障征兆属性集合 $M=\{c_1, c_2, c_3, c_4, c_5, c_6, c_7\}$，$V_{ci}=\{0,1\}$，$i=1,2,\cdots,7$；决策属性 $D=\{d\}$，$V_d=\{d_1, d_2, d_3, d_4\}$，分别对应常见的三种故障（油膜振荡、不平衡和不对中）和常态。V_u表示相同实例的个数，$V_k=\{1, 2, 3\}$。

表 4.1　原始故障诊断决策表

U	V_u	c_1	c_2	c_3	c_4	c_5	c_6	c_7	d
u_1	1	1	1	1	0	0	1	0	d_1
u_2	2	1	1	1	0	0	0	0	d_1
u_3	1	0	1	1	0	0	0	0	d_1
u_4	3	1	1	0	1	1	1	1	d_1

续表

U	V_u	c_1	c_2	c_3	c_4	c_5	c_6	c_7	d
u_5	1	1	1	0	0	1	0	0	d_1
u_6	1	1	1	0	0	0	0	0	d_1
u_7	1	0	1	0	0	0	0	0	d_1
u_8	1	0	0	1	1	1	1	0	d_2
u_9	1	0	0	1	0	1	0	0	d_2
u_{10}	1	0	0	1	1	1	0	0	d_2
u_{11}	1	0	0	1	0	1	1	1	d_2
u_{12}	1	0	0	1	0	0	0	0	d_2
u_{13}	1	1	1	1	0	0	1	0	d_2
u_{14}	2	1	1	1	0	0	0	0	d_2
u_{15}	1	0	1	1	0	0	0	0	d_2
u_{16}	1	0	0	0	1	1	1	0	d_3
u_{17}	1	0	0	0	1	0	0	0	d_3
u_{18}	1	0	0	1	1	1	1	0	d_3
u_{19}	1	0	0	1	0	1	0	0	d_3
u_{20}	1	0	0	1	1	1	0	0	d_3
u_{21}	1	0	0	1	0	1	1	1	d_3
u_{22}	3	1	1	0	1	1	1	1	d_3
u_{23}	1	1	1	0	0	1	0	0	d_3
u_{24}	1	0	0	0	0	0	0	0	d_4

4.4.3　故障诊断规则、例外子表的形成

在原始故障诊断决策表中，可以认为故障状态域 U 中的每一个实例对应一条决策规则，规则的条件部分由故障征兆属性及其取值决定，规则的结论部分由决策属性及其取值决定。从表 4.1 中不难发现，实例 u_1 和 u_{13} 具有相同的征兆属性值，但它们具有不同的决策属性。这意味着在实例 u_1 和 u_{13} 之间存在矛盾。同理，实例 u_2 和 u_{14}、u_3 和 u_{15}、u_4 和 u_{22}、u_5 和 u_{23}、u_8 和 u_{18}、u_9 和 u_{19}、u_{10} 和 u_{20}、u_{11} 和 u_{21} 之间也存在矛盾。由此可见，表 4.1 中包含大量的不一致信息，这些不一致信息的存在，影响了进一步生成可用的诊断决策规则。由表 4.1 分割形成的规则子表和例外子表如表 4.2 和表 4.3 所示。

表 4.2　故障诊断规则子表

U	V_u	c_1	c_2	c_3	c_4	c_5	c_6	c_7	d
u_1	1	1	1	1	0	0	1	0	d_1
u_2	2	1	1	1	0	0	0	0	d_1
u_3	1	0	1	1	0	0	0	0	d_1

续表

U	V_u	c_1	c_2	c_3	c_4	c_5	c_6	c_7	d
u_4	3	1	1	0	1	1	1	1	d_1
u_5	1	1	1	0	0	1	0	0	d_1
u_6	1	1	1	0	0	0	0	0	d_1
u_7	1	0	1	0	0	0	0	0	d_1
u_8	1	0	0	1	1	1	1	0	d_2
u_9	1	0	0	1	0	1	0	0	d_2
u_{10}	1	0	0	1	1	1	0	0	d_2
u_{11}	1	0	0	1	0	1	1	1	d_2
u_{12}	1	0	0	1	0	0	0	0	d_2
u_{16}	1	0	0	0	1	1	1	0	d_3
u_{17}	1	0	0	0	1	0	0	0	d_3
u_{24}	1	0	0	0	0	0	0	0	d_4

表 4.3　故障诊断例外子表

U	V_u	c_1	c_2	c_3	c_4	c_5	c_6	c_7	d
u_{13}	1	1	1	1	0	0	1	0	d_2
u_{14}	2	1	1	1	0	0	0	0	d_2
u_{15}	1	0	1	1	0	0	0	0	d_2
u_{18}	1	0	0	1	1	1	1	0	d_3
u_{19}	1	0	0	1	0	1	0	0	d_3
u_{20}	1	0	0	1	1	1	0	0	d_3
u_{21}	1	0	0	1	0	1	1	1	d_3
u_{22}	3	1	1	0	1	1	1	1	d_3
u_{23}	1	1	1	0	0	1	0	0	d_3

4.4.4　故障征兆属性约简

众所周知，故障诊断决策表通常包含不相关和多余的故障征兆，它们的存在使得难以获取简单有效的决策。故障征兆属性约简就是从原始的故障征兆属性集合中寻求属性数目最小的征兆子集的过程。当约简故障征兆属性时，应在不损失故障诊断决策表的数据信息的前提下，去掉冗余的故障征兆，以最简的方式表示决策表中故障征兆属性和决策属性的关系。在已知的关于粗糙集知识约简的研究成果中，Skowron 等[32]提出的分辨矩阵为求取故障征兆属性的最小约简提供了很好的思路。因此，利用分辨矩阵形成的分辨函数求取约简成为一种广泛应用的方法。但是文献[33]指出，基于分辨矩阵的约简策略是不完备的。为此，结合分辨矩阵的含义，本章提出用遗传算法（GA）的全局寻优能力求取最小约简。

定义 4.1　令 $\mathrm{FDDS}=\langle U, M\cup D, V_A, f_A, V_k, f_k\rangle$ 是一个给定的故障诊断决策系统，

$U=\{u_1, u_2,\cdots, u_n\}$，$f_a(u_i)$是实例 u_i 在故障征兆属性 $a\in M$ 上的取值。$f_D(u_i)$是实例 u_i 在故障决策属性集合 D 上的取值。FDDS 的分辨矩阵定义为 $M_{\mathrm{DS}}=(c_{ij})_{n\times n}$，$M_{\mathrm{DS}}(i,j)$ 表示分辨矩阵中第 i 行第 j 列的元素，则分辨矩阵 M_{DS} 可用一个 $n\times n$ 的矩阵表示如下：

$$M_{\mathrm{DS}}(i,j)=\begin{cases}\{a\in M: f_a(u_i)\neq f_a(u_j)\}, & f_D(u_i)\neq f_D(u_j)\\ 0, & f_D(u_i)=f_D(u_j)\\ \varnothing, \forall a\in M, f_a(u_i)=f_a(u_j), f_D(u_i)\neq f_D(u_j) & \end{cases},\quad i,j=1,2,\cdots,n \tag{4.1}$$

根据分辨矩阵的定义可知，当两个实例的故障决策属性取值不同($f_D(u_i)\neq f_D(u_j)$)且可以通过某些征兆属性的取值不同（$f_a(u_i)\neq f_a(u_j)$）加以区分时，它们所对应的分辨矩阵元素的取值为这两个实例中征兆属性值不同的征兆属性集合，即可以区分这两个实例的征兆属性集合；当两个实例的故障决策属性取值相同($f_D(u_i)=f_D(u_j)$)时，它们对应的分辨矩阵元素的取值为 0；当两个实例发生不一致（矛盾）时，即所有的征兆属性取值相同（$\forall a\in M$, $f_a(u_i)=f_a(u_j)$）而决策属性取值不同($f_D(u_i)\neq f_D(u_j)$)时，它们所对应的分辨矩阵中的元素取值为空集。因此，分辨矩阵中包含了 FDDS 中所有实例之间的区分信息，而且分辨矩阵是否包含空集元素可以作为判定 FDDS 是否包含不一致（矛盾）信息的依据。

设 S 是 FDDS 的分辨矩阵 M_{DS} 中所有属性组合的集合，且 S 中不包含重复项，描述为 $B_i\in S$，$B_j\in S$，$B_i\neq B_j$（$i,j=1,2,\cdots,s$）。这样，结合分辨矩阵，利用遗传算法从 FDDS 中求取故障征兆属性的最小约简的步骤如下：

（1）将求取最小约简的解编码成 7 位二进制染色体，依次对应表 4.2 中的故障征兆属性 $c_1, c_2, c_3, c_4, c_5, c_6, c_7$。每位基因由 0 或 1 组成，代表优化空间的一个解，0 表示此属性在最小约简中是冗余的，可以去掉，1 表示此属性在最小约简中不可忽略。每个染色体 R 都表示一个可能的最小约简。

（2）选取适应函数。本章中的适应函数定义为[34]

$$f(R)=\frac{\mathrm{card}(M)-\mathrm{card}(R)}{\mathrm{card}(M)}+\frac{\mathrm{card}([B_i\mid\forall B_i\in S, B_i\cap R\neq\varnothing])}{\mathrm{card}(S)} \tag{4.2}$$

其中，第 1 项是激励搜索策略朝 M 中属性组合数最小的约简方向搜索，即要求最小约简中包含的征兆属性个数尽量少；第 2 项是确保 R 与 S 中每个属性组合 B_i 都有重合属性（$\forall B_i\in S, B_i\cap R\neq\varnothing$），即保证 R 包含故障诊断决策表中的所有实例之间的区分信息。式中，card(M)和 card(S)为在遗传操作中不变的常量，分别表示集合 M 和 S 中包含元素的个数。

（3）以上面定义的适应函数为目标函数，通过遗传操作，如交叉、变异和反转，实现优化搜索。

应用上述约简算法求得最优的染色体串为 0111000，表示求得的最小约简为 $\{c_2, c_3, c_4\}$，由该最小约简形成的故障诊断规则子表如表 4.4 所示（已将表中约简后形成的相同实例进行了合并）。

表 4.4　经过征兆属性约简的故障诊断规则子表

U	V_u	c_2	c_3	c_4	d
u_1'	4	1	1	0	d_1
u_2'	3	1	0	1	d_1
u_3'	3	1	0	0	d_1
u_4'	2	0	1	1	d_2
u_5'	3	0	1	0	d_2
u_6'	2	0	0	1	d_3
u_7'	1	0	0	0	d_4

为了评价经过属性约简之后故障征兆属性的减少程度，本章提出属性约简效果衡量指标，即属性约简率：

$$E = [1 - \text{card}(R) / \text{card}(M)] \times 100\% \tag{4.3}$$

其中，card(M)为原始故障诊断决策表中征兆属性的个数，card(R)为获得的最小约简中征兆属性的个数。属性约简率表达约简掉的属性占原决策表的征兆属性的比例，反映故障征兆属性中包含冗余信息的多少，即属性约简率越大，原故障诊断决策表中包含的冗余信息越多。

根据式（4.3）可知，本章采用基于遗传算法的征兆属性约简算法求得的最小约简的属性约简率 E 为 57%。

4.4.5　故障征兆属性值约简及评价指标

经过故障征兆属性约简的表 4.4 可以看成一个决策规则集合，每条决策规则都精确地对应约简后的决策表中的一个故障实例。这样的决策规则可以通过去掉某些条件进一步泛化。粗糙集中，在不丢失基本信息的情况下，尽可能去掉冗余的条件属性值的操作称为值约简，得到的规则称为最大泛化规则[35]。

本章采用下述的值约简算法来化简表 4.4 中每个实例对应的决策规则：

（1）对于表 4.4 中的一个实例，去掉一个故障征兆属性，然后检查其与表中其他实例是否产生新的矛盾。

（2）如果产生了新的矛盾，则恢复去掉的故障征兆属性；否则转到（3）。

（3）对该实例的所有故障征兆属性进行与（1）、（2）相同的操作，得到该实例对应的泛化决策规则。

（4）对表 4.4 中所有实例进行与（1）、（2）、（3）相同的操作，得到对应的泛化决策规则集。

（5）在对决策规则进行值约简之后，需要对获得的最大泛化决策规则给出恰当的评价参数，对其进行合理的度量。

令$\{r_1, r_2,\cdots, r_n\}$是一个最大泛化决策规则集，每一个 r_i 都确定了一个序列 $c_1(r_i), c_2(r_i),\cdots, c_n(r_i), d_1(r_i), d_2(r_i),\cdots, d_m(r_i)$。其中 $M'=\{c_1, c_2,\cdots, c_n\}$是故障征兆属性集合 M 的子集，$\{d_1, d_2,\cdots, d_m\}$是决策属性集合 D。这个序列称为由 r_i 归纳的决策规则，表示为 r_i: $c_1(r_i), c_2(r_i),\cdots,c_n(r_i)\rightarrow d_1(r_i), d_2(r_i),\cdots, d_m(r_i)$。

本章首先用决策规则的支持量作为每个决策规则 r_i 的评价指标，将支持量描述为：在整个故障诊断决策表中，同时满足规则 r_i 的条件部分 $M'(r_i)$和决策部分 $D(r_i)$的实例的数量函数值，即支持规则 r_i 的实例的个数，表示为

$$\sup(r_i) = f_k\left(M'(r_i) \cap D(r_i)\right) \tag{4.4}$$

根据支持量的定义，很容易得到故障诊断决策规则置信度 $\text{cer}(r_i)$ 的表示形式，即 $\text{cer}(r_i) = \sup(r_i) / f_k(M'(r_i))$。对于一致的故障诊断决策表，常选用支持量作为评价指标，对于不一致的故障诊断决策表，常选用置信度作为评价指标。

支持量（或置信度）只能评价依据该决策规则得到正确结论的支持实例，而不能表达该决策规则在决策表的同类决策中的覆盖程度，即该决策规则是基于多少决策相同的实例而得到，这一信息在故障诊断中是很重要的。因此，本章又引入决策规则的覆盖度，定义如下[36]：

$$\text{cov}(r_i) = f_k(M'(r_i) \cap D(r_i)) / f_k(D(r_i)) \tag{4.5}$$

其中，$f_k(D(r_i))\neq 0$。$f_k(M'(r_i) \cap D(r_i))$为满足规则 r_i 的条件部分 $M'(r_i)$和决策部分 $D(r_i)$的实例的数量函数值，即支持规则 r_i 的实例的个数；$f_k(D(r_i))$为满足规则 r_i 的决策部分 $D(r_i)$的实例的数量函数值。因此，覆盖度表达了在整个故障诊断决策表中，支持 r_i 的实例在与 r_i 具有相同决策部分的实例中的比例，即反映了 r_i 的覆盖程度。

使用决策规则时，希望规则的条件部分包含的属性越少越好，为了评价故障诊断决策规则的这种性质，本书引入规则的条件长度作为故障诊断决策规则精简性的度量，定义如下：

$$\text{len}(r_i) = \text{card}\left(M'(r_i)\right) \tag{4.6}$$

一般地，随着规则条件部分属性的增多，规则的支持量降低，即规则更加详细和精确，但不具有简洁性和一般性。

表 4.5 中的后三列给出了按上述评价指标计算得到的各最大泛化决策规则的支持量、覆盖度和条件长度。

（6）对获得的泛化决策规则集，利用吸收合并的方法进行集合操作，删除条件部分更为特殊的决策规则，得到一个最大泛化决策规则集。

应用上述算法，对表 4.4 进行值约简，并将其表示成决策规则的形式，得到如表 4.5 所示的最大泛化决策规则集。

表 4.5　最大泛化决策规则集

序号	最大广义决策规则集	支持量	覆盖度	条件长度
r_1	$c_2=1\rightarrow d=d_1$	10	1	1
r_2	$c_3=1, c_4=1\rightarrow d=d_2$	2	0.4	2
r_3	$c_2=0, c_3=1\rightarrow d=d_2$	5	1	2
r_4	$c_2=0, c_3=0, c_4=1\rightarrow d=d_3$	2	1	3
r_5	$c_2=0, c_3=0, c_4=0\rightarrow d=d_4$	1	1	3

4.4.6　例外的形成及其评价

根据例外整体记忆的策略，对故障诊断例外子表中的实例不进行任何约简，直接形成决策规则，并利用前面定义的支持量作为每个例外的评价指标，由表 4.3 形成的例外如表 4.6 所示。

表 4.6　例外集

序号	例外集	支持量
e_1	$c_1=1, c_2=1, c_3=1, c_4=0, c_5=0, c_6=1, c_7=0\rightarrow d=d_2$	1
e_2	$c_1=1, c_2=1, c_3=1, c_4=0, c_5=0, c_6=0, c_7=0\rightarrow d=d_2$	2
e_3	$c_1=0, c_2=1, c_3=1, c_4=0, c_5=0, c_6=0, c_7=0\rightarrow d=d_2$	1
e_4	$c_1=0, c_2=0, c_3=1, c_4=1, c_5=1, c_6=1, c_7=0\rightarrow d=d_3$	1
e_5	$c_1=0, c_2=0, c_3=1, c_4=0, c_5=1, c_6=0, c_7=0\rightarrow d=d_3$	1
e_6	$c_1=0, c_2=0, c_3=1, c_4=1, c_5=1, c_6=0, c_7=0\rightarrow d=d_3$	1
e_7	$c_1=0, c_2=0, c_3=1, c_4=0, c_5=1, c_6=1, c_7=1\rightarrow d=d_3$	1
e_8	$c_1=1, c_2=1, c_3=0, c_4=1, c_5=1, c_6=1, c_7=1\rightarrow d=d_3$	3
e_9	$c_1=1, c_2=1, c_3=1, c_4=0, c_5=1, c_6=0, c_7=0\rightarrow d=d_3$	1

4.4.7　诊断问题的求解

利用所获得的最大泛化决策规则集，很容易建立用于故障诊断的决策规则库，在将待诊实例与规则库中的决策规则进行匹配后，返回的诊断决策规则集可以分为下面几种情况[25]：

（1）规则集为空；

（2）规则集中有一条规则；

（3）规则集中有多条规则，且结论一致；

（4）规则集中有多条规则，且结论不一致。

对于第（1）种情况，说明根据现有的对故障问题的认识程度，还不能对该新的故障状态做出足够可信的故障决策；对于第（2）和（3）种情况，只需要把结论输出即可；对于第（4）种情况，需要对所有的结论进行综合评价。假设与待诊实例相匹配的诊断决策规则共有 $d_1,d_2,\cdots,d_r$ 个不同的诊断结论，其中支持 d_j 的决策规则为 $r_1,r_2,\cdots,r_m$，本章采用如下方法进行综合评价。

首先计算支持 d_j 的所有决策规则的支持量之和，即

$$\sup(d_j)=\sum_{i=1}^{m}\sup(r_i) \tag{4.7}$$

从计算得到的 $\sup(d_1), \sup(d_2), \cdots, \sup(d_r)$中，选取值最大的诊断决策规则的结论作为待诊状态的诊断结论；如果所有的 $\sup(d_1), \sup(d_2), \cdots, \sup(d_r)$都相等，则继续计算支持 d_j 的所有决策规则的覆盖度之和，即

$$\mathrm{cov}(d_j)=\sum_{i=1}^{m}\mathrm{cov}(r_i) \tag{4.8}$$

从计算得到的 $\mathrm{cov}(d_1), \mathrm{cov}(d_2), \cdots, \mathrm{cov}(d_r)$中，选取值最大的诊断决策规则的结论作为待诊状态的最后诊断结论。

4.4.8　与其他方法的比较

在基于粗糙集理论的故障诊断规则获取中，通常的做法是针对故障诊断决策表中包含的冗余和不一致信息，利用粗糙集中有关知识约简的理论，进行故障征兆属性约简和值约简，得到由可能规则和确定规则组成的一个最大泛化决策规则集，从而建立起故障诊断规则库，本章将其称为基本方法。按照上述方法，由原始故障诊断决策表 4.1 得到的故障诊断最大泛化决策规则集如表 4.7 所示。

表 4.7　由基本方法得到的最大泛化决策规则集

序号	最大泛化决策规则集	置信度	覆盖度
r_1	$c_2=1, c_5=0\to d=d_1$	0.6	0.6
r_2	$c_2=1, c_3=1\to d=d_1$	0.5	0.4
r_3	$c_2=1, c_4=1\to d=d_1$	0.5	0.3
r_4	$c_3=0, c_4=0, c_5=1\to d=d_1$	0.5	0.1
r_5	$c_2=1, c_4=0, c_5=1\to d=d_1$	0.5	0.1
r_6	$c_2=1, c_3=0, c_4=0\to d=d_1$	0.75	0.3
r_7	$c_3=1, c_4=1\to d=d_2$	0.5	0.22
r_8	$c_2=1, c_3=1\to d=d_2$	0.5	0.44
r_9	$c_3=1, c_5=0\to d=d_2$	0.56	0.56
r_{10}	$c_3=1, c_4=0, c_5=1\to d=d_2$	0.5	0.22

续表

序号	最大泛化决策规则集	置信度	覆盖度
r_{11}	c_2=0, c_4=0, c_5=1→d=d_2	0.5	0.22
r_{12}	c_2=0, c_3=1, c_4=0→d=d_2	0.6	0.33
r_{13}	c_3=1, c_4=1→d=d_3	0.5	0.2
r_{14}	c_2=0, c_4=1→d=d_3	0.67	0.4
r_{15}	c_2=1, c_4=1→d=d_3	0.5	0.3
r_{16}	c_3=0, c_4=1→d=d_3	0.63	0.5
r_{17}	c_4=1, c_5=0→d=d_3	1	0.1
r_{18}	c_3=1, c_4=0, c_5=1→d=d_3	0.5	0.2
r_{19}	c_2=0, c_4=0, c_5=1→d=d_3	0.5	0.2
r_{20}	c_3=0, c_4=0, c_5=1→d=d_3	0.5	0.1
r_{21}	c_2=1, c_4=0, c_5=1→d=d_3	0.5	0.1
r_{22}	c_2=0, c_3=0, c_5=1→d=d_3	1	0.1
r_{23}	c_2=0, c_3=0, c_4=0→d=d_4	1	1

由于原始故障诊断决策表包含不一致信息，所以在表 4.7 中选用置信度评价获取的诊断决策规则的确定程度，并利用此指标将从包含不一致信息的故障诊断决策表中获取的规则区分为确定规则和可能规则。如果 $\text{cer}(r_i)=1$，则 r_i 称为确定诊断决策规则；如果 $0<\text{cer}(r_i)<1$，则 r_i 称为可能诊断决策规则。

另外，由于本章采用了改进的“规则＋例外”故障诊断决策规则获取模型，在针对故障诊断规则子表的规则获取之前，已经剔除了其中的不一致信息，所以针对故障诊断规则子表获得的故障诊断决策规则都是置信度为 1 的确定规则。因此，在表 4.5 中没有出现各条最大泛化决策规则的置信度指标，而选用支持量作为评价指标。

为了与本章提出了方法进行比较，下面对这两种方法获取的故障诊断决策规则集合进行比较，结果如表 4.8 所示。

表 4.8　两种模型的诊断结果比较

对比指标	诊断模型	
	“规则＋例外”模型	基本方法
规则数量	5	23
规则平均支持实例数	4	2.6
确定规则数量	5	3
可能规则数量	—	20
规则条件平均长度	2.2	2.5
例外数量	9	—

规则数量和规则条件平均长度主要表达故障诊断决策规则的精简程度；规则平均支持实例数定义为规则支持的实例与规则个数的比值，主要表达故障诊断决策规则的有效冗余程度，该值越大，对不完备故障诊断待诊实例的匹配能力越强；确定规则数量和可能规则数量表达故障诊断决策规则的置信程度，即依据该决策规则得到正确结论的概率估计。

4.5　故障诊断知识获取模型结构

在上述基础上，本节建立基于不一致信息的故障诊断模型，即改进的“规则+例外”故障诊断规则获取模型，其结构如图 4.1 所示。

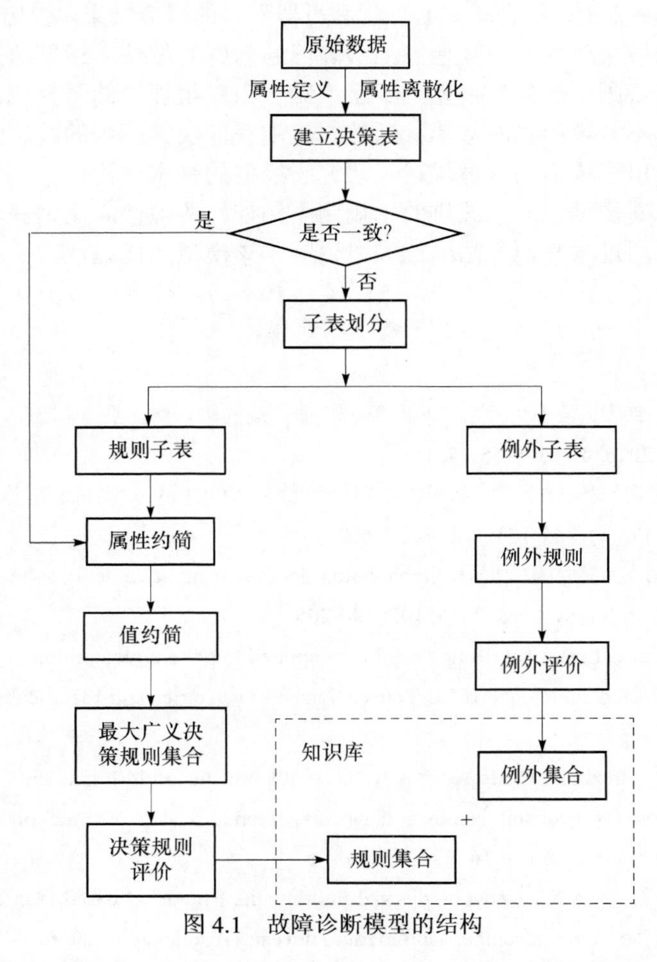

图 4.1　故障诊断模型的结构

该模型从描述故障状态的原始数据出发，通过属性定义、属性离散化，建立故障诊断决策表，如果故障诊断决策表中含有不一致信息，则将原故障诊断决策表划分成两个互不相交的子表，对故障诊断规则子表进行故障征兆属性约简和值约简，得到最大广义决策规则集合，对其进行评价，建立精简的故障诊断规则集合；对故障诊断例外子表，直接形成例外规则，并对其进行评价，建立例外集合。如果故障诊断决策表是一致的，则跳转到故障征兆属性约简步骤。最后由规则集合和例外集合形成故障诊断知识库。

4.6 本章小结

本章首先分析了故障诊断信息不一致的原因，探讨了故障诊断实例样本集的规律性。在此基础上，综合认知心理学和机器学习的研究结果，提出采用“规则＋例外”的方法解决包含不一致信息的故障诊断问题的方法。根据认知心理学和机器学习中的“规则＋例外”模型的不足，结合粗糙集理论的研究成果，提出了一种适合从包含不一致信息的故障诊断数据集中获取决策规则的改进的“规则＋例外”模型，给出了模型的具体描述，研究了模型的基本结构，并结合汽轮发电机组振动故障诊断实例说明了改进的“规则＋例外”故障诊断规则获取模型的可行性和有效性，通过与其他方法的比较，说明了该模型的优越性。

参考文献

[1] 范翔宇, 王红卫, 索中英, 等. 基于粗糙集-信息熵的辐射源威胁评估方法. 北京航空航天大学学报, 2016, 42(8): 1755-1761.

[2] 曹愈远, 张建, 李艳军, 等. 基于模糊粗糙集和 SVM 的航空发动机故障诊断. 振动、测试与诊断, 2017, (1): 169-173.

[3] Xu W, Guo Y. Generalized multigranulation double-quantitative decision-theoretic rough set. Knowledge-Based Systems, 2016, 105: 190-205.

[4] Peng X, Wen J, Li Z, et al. Rough set theory applied to pattern recognition of partial discharge in noise affected cable data. IEEE Transactions on Dielectrics and Electrical Insulation, 2017, 24(1): 147-156.

[5] Kumar S S, Inbarani H H, Azar A T, et al. Optimistic multi-granulation rough set-based classification for neonatal jaundice diagnosis. International Workshop on Soft Computing Applications, Timisoara, 2016: 374-382.

[6] Zhao R, Li C, Tian X. A novel industrial multimedia: Rough set based fault diagnosis system used in CNC grinding machine. Multimedia Tools and Applications, 2016: 1-14.

[7] Kumar S U, Inbarani H H. Neighborhood rough set based ECG signal classification for

diagnosis of cardiac diseases. Soft Computing, 2016: 1-13.

[8] Raza M S, Qamar U. A hybrid feature selection approach based on heuristic and exhaustive algorithms using rough set theory. ACM Conference on Internet of Things and Cloud Computing, Cambridge, 2016: 47.

[9] 尹旭日. 数据挖掘知识发现研究. 南京: 南京大学博士学位论文, 2001.

[10] Nancy J Y, Khanna N H, Kannan A. A bio-statistical mining approach for classifying multivariate clinical time series data observed at irregular intervals. Expert Systems with Applications, 2017, 78: 283-300.

[11] Ju H, Li H, Yang X, et al. Cost-sensitive rough set: A multi-granulation approach. Knowledge-Based Systems, 2017, 123: 137-153.

[12] Nalavade J E, Murugan T S. HRNeuro-fuzzy: Adapting neuro-fuzzy classifier for recurring concept drift of evolving data streams using rough set theory and holoentropy. Journal of King Saud University-Computer and Information Sciences, 2016, DOI:10.1016/j.jksuci.2016.11.005.

[13] Cai Z, Wang Y, Dong G. The quality evaluation of urban community elderly care: Data mining based on rough set method. Population & Economics, 2016, 217: 82-90.

[14] Niu Y. Research on big data mining algorithm based on rough set. Modern Electronics Technique, 2016, 39(7): 115-119.

[15] Poole D. Logical framework for default reasoning. Artificial Intelligence, 1988, 36(1): 27-47.

[16] 邓维斌. 不确定性信息处理的优势关系粗糙集方法研究. 成都: 西南交通大学博士学位论文, 2015.

[17] Yu X, Wang C. A graded rough set with variable precision over two inconsistent and related universes. IEEE International Conference on Natural Computation, Fuzzy Systems and Knowledge Discovery, Changsha, 2016: 955-959.

[18] Inbarani H H, Kumar S U, Azar A T, et al. Hybrid rough-bijective soft set classification system. Neural Computing and Applications, 2016: 1-12.

[19] 李永敏, 朱善君, 陈湘晖, 等. 基于粗糙集理论的数据挖掘模型. 清华大学学报, 1999, 39(1): 110-113.

[20] Mollestad T, Skowron A. rough set framework for data mining of propositional default rules. Proceedings of the 9th International Symposium on Methodologies of Intelligent System, Zakopane, 1996: 448-457.

[21] Khoo L P, Zhai L Y. A rough set approach to the treatment of continuous-valued attributes in multi-concept classification for mechanical diagnosis. Artificial Intelligence for Engineering Design, Analysis and Manufacturing, 2001,15(3): 211-221.

[22] 周育健. “规则＋例外”的学习与机器学习. 北京: 中国科学院自动化研究所硕士学位论文, 1996.

[23] Medin D L, Schaffer M M. Context theory of classification learning. Psychological Review, 1978, 85(3): 207-238.

[24] Nosofsky R, Palmeri T, McKinley S. Rule-plus-exception model of classification learning. Psychological Review, 1994, 101(1): 53-79.

[25] Slowinski R, Stefanowski J. Rough Classification with Valued Closeness Relation//Diday E, Lechevallie Y, Schader M, et al. New Approaches in Classification and Data Analysis Studius in Classification, Data Analysis, and Knowledge Organization. Berlin: Springer, 1994: 482-489.

[26] 杨苹, 吴捷, 冯永新. 200MW 汽轮发电机组振动故障的模糊诊断系统. 电力系统自动化, 2001, 25(10): 45-49.

[27] 万书亭, 李和明. 汽轮发电机组振动故障诊断中的改进BP算法. 电力系统自动化, 2002, 26(6): 55-58.

[28] 蒋东翔, 倪维斗. 大型汽轮发电机组混合智能诊断方法的研究. 清华大学学报, 1999, 39(3): 75-78.

[29] 陈长征, 刘强. 概率因果网络在汽轮机故障诊断中的应用. 中国电机工程学报, 2001, 21(3): 78-81.

[30] Ou J, Sun C X, Bi W M, et al. A steam turbine-generator vibration fault diagnosis method based on rough set. International Conference on Power System Technology Proceedings, Kunming, 2002, (3): 1532-1534.

[31] Shen L X, Tay F E, Qu L S, et al. Fault diagnosis using rough sets theory. Computers in Industry, 2000, 43(1): 61-72.

[32] Skowron A, Rauszer C. The discernibility matrices and functions in information system. Theory and Decision Library, 2012, 11: 331-362.

[33] Wang J, Wang J. Reduction algorithms based on discernibility matrix: The ordered attributes method. Computational Intelligence, 2001,16(6): 489-504.

[34] Ohrn A. Discernibility and rough sets in medicine: Tools and applications. Trondheim: Norwegian University of Science and Technology, 1999.

[35] Hu X H, Cercone N. Discovering maximal generalized decision rules through horizontal and vertical data reduction. Computational Intelligence, 2001, 17(4): 685-702.

[36] Pawlak Z. Theorize with data using rough sets. The 26th Annual International Computer Software and Applications Conference, Oxford, 2002: 1125-1128.

第 5 章　滚动轴承早期故障微弱信号检测

5.1　引　　言

滚动轴承是机械中最常用的零部件之一，几乎所有的带有旋转部件的机械都有滚动轴承。滚动轴承也是容易出现故障的零件，在旋转机械中，有 30%的故障是由轴承引起的[1]。滚动轴承的任何轻微故障都有可能改变部件的运转状态，进而牵连其他部件，引起一连串的连锁反应，导致设备性能下降，甚至发生故障。随着基础学科和前沿学科的不断发展和交叉渗透，机械故障诊断学在基础理论和技术方法上不断创新，取得了令人瞩目的成就。目前，人们对滚动轴承中晚期故障已经有了较为成熟的诊断方法，但是对早期故障的诊断还不是很成熟[2]。人们期望对故障的发生和发展能够防微杜渐，提前预防而不是亡羊补牢。所以，提取滚动轴承的微弱故障信号，特别是早期故障微弱信号，是设备状态监测和故障诊断的关键。

5.1.1　滚动轴承故障诊断技术发展

滚动轴承早期故障是指处于故障的早期阶段，局部缺陷和损伤比较小，具有症状不明显、特征信号微弱、故障信号被噪声信号掩盖、信噪比低等特点。一般在原始信号的时域，频谱和功率谱中看不出明显的故障特征。正是由于这些特点，对滚动轴承早期故障的检测成为国际故障诊断领域的前沿与挑战。

20 世纪 60 年代开始，人们开始进行滚动轴承状态检测和故障诊断。其后 20 多年的时间，由于计算机技术和信号处理技术的发展，各种滚动轴承故障诊断方法不断涌现和完善。常用的滚动轴承故障诊断技术有振动信号分析、声发射分析、油液分析等。其中应用最广泛、技术最成熟的是振动信号分析诊断技术。一般来说，滚动轴承故障诊断技术的发展可分为以下四个阶段[3]。

第一阶段：频谱分析诊断法。20 世纪 60 年代，人们将传感器检测到的振动信号放大后直接进行傅里叶变换，得到振动信号的频谱。但这样得到的频谱受噪声的污染相当严重，只能检测很严重的轴承故障。

第二阶段：冲击脉冲诊断法。20 世纪 60 年代末，瑞典仪器公司开发了一种冲击脉冲计（shock pulse meter, SPM）来检测轴承故障。滚动轴承元件表面受损后，在受载情况下滚动体和局部缺陷接触时会产生冲击，进而引起高频压缩波。冲击脉冲诊断法就是通过检测高频压缩波的幅值来判断轴承是否存在故障。

第三阶段：共振解调诊断法。1974 年，波音公司发明了“共振解调分析系统”专利技术，这种技术发展成现在的共振解调技术。这种方法先通过带通滤波分离出共振（固有）频率附近的信号成分，再对分离出来的信号成分进行包络解调和包络谱分析。与冲击脉冲诊断法相比，共振解调诊断法不仅能诊断出轴承是否有故障，还能判断出故障所在的轴承元件。

第四阶段：基于微机的滚动轴承工况检测。20 世纪 80 年代以后，计算机技术发展迅速，越来越多的学者开始研究微机检测滚动轴承工况信息。由于微机检测系统有实时性强、在线检测等优点，此方法越来越普及，特别是在一些高精密关键设备上。

除此之外，还有其他方法和技术用来分析轴承故障的振动信号，如幅值信号的均方根值、峰值因子（峰值/均方根值）、峭度等。

从 20 世纪 60 年代开始，经过世界各地的众多研究人员半个世纪的努力，滚动轴承故障诊断技术从理论走向了应用阶段。目前，美国、日本、俄罗斯、英国等工业发达国家先后开发了基于微机的滚动轴承状态监测和故障诊断系统，如美国 Bently 公司开发的 REBAM 系统和俄罗斯 VAST 公司开发的 DREAM 滚动轴承自动诊断系统。

国内的滚动轴承诊断技术起步较晚，但是也取得了突出的成就。中国航空工业集团公司 608 研究所唐德尧等在 20 世纪 80 年代开发了 JK8342 轴承齿轮故障分析仪和 JK86411 铁路货车轮对轴承不分解自动诊断系统。南京航空航天大学赵淳生等开发了 MDS 系列滚动轴承故障诊断系统。

5.1.2　常用的滚动轴承故障信息提取方法

目前比较常用的滚动轴承故障信息提取方法主要有以下几种：振动信号分析诊断[4]、声发射诊断[5]、油液分析诊断[6]、温度诊断方法[7]、光纤检测技术[8]。在以上检测技术中，振动信号分析诊断技术使用最多，也是目前最有效的检测技术之一。其他几种诊断方法都是作为辅助诊断方法或者在某些难以进行振动信号检测的特殊场合下使用。基于振动信号的滚动轴承故障信息检测技术的研究主要集中在以下几个方面。

1. 时域分析法

时域分析法是最早出现的检测方法。通过对时域振动信号的有效值、峰值、无量纲因子（峭度等）等数字特征进行分析，从而判断滚动轴承的故障程度。实践表明，时域分析法在初步判断滚动轴承有无故障时是有效的，但是要进一步判断故障发生在哪个元件上，效果并不好。时域分析需要健康轴承的振动数据作为参考，并且受载荷和背景噪声的干扰很大，所以在精确诊断上的应用不多。

2. 频域分析法

目前，应用比较广泛的频域分析法是共振解调诊断法[9,10]，也称为包络分析法。滚动体与滚道在局部损伤处接触时，会产生冲击，这个冲击在传感器处的响应是一个衰减振荡，振荡的频率是轴承系统的固有频率，这些衰减振荡包含了主要的故障冲击信息。基于这个理论基础，这种方法用一个带通滤波器将振动信号中轴承系统固有频率附近的成分（主要是故障冲击脉冲响应）过滤出来。对过滤出来的成分进行包络解调，再将包络信号转换到频域，得到包络谱，包络谱将会展示出很多故障信息。目前常用的滚动轴承故障诊断技术很多都是在共振解调诊断法的基础上发展而来的。

3. 时频分析法

滚动轴承故障信号常常是非线性非平稳的，在不同的时刻振动信号的频率组成是不同的。为了处理非平稳信号，人们相继提出并发展了一系列新的信号处理方法。时频分析也是当今滚动轴承故障信息提取技术的研究热点。

一部分学者对时间和频率进行联合分析，研究时间和频率的联合分布和时变频率，按照这一思路，提出了短时傅里叶变换[11,12]、Wigner-Ville[13,14]时频分布和小波分析[15,16]等卓有成效的信号分析方法。

1984 年，法国的 Morlet 等[17]首次提出了小波变换。1986 年，Meyer 等[18]创造性地构造了二进伸缩、平移的小波基函数，掀起了小波研究的热潮。连续小波变换提供的局部化是变化的，高频处有较高的时间分辨率，低频处有较高的频率分辨率。小波变换的这一特性使之非常适合处理存在突变的信号，因而在滚动轴承故障诊断中有着广泛的应用。

但问题并没有完全得到解决，一般时频分析法的基函数是比较固定的，缺少自适应性。在小波变换中，准确选择小波基函数无论在理论上还是在实际中都是一个难点。不同的小波基函数有不同的特性，对信号的分析效果也不一样。即使从全局出发，选择了最佳的小波函数，但对某个局部来说可能并不是最好的，甚至是最差的。

黄锷等从信号的瞬时频率出发，于 1998 年提出了经验模态分解（empirical mode decomposition, EMD）法，之后在此基础上提出了希尔伯特-黄变换（Hilbert-Huang transform, HHT）[19-21]。HHT 是分析非稳定非线性数据的有效方法，其最大特点是彻底摆脱了一直以来傅里叶变换思想体系的束缚。该方法先定义了瞬时频率（instantaneous frequency, IF），并在此基础上提出了内禀模态函数（intrinsic mode function，IMF）的概念。通过 EMD 法可以将任意信号分解为信息自身所固有的从高频到低频的具有物理可实现性的 IMF 信号的叠加[19]。对每个 IMF 分量进行 Hilbert 变换就可得到瞬时频率和瞬时幅值，从而得到信号的 Hilbert

谱，Hilbert 谱能表示完整的时间频率分布。

但是 HHT 受噪声的影响很大，噪声的存在很容易使计算得到的瞬时频率和信号中有用成分在该时刻的频率之间出现较大的误差[22]。而滚动轴承早期故障信号之所以微弱，就是因为背景噪声足以淹没故障信息，这一点很大程度上限制了 HHT 在滚动轴承微弱故障信息检测中的应用。

5.1.3 滚动轴承早期故障信息提取面临的问题

滚动轴承的早期故障具有症状不明显、特征信息微弱的特点，而且常常被机械设备运行过程中的噪声所淹没。由于结构或空间的限制，滚动轴承的振动状态常常不能被直接观察和测量，只能间接地在远离或包含滚动轴承的物体（如轴承座）上测量，这样的测量无形中增加了一些传输介质，而传输过程中会混入噪声。另外，在传感器转换信号和电路转换及放大信号过程中也会带进“噪声”（误差）。这些噪声相对于故障信号都属于背景噪声，背景噪声的存在大大增加了微弱故障信息提取的难度。所以，研究微弱故障信息提取技术成为滚动轴承早期故障诊断的难点。

Sawalhi 和 Randall[23]提出了一个半自动滚动轴承故障诊断的步骤：振动信号经过阶次追踪、谐波成分分离和消噪等预处理，最后通过包络解调来得到想要的故障信息。但是在实际情况中，从振源到传感器的传输通道的阻尼较小，使得传感器检测到的冲击响应衰减较慢，往往要持续振荡好多次。这导致相邻故障冲击引起的衰减振荡甚至会相互重叠，这种情况在高速轴承中更加明显。Sawalhi 等[24]用最小熵反卷积（minimum entropy deconvolution, MED）法来消除这种故障冲击响应的重叠现象。但是对于微弱故障信号，噪声幅值与故障冲击响应幅值相当甚至更大，此时 MED 法很难有良好的效果。

现有的滚动轴承微弱故障特征提取方法主要有循环平稳分析法[25,26]和随机共振法[27,28]。滚动轴承的故障冲击响应信号属于准循环平稳信号[29]，用循环平稳分析法提取故障信息是合适的。近年来，循环平稳理论在滚动轴承故障诊断中的应用研究逐渐增多[30]，但是为了达到高的分辨率，循环平稳分析法需要很大的运算量。随机共振法用噪声通过非线性系统加强原本微弱的信号，这是该方法在微弱信号检测方面的优势。在随机共振法的应用中，要求较高的采样频率，而且其对宽频带的脉冲也不具备良好的检测效果。除此之外，这两种方法都不是直接从波形的角度分析信号，很不直观，较难理解。

很多人用小波分析来检测滚动轴承局部故障信号[31-34]。但是常用的小波分析其小波函数单一，一经选定便不能再改动。而实际滚动轴承振动信号中信号的成分复杂，不同成分信号的特性各异。可能某个小波函数可以很好地拟合信号的低频部分，但不能很好地拟合信号的高频部分；或者可以拟合某个时刻的波形，但在另一个时刻可能出现很大的误差。

总体来说，滚动轴承早期故障信息提取主要面临以下几方面的问题。

1. 故障信号过于微弱

相对于背景噪声，滚动轴承的早期故障信号很不明显，这种不明显一方面表现在传感器检测到振动信号中的故障冲击响应幅值不占优，甚至是微不足道的；另一方面也表现在轴承故障冲击响应的衰减振荡频率和其他噪声冲击响应的振荡频率相互重叠，导致常用的频率滤波难以将两者区别。在原始信号的时域图、频谱图和功率谱图中看不出故障特征，并且传统的包络分析也难以解调出清晰明显的故障信息。

图 5.1 是一个外滚道早期剥落故障轴承的振动加速度。图 5.1（a）中由正弦信号叠加而成的低频周期成分是由轴承安装不对中和不平衡质量产生的轴转频的谐波成分，其中的加速度突变是由于轴承受到冲击力产生的，产生这种冲击力的原因可能是外界载荷的突变、齿轮的啮合或者轴承故障区与滚动体接触。图 5.1（a）中没有明显的有规律的冲击，所以完全看不出任何故障信息。图 5.1（b）是该轴承振动加速度的频谱图。该轴承的故障特征频率是 182.88Hz，但是在频谱图中 182.88Hz 处并没有明显峰值。说明滚动轴承微弱故障不能简单地通过频谱分析诊断出来。

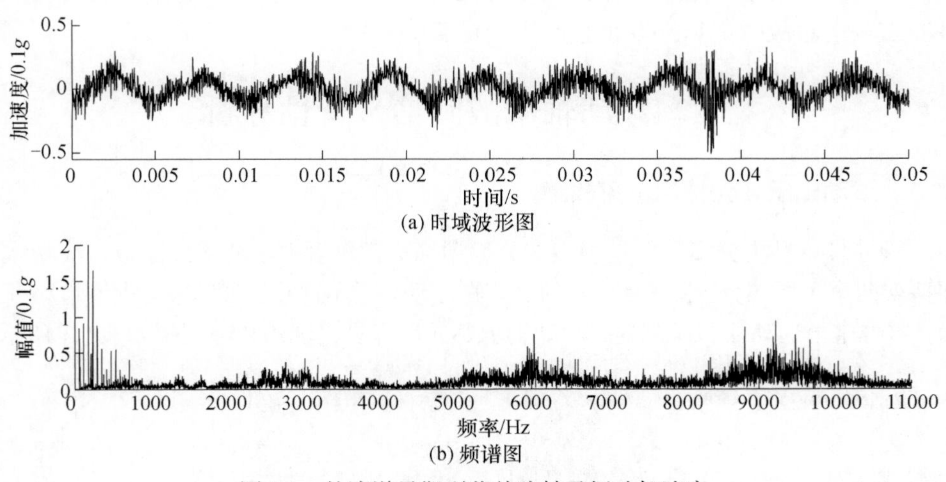

图 5.1　外滚道早期剥落故障轴承振动加速度

2. 故障机理和滚动轴承系统动力学模型复杂

故障机理是整个故障诊断大厦的基础，目前滚动轴承故障的演化机理研究还不够完善。现在多数学者实验用的故障轴承都是通过电火花加工或者磨粒磨损得到的，与实际工作中的轴承故障还有一定的差别。滚动轴承动力学特性涉及的因素众多，要建立与实际工作状态符合又便于求解的动力学模型很困难。现在多数使用的滚动轴承系统动力学模型还是单自由度振动模型，这种极其简化的模型在很多场合难免造成误差。除此之外，轴承种类和工作环境千差万别，不同结构和工况下的轴承系统力学特性相差甚远。这些因素都使得滚动轴承早期故障诊断更加困难。

3. 故障冲击响应衰减太慢

滚动体和滚道在损伤处接触时，会产生一个冲击，这个故障冲击经过传输路径到达传感器时，激起的是一串衰减振荡，对于阻尼较小的轴承系统，振荡衰减较慢。在滚动轴承转速较高、轴承系统阻尼很小的情况下，相邻两次故障冲击间隔较小，同时冲击脉冲响应的振荡区间又较长，此时传感器检测到的冲击脉冲响应的衰减时间与冲击间隔相当，导致故障冲击响应相互重叠，难以区分。此外，故障冲击激起的振荡和噪声冲击（很多时候是未知的）激起的振荡混在一起，这将导致传统的包络解调出现错误。

4. 故障冲击间隔随机变动

由于滚动体和滚道之间不是理想的纯滚动，而是有滑动存在，所以故障冲击间隔有一定的随机性。此外，由于滚动体和内外滚道之间存在间隙，所以当转速过快时，有的滚动体来不及撞击缺陷就已经“飞掠”过去，造成冲击的缺失。这种冲击缺失对故障信息提取也会产生一定影响。

5.2　滚动轴承故障信号特性分析

5.2.1　滚动轴承各元件的常见故障

滚动轴承种类繁多，但是绝大部分滚动轴承都包含内滚道、外滚道、滚动体和保持架四个主要部分（图 5.2）。据统计，在滚动轴承故障中，90%来自内滚道和外滚道，10%来自滚动体和保持架。滚动轴承各元件容易出现的故障类型如表 5.1 所示。

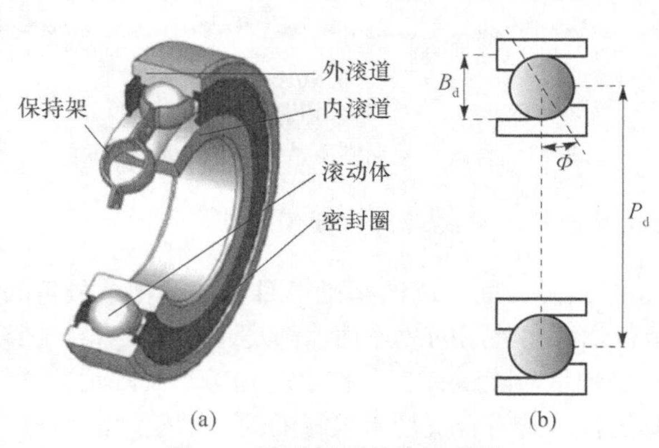

图 5.2　滚动轴承结构示意图

表 5.1　滚动轴承各元件常见故障

元件	常见故障
内滚道	疲劳剥落、磨损、腐蚀、断裂、压痕、胶合
外滚道	疲劳剥落、磨损、腐蚀、断裂、压痕、胶合
滚动体	疲劳剥落、磨损、腐蚀、胶合
保持架	磨损、腐蚀

在表 5.1 列出的各种故障中，疲劳剥落是最常见的。疲劳剥落是指滚动体或滚道表面剥落或脱皮，在表面形成不规则的凹坑[1]。滚动轴承长时间反复承受载荷后，在接触表面之下一定深度处就会形成裂纹，裂纹不断扩展到表面，使得表层金属呈片状剥落下来（图 5.3），就形成了疲劳剥落。载荷过大、润滑不良、轴承安装不正确都会加速疲劳剥落的产生。

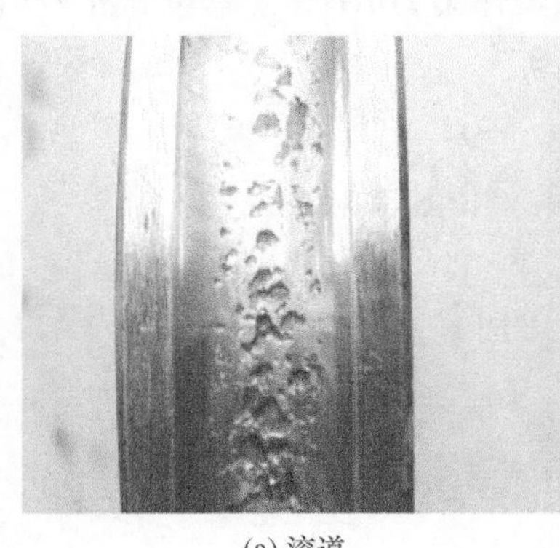

(a) 滚道

(b) 滚动体

图 5.3　滚道和滚动体疲劳剥落

滚动轴承疲劳剥落使得机器传动不平稳，噪声增大，增加机器磨损。继续发展下去可能造成机器不能正常运转，甚至发生断裂，造成重大的生命财产安全事故，所以研究早期疲劳剥落故障信息提取技术有着重要的意义。此外，早期疲劳剥落故障信息提取技术的研究将为其他故障信息的提取提供参考。

在众多滚动轴承类型中，深沟球轴承是应用最为广泛的，对深沟球轴承故障的研究也是研究其他类型轴承故障的基础。所以，本章的研究重点就是深沟球轴承的早期疲劳剥落故障信息提取技术。

5.2.2　滚动轴承疲劳剥落动力学模型

1. 单自由度滚动轴承故障冲击模型

如果滚动轴承某个元件出现剥落，在滚动轴承运动过程中，当滚动体和滚道

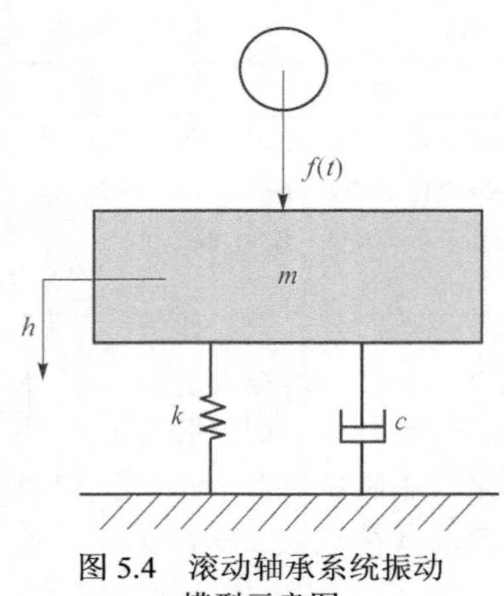

图 5.4　滚动轴承系统振动模型示意图

在这个局部损伤部位接触时，就会产生一个冲击。传感器一般安装在轴承座上，如果将从故障区到传感器之间的传输通道简化为一个单自由度的质量-弹簧-阻尼系统，那么故障冲击就是这个系统的输入，传感器检测到的信号就是系统的输出。在这个系统中，当故障冲击发生在内滚道时，将滚动体、外滚道、轴承座三者视为一个质量块；当故障冲击发生在外滚道时，将外滚道、轴承座二者视为一个质量块。因此，滚动轴承系统可以看成如图 5.4 所示的单自由度振动系统。

现在只考虑滚动体单次撞击局部损伤的情况，并且假设作用力 $f(t)$ 等于单位脉冲力 $\delta(t)$。$\delta(t)$ 作用时间极短，系统的振动方程可以表示为[29]

$$m\ddot{h} + c\dot{h} + kh = \delta(t) \tag{5.1}$$

求解上面的方程，得到单自由度系统的单位脉冲响应为

$$h(t) = A\mathrm{e}^{-\frac{\xi}{\sqrt{1-\xi^2}}2\pi f_d t}\cos(2\pi f_d t - \theta) \tag{5.2}$$

其中

$$\xi = \frac{c}{2\sqrt{mk}} \tag{5.3}$$

$$f_d = \frac{1}{2\pi}\sqrt{\frac{k}{m}}\sqrt{1-\xi^2} \tag{5.4}$$

式中，ξ 为单自由度系统的阻尼比；f_d 为单自由度系统的有阻尼固有频率（Hz）；A 为单自由度系统的单位脉冲响应幅值（m）；θ 为单自由度系统的单位脉冲响应初始相位（rad）。

由于冲击脉冲力 $\delta(t)$ 作用时间极短，且 $\xi \ll 1$，所以振动系统的运动可以看成弱阻尼自由振动。A 和 θ 的值由系统的初始条件（冲击结束时的瞬时位移和瞬时速度）决定。

由式（5.2）可知，单自由度系统的时域响应 $h(t)$ 是一条指数衰减振荡曲线，振荡频率是单自由度系统的有阻尼固有频率 f_d，衰减速度由系统阻尼比 ξ 决定。系统阻尼比越小，故障冲击脉冲响应衰减越慢，响应曲线的振荡次数越多。对 $h(t)$ 两次求导便可得出单次冲击响应的加速度（图 5.5）。必须注意的是，对于 $h(t)$ 这样的关于时间的指数衰减振荡，其二阶导数依然是指数衰减振荡，只是振荡幅值和余弦部分的相位有所变化，但是衰减指数和振荡频率都不变。所以，研究故障

冲击响应的加速度信号与研究其位移信号可以得到相同的结果，这就是实践中常用加速度传感器代替位移传感器测量振动信号的理论基础。

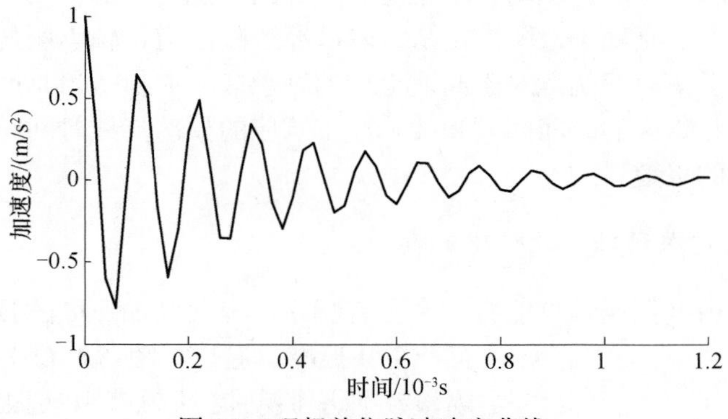

图 5.5　理想单位脉冲响应曲线

但是，对于实际的滚动轴承故障，冲击脉冲力并不是理想的，冲击有一定的作用时间，并且冲击力也有一个从小到大再从大到小的变化过程。这个变化过程反映到加速度传感器检测到的加速度曲线中，就表现为加速度曲线的振荡幅值先从小变到大再从大变到小。

图 5.6 是美国凯斯西储大学滚动轴承实验数据中心的一个外滚道故障轴承的振动加速度图。采样频率 f_s=48kHz，剥落区域直径为 0.007in（0.178mm）。从加速度图中每个振荡周期所包含的采样点数可以获知，该轴承系统的固有频率约为 3.4kHz。根据加速度幅值的衰减速度，结合式（5.2）可以得到轴承系统的阻尼比。从图 5.6 中还可以看出，滚动体每经过一次剥落区，将会产生两次冲击，即进入剥落区和离开剥落区时各发生一次加速度突变。

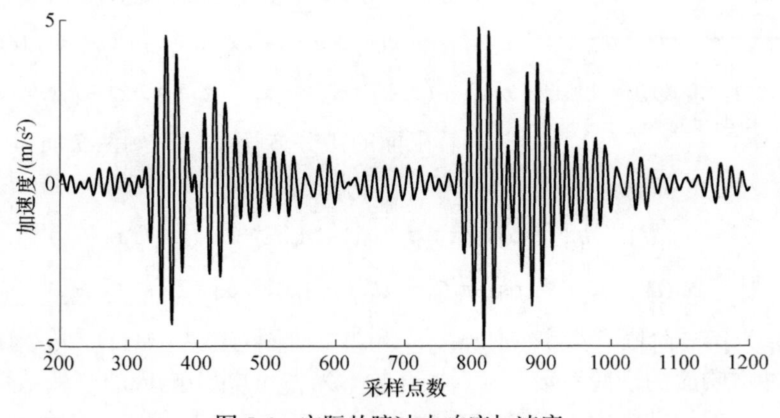

图 5.6　实际故障冲击响应加速度

从图 5.6 中还能发现，在两次冲击之间，加速度曲线并不是平稳为零的，而是存在小幅的噪声振荡。造成这种现象的主要原因，一方面是实际滚动轴承的冲击源不仅仅是轴承故障，驱动力不稳定、外界的干扰、润滑不良等都可能引入噪声冲击；另一方面是轴承故障冲击从故障区经过外滚道、轴承座传递到传感器，这个传递通道受噪声干扰。对于高速运转的轴承（一般指 5000r/min 以上），滚动体两次经过故障区的时间间隔和故障冲击响应的振荡持续时间相当，这时就出现了冲击响应的重叠。

2. 二自由度滚动轴承故障冲击模型

对于单自由度系统，只能有一个固有频率，反映到加速度的频谱图中，就是只有一个共振峰。但是从图 5.1（b）中可以发现，实际滚动轴承振动信号频谱中共振峰并不是单一的，这说明将滚动轴承系统看成单自由度振动系统是有一定误差的。如果把滚动轴承系统看成二自由度振动系统，当故障冲击发生在内滚道时，可以将轴承座视为一个质量块，将外滚道和滚动体二者视为一个质量块；当故障冲击发生在外滚道时，可以将轴承座和外滚道各视为一个质量块。因此，滚动轴承系统可以简化为如图 5.7 所示的二自由度振动模型。

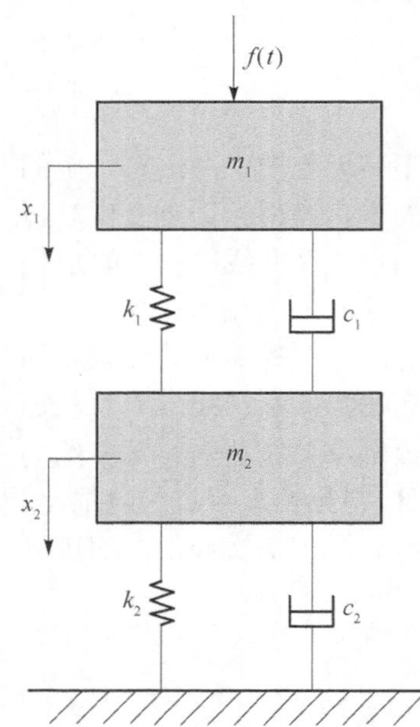

图 5.7　二自由度滚动轴承振动模型示意图

由于故障冲击力 $f(t)$作用时间极短，所以图 5.7 中振动系统的运动可以看成初始位移为零、初始速度不为零的有阻尼自由振动。对两个质量块分别应用牛顿第二定律，可得系统的运动方程为

$$m_1\ddot{x}_1 + c_1\dot{x}_1 - c_1\dot{x}_2 + k_1x_1 - k_1x_2 = f(t) \tag{5.5}$$

$$m_2\ddot{x}_2 + (c_1 + c_2)\dot{x}_2 - c_1\dot{x}_1 + (k_1 + k_2)x_2 - k_1x_1 = 0 \tag{5.6}$$

解上面的微分方程组，得到两个质量块的位移如下：

$$x_1(t) = A_{11}\mathrm{e}^{-n_1t}\cos(2\pi f_{d1}t - \theta_{11}) + A_{12}\mathrm{e}^{-n_2t}\cos(2\pi f_{d2}t - \theta_{12}) \tag{5.7}$$

$$x_2(t) = A_{21}\mathrm{e}^{-n_1t}\cos(2\pi f_{d1}t - \theta_{21}) + A_{22}\mathrm{e}^{-n_2t}\cos(2\pi f_{d2}t - \theta_{22}) \tag{5.8}$$

其中，f_{d1} 为第一阶固有频率（Hz）；f_{d2} 为第二阶固有频率（Hz）；n_1 为振荡频率为 f_{d1} 的冲击响应的衰减系数；n_2 为振荡频率为 f_{d2} 的冲击响应的衰减系数；A_{ij}（i, j=1,2）为 m_i 的运动中由 f_{dj} 产生的振幅（m）；θ_{ij}（i,j=1,2）为 m_i 的运动中由 f_{dj} 产

生的相位（rad）。

f_{d1}、f_{d2}、n_1、n_2 由滚动轴承系统的固有属性决定，A_{ij}、θ_{ij} 由系统受到冲击后的初始条件（位移和速度）和滚动轴承固有属性决定。从式（5.7）和式（5.8）中可知，当滚动轴承系统是二自由度振动系统时，传感器检测到的故障冲击响应是两个衰减系数和振荡频率不同的指数衰减振荡的叠加。这也解释了实际的滚动轴承振动信号频谱中有两个甚至三个共振峰的原因。

既然频谱中有两三个共振峰，那么选择哪个共振峰对应的固有频带进行解调成为一个值得研究的问题。理论上，如果故障冲击的作用时间极短，那么每个故障冲击都将激起各阶固有频率的衰减振荡，也就是说，解调任何一个固有频带都将获得故障信息。但是，由故障冲击激起的衰减振荡并不均匀分布在各个固有频带，滚动轴承不同元件上的故障冲击激起的衰减振荡的主要频率成分也不一定相同。此外，不同固有频率的衰减振荡受噪声的影响程度也是不同的。一般来说，幅值大且频带窄的衰减振荡受噪声的干扰更小，所以在提取故障信息时，应该主要研究能够尽量满足这两个条件的固有频带。

5.2.3　滚动轴承疲劳剥落振动信号特征

1. 滚动轴承故障特征频率

当滚动体和滚道在一个局部缺陷处接触时，会产生一次冲击，损伤出现在不同元件上，接触点经过缺陷的频率是不同的，可以根据滚动体撞击损伤区的频率判断滚动轴承发生故障的元件，这个频率称为故障特征频率。

在假设滚动体与滚道之间为纯滚动的前提下，滚动轴承特征频率可以由运动学理论得到。文献[1]给出了轴承各部分的故障特征频率。

外滚道缺陷的故障特征频率为

$$f_o = \frac{z}{2} f_r \left(1 - \frac{B_d}{P_d} \cos\phi \right) \tag{5.9}$$

内滚道缺陷的故障特征频率为

$$f_i = \frac{z}{2} f_r \left[1 + \left(\frac{B_d}{P_d} \right) \cos\phi \right] \tag{5.10}$$

滚动体缺陷的故障特征频率为

$$f_b = \frac{P_d}{2B_d} f_r \left[1 - \left(\frac{B_d}{P_d} \right)^2 \cos^2\phi \right] \tag{5.11}$$

保持架故障特征频率（滚动体公转频率）为

$$f_f = \frac{f_r}{2}\left(1 - \frac{B_d}{P_d}\cos\phi\right) \tag{5.12}$$

式中，f_r为轴转频（Hz）；z为滚动体个数；B_d为滚动体直径（mm）；P_d为滚动轴承节径（mm）；ϕ为滚动轴承压力角（°）。

2. 滚动轴承剥落故障信号调制特征

由于剥落故障的存在，在轴承运转过程中会产生一个冲击序列，这个冲击序列在传感器处的响应就是一个指数衰减振荡序列。对这个指数衰减振荡序列进行包络解调，再对包络线进行傅里叶变换得到包络谱，这个包络谱就是故障的特征频谱。加速度传感器检测到的故障冲击响应的幅值是与故障冲击力相关的，滚动体和剥落区接触时的接触压力越大，振荡幅值也越大。因此，故障冲击发生在载荷区时，其冲击脉冲响应的振荡幅值比在非载荷区大。所以，故障特征频谱将反映两方面的信息：故障特征频率和剥落点经过载荷区的频率（振幅调制频率）。

1）外滚道剥落故障调制特征

图 5.8 是滚动轴承外滚道剥落故障的振动调制原理图。绝大多数情况下，滚动轴承外滚道是静止不动的。外滚道剥落损伤的位置与载荷方向的相对位置关系是一定的，所以理论上滚动体每次撞击缺陷时的冲击力是一样的，这时不存在振幅调制的情况。所以，滚动轴承外滚道剥落的特征频谱是一系列以外滚道故障特征频率f_o为间距的谱线，谱线幅值随频率增大而减小。

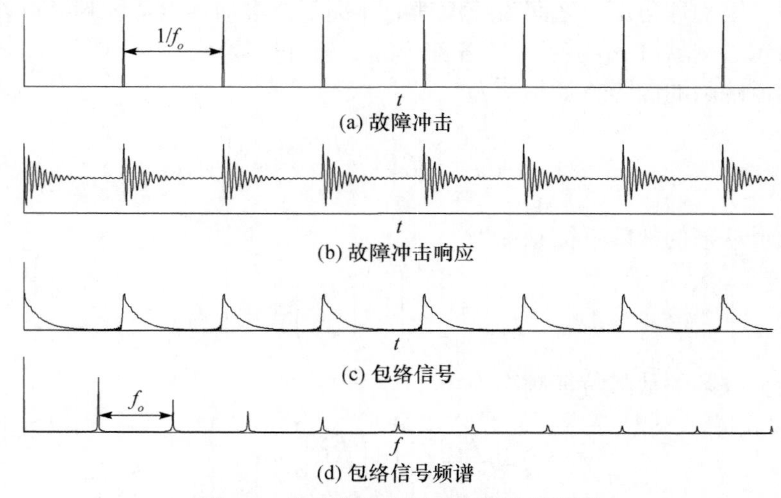

图 5.8　外滚道剥落振动信号调制特征

2）内滚道剥落故障调制特征

图 5.9 是滚动轴承内滚道剥落故障的振动调制原理图。绝大多数情况下，滚动轴承内滚道是与轴一起转动的，所以剥落部分与滚动体发生接触的位置是变化的，接触压力也是变化的，故障冲击响应的振幅也会发生周期性的变化，即振幅被调制，调制频率是轴转频 f_r。所以，内滚道剥落的特征频谱是一系列以内滚道故障特征频率 f_i 为间距的主谱线，同时每个主谱线两边相距轴转频 f_r 及其倍频处有幅值更小的边谱线，主谱线和边谱线的幅值都随着频率的增大而减小，需要注意的是，在轴转频 f_r 处还有一个峰值。

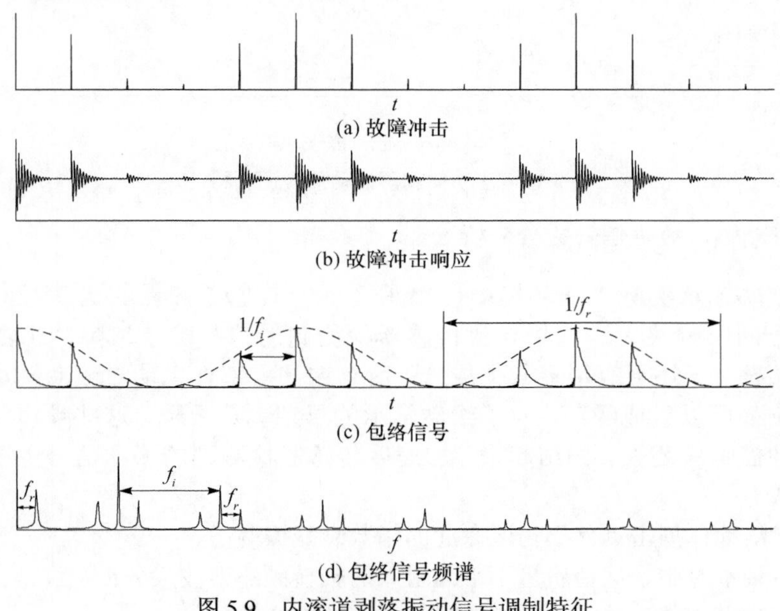

图 5.9　内滚道剥落振动信号调制特征

3）滚动体剥落故障调制特征

图 5.10 是滚动体剥落故障的振动调制原理图。由于滚动体以保持架的转频公转，所以剥落区与内外滚道发生接触的位置是变化的，接触压力也是变化的，故障冲击响应的振幅也会发生周期性的变化，即振幅被滚动体公转频率 f_f 调制。所以，滚动体剥落的特征频谱是一系列以滚动体故障特征频率 f_b 为间距的主谱线，同时每个主谱线两边相距滚动体公转频率 f_f 及其倍频处有幅值更小的边谱线。此外，在滚动体公转频率 f_f 处还有一个峰值。在此必须注意，图 5.10 中的滚动体故障特征频率是指滚动体剥落区撞击同一个滚道（内滚道或者外滚道）的频率，所以在每一个故障特征频率对应的周期中都会有两次冲击（内外滚道各一次）。这就导致在实际的滚动体剥落故障频谱中，f_b 的偶数倍频处的主谱线和边谱线的幅值是占优的。

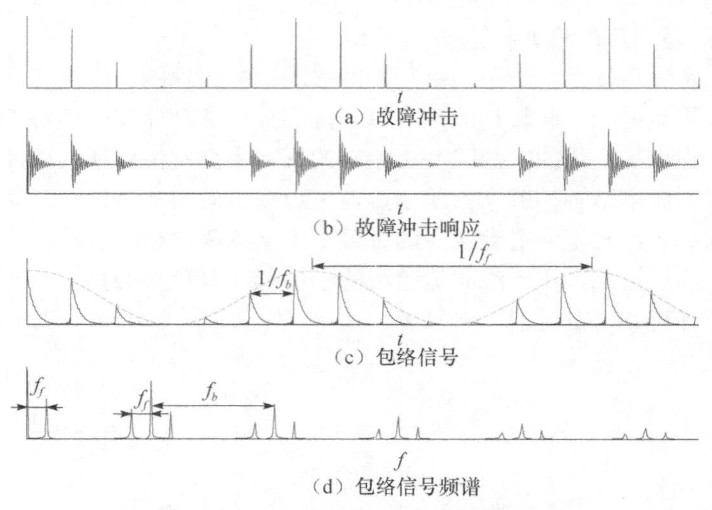

图 5.10　滚动体剥落振动信号调制特征

5.2.4　滚动轴承故障信号成分分析

在滚动轴承实际工作环境中，轴承之外的其他零部件的运动对滚动轴承振动信号的影响很大。这将导致传感器检测到的信号除了故障冲击激起的指数衰减振荡外，还会有很多其他成分。所有这些零部件运动对滚动轴承振动信号的影响都可以看成噪声，对于滚动轴承的早期剥落故障，这些噪声往往比剥落损伤冲击响应还大。归结起来，加速度传感器检测到的振动信号主要包括以下几种成分：

（1）滚动体撞击剥落损伤区激起的指数衰减振荡；

（2）轴不对中、载荷质量不平衡引入的轴转频的谐波成分；

（3）轴上安装齿轮时，由齿轮啮合引入的啮合调制信号；

（4）轴上的载荷为时变的情况下，时变载荷对轴承振动信号幅值的调制影响；

（5）其他未知的随机噪声。

以上五种成分中，第（1）种是与故障直接相关的，包含主要的故障信息，提取这些故障冲击激起的指数衰减振荡是本章的主要研究内容。第（2）种是大多数实际运转的滚动轴承振动信号中都含有的，而且这些谐波成分的幅值通常很大，甚至比故障冲击响应幅值都要大。但是，这些谐波成分的频率是离散的（轴转频及其倍频），且分布在远离固有频率的低频段，所以这些成分和故障信息比较容易区分。齿轮啮合调制信号也是离散频率信号，可以提前过滤掉。对于时变载荷，由于其变化往往是随机的，所以可以通过自相关处理消除其影响。另外，时变载荷一般不会改变故障冲击的时间间隔，所以对最后的解调结果不会产生显著的影响。

5.3　共振稀疏分解及共仿真分析

5.3.1　共振稀疏分解的理论基础

Selesnick[35]于 2011 年提出了共振稀疏分解（resonance-based sparse signal decomposition, RSSD）法。RSSD 法将共振作为信号的一种属性，把振荡次数多的信号定义为高共振信号，将振荡次数少的信号定义为低共振信号，并将一个复杂信号稀疏分解成高共振分量和低共振分量。该方法用信号的品质因子 Q（中心频率与频率带宽的比值）来衡量共振的程度。如图 5.11 所示，共振程度越高的信号，频率越集中，品质因子越大，其时域波形的振荡次数也越多（Pulse 2 和 Pulse 4）；共振程度越低的信号，频率越分散，品质因子越小，其时域波形的振荡次数越少（Pulse 1 和 Pulse 3）。

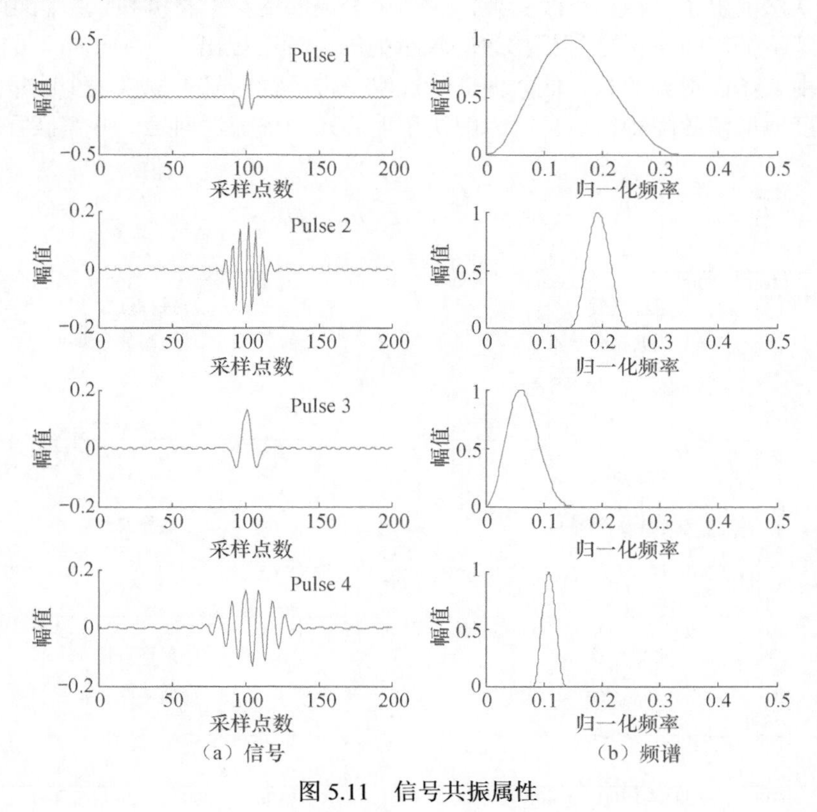

图 5.11　信号共振属性

RSSD 将一个复杂信号分解成高共振分量和低共振分量（图 5.12（a）），高共振分量是一系列拥有相同的高品质因子 Q_1 的小波的线性和，低共振分量是一系列拥有相同的低品质因子 Q_2 的小波的线性和。与频域滤波（带通滤波器）分解（图5.12（b））不同，RSSD 是根据信号的波形特性（振荡次数而不是振荡快慢）分解信号的。从这个角度看，RSSD 也是一种小波分解，只不过这里有两种小波基函数。由于 RSSD 法突破了传统滤波器基于频带划分的局限性，更适合处理具有非线性和非平稳特征的机械故障振动信号，所以相关的研究持续增加。2012 年，湖南大学于德介课题组[36]首先将 RSSD 法引入机械故障诊断领域，提出了一种基于 RSSD 理论的包络解调方法，将滚动轴承原始振动信号中包含故障信息的瞬态成分分解到低共振分量中，再对低共振分量进行包络解调分析，有效提取出滚动轴承内、外滚道的故障特征。Chen 等[37]提出一种结合总体经验模态分解（ensemble empirical mode decomposition, EEMD）法与 RSSD 法的滚动轴承故障诊断方法，该方法首先利用 EEMD 法对原始故障振动信号进行初步分解，然后选取峭度最大的本征模态函数进行 RSSD，成功识别出滚动轴承早期微弱故障。He 等[38]基于 RSSD 法提出了一种超小波变换，成功用于提取钢材平整机和风力涡轮机中轴承的故障特征。Huang 等[39]根据滚动轴承的固有频率提出了“主子带”的概念，并结合由 RSSD 得到的高、低共振分量选取子带进行信号重构以减少能量泄漏，最大限度地保留故障特征信息。为解决压缩感知的稀疏性问题，并突破香农采样

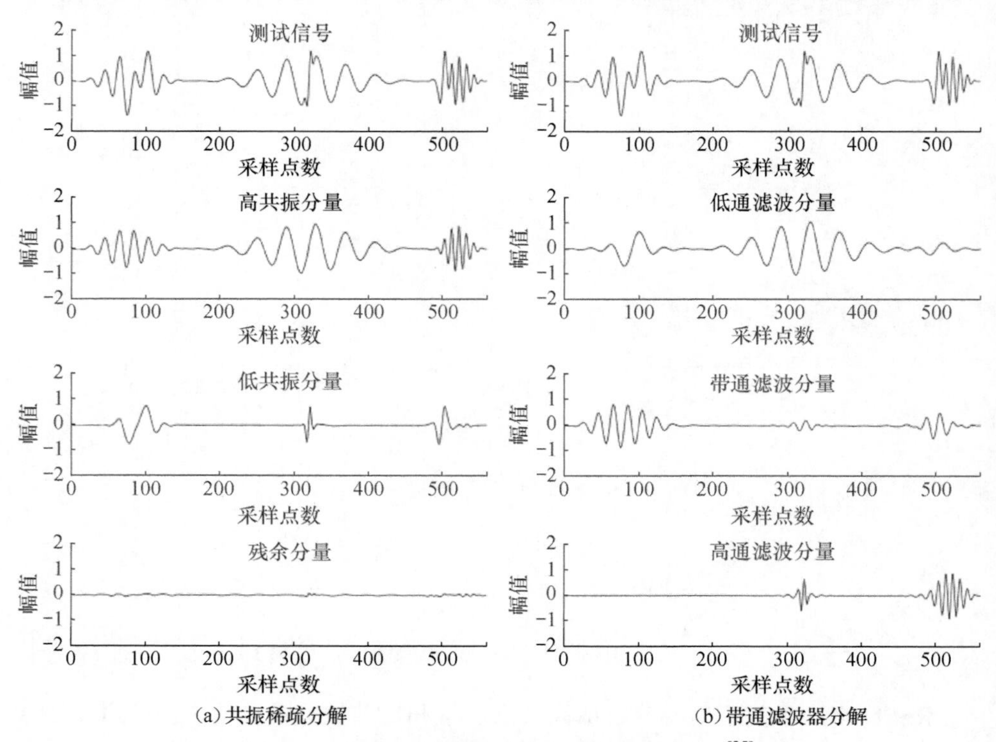

(a) 共振稀疏分解　　(b) 带通滤波器分解

图 5.12　信号共振稀疏分解和带通滤波器分解[35]

定理对信号长度的限制，Wang 等[40]提出了一种基于共振稀疏分解和压缩感知的轴承故障诊断方法，有效从压缩样本中提取出滚动轴承故障特征。Zhang 等[41]在 RSSD 法的基础上建立了一种基于峭度的加权系数模型，有效提取故障信息的小波系数，成功诊断出深沟球轴承的外滚道故障。此外，Wang 等[42]提出了一种滚动轴承故障特征提取及模式识别的综合故障诊断方法，利用品质因子可调小波对故障信号进行共振稀疏分解，结合主成分分析法分析子带的能量分布情况，构建关于子带能量分布的特征向量，成功实现了滚动轴承故障特征信息提取与模式识别。

与现有滚动轴承故障信息提取方法相比，RSSD 法有以下特点：

（1）品质因子对故障冲击脉冲响应（指数衰减振荡信号）进行了定量的描述，为有效提取和分离这些信号打下了基础。

（2）品质因子综合考虑了信号的中心频率和频带宽度，能有效分离中心频率相近而带宽不同的信号分量。

（3）RSSD 法用两个小波基函数拟合信号，两种特性不同的小波基函数可以分别拟合滚动轴承振动信号中波形特性不同的信号成分。两个小波基函数都可以根据具体的分析对象改变其品质因子从而调整小波基函数的波形，明显提高了共振稀疏分解法的适应性和灵活性。

（4）RSSD 法是基于品质因子可调小波[43]和形态分量分析[44]（morphological component analysis，MCA）的一种新的信号分解法。形态分量分析是利用信号组成成分的形态差异进行信号分解，该方法在国内外已经得到众多研究人员的关注，其研究进展将为信号稀疏分解方法提供坚实的理论基础。

在滚动轴承故障信号提取方面，小波分析一直是很多学者的研究重点。但是传统的小波分析，在一次小波变换中只有一种小波基函数，而实际的滚动轴承故障信号中往往存在多种不同的局部特性，用一种小波基函数拟合拥有多种不同局部特性的信号，可能会导致较大的误差。

RSSD 的基本思想是用两种品质因子不同的小波基函数来稀疏表示一个复杂的信号。其中高品质因子小波表示复杂信号中的振荡次数较多的部分，低品质因子小波表示振荡次数较少的部分。所以，RSSD 的理论基础主要包括两个方面：品质因子可调小波和信号稀疏分解。

1. 品质因子可调小波

在前面中已经提到，品质因子是表征信号的频率聚集程度的量度，品质因子越高，信号的频率越集中，时域上的振荡次数越多。如何根据品质因子获得小波函数，是进行 RSSD 面临的首要问题。

二进小波变换是常见的定品质因子小波变换，但它的品质因子太小，在频率分辨率要求高的场合不适用。文献[45]介绍了过完备有理膨胀小波变换（RADWT）。

过完备有理膨胀小波变换通过改变对信号上抽样 p 和下抽样 q 的值来调整小波的品质因子，明显拓宽了品质因子的范围，也增加了品质因子选取的灵活性。这种方法的品质因子由式（5.13）决定：

$$Q=\sqrt{\frac{p}{q}}\frac{1}{1-p/q} \tag{5.13}$$

从式（5.13）可以看出，要获取一个准确的品质因子，可能会要求很大的 p、q 值，而过大的 p、q 值导致需要很大的信号长度，这一点限制了有理膨胀小波变换的应用。

在 RADWT 的基础上，Selesnick[43]又提出了可调品质因子小波变换（TQWT）。TQWT 也是从频域滤波器的角度来设计小波的，但是不需要像式（5.13）那样通过小心地选择 p、q 值来确定 Q，而是直接指定 Q 值（任意实数）和冗余因子 r 来设计小波，进一步增加了品质因子选取的灵活性，小波的获取也更加方便。由 Q、r 根据式（5.14）可以得到高通尺度因子 β 和低通尺度因子 α[43]：

$$\beta=\frac{2}{Q+1},\quad \alpha=1-\frac{\beta}{r} \tag{5.14}$$

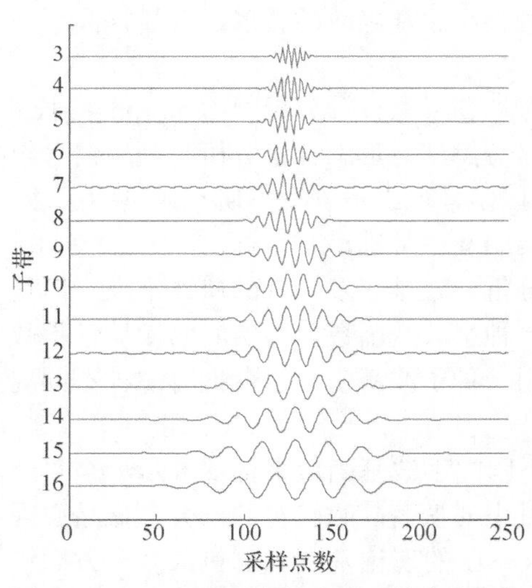

图 5.13　Q=4、r=3 对应的小波函数库中各级小波的波形[43]

如图 5.13 所示，在 TQWT 中，由确定的 Q 和 r 生成的小波基函数库中的所有小波都拥有相同的振荡特性（振荡次数）。

在同一个小波基函数库中，不同级数（层数）的小波的中心频率（f_c）和带宽（BW）是不一样的（图 5.14）。一个信号中由第 j 级小波表示的部分称为该信号的第 j 个子带，每个子带的中心频率和带宽由下面公式[43]计算（当 Q 接近 1 时，计算误差较大）：

$$f_c\approx\alpha^j\frac{2-\beta}{4\alpha}f_s \tag{5.15}$$

$$\mathrm{BW}=\frac{1}{2}\beta\alpha^{j-1}\pi \tag{5.16}$$

其中，f_s 为输入信号（待分解信号）的采样频率（Hz）；j 为小波所在的级数。

2. 信号稀疏分解

对于传统的小波变换，实质就是将一个信号 y 展开成一系列中心频率不同的小波函数的线性和的形式，如：

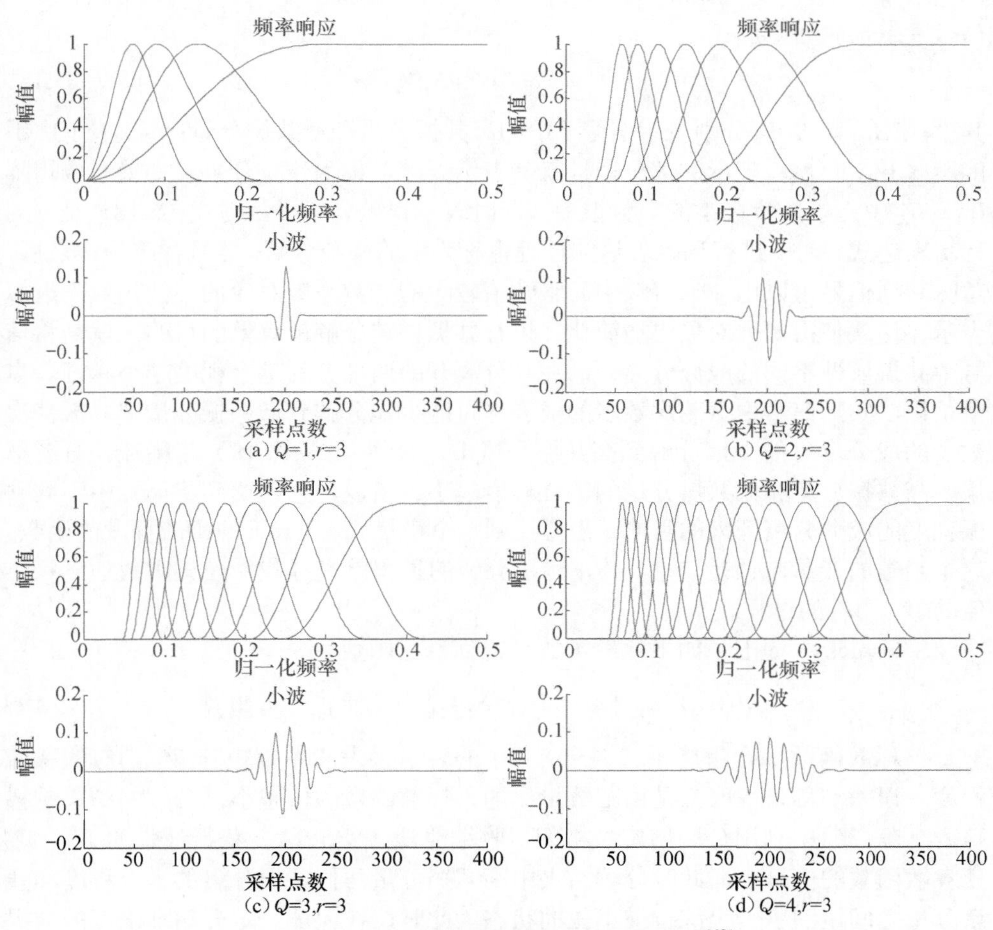

图 5.14　TQWT 中小波波形及其频率特性[43]

图中频率响应曲线都进行了归一化处理，使得每一级的频率响应峰值都是 1

$$y = SW \tag{5.17}$$

其中，S 为小波函数库，W 为系数矩阵。

对于很多实际信号 y，只需要小波函数库 S 中的一部分小波就可以足够精确地被拟合，这就使得 W 中的很多元素很小，甚至为零。W 中零元素或者小到可以忽略不计的元素个数越多，系数矩阵 W 就越稀疏，此时式（5.17）就是 y 的一个稀疏表达式。

对于很多实际振动信号，如滚动轴承振动信号，信号中会有持续振荡部分（如故障冲击响应），也会有一些突兀的尖峰（如随机噪声中的尖峰），这两种成分不容易用振荡频率来区分，但是可以用品质因子来区分。当用 TQWT 得到了两种品质因子分别为 Q_1 和 Q_2（$Q_1>Q_2$）的小波基函数库 S_1 和 S_2 之后，就可以将这一类

信号 y 表示成如下形式：

$$y = S_1W_1 + S_2W_2 + n \tag{5.18}$$

其中，S_1W_1 和 S_2W_2 分别表示信号 y 中的高共振分量和低共振分量；n 代表 y 中不能用 S_1W_1 和 S_2W_2 表示的部分，也就是表示误差，称为残余分量。如果系数矩阵 W_1、W_2 中元素数值极小的个数很多，同时表示误差 n 很小，则式（5.18）是 y 的稀疏表达式。对 y 进行稀疏表达的过程也称为 y 的稀疏分解。信号稀疏分解之后，意味着原信号可以由 W_1、W_2 中元素数值较大的少数系数对应的小波函数来近似表示，这就使得研究对象更加简化。进行共振稀疏分解最重要的目的，就是将信号中共振属性不同的成分分离开，并且分离开的两部分的耦合程度越小越好。也就是说，实际信号中振荡次数多的成分尽可能少地分解到低共振分量中，振荡次数少的成分尽可能少地分解到高共振分量中。显然，式（5.18）越稀疏，分解结果中高共振分量和低共振分量的耦合程度越小。所以，为了达到将信号中不同共振程度的成分分离开来的目的，需要找到一个衡量式（5.18）的稀疏程度的函数。这个函数的变量应该是 W_1、W_2，稀疏分解的过程就是寻找能使该函数达到极小值的 W_1、W_2 的过程。

Selesnick[35]提出了如下耗散函数（或称目标函数）：

$$J(W_1, W_2) = \|x - S_1W_1 - S_2W_2\|_2^2 + \lambda_1\|W_1\|_1 + \lambda_2\|W_2\|_1 \tag{5.19}$$

该耗散函数综合考虑了式（5.18）中的表示误差和系数矩阵 W_1、W_2 的稀疏程度。误差和稀疏程度都是由范数量化的，耗散函数的值越小，分解的结果越稀疏。文献[35]中利用分裂增广拉格朗日收缩算法（SALSA）获得最优的 W_1、W_2 使耗散函数的值最小，此时分解结果中高共振分量与低共振分量的耦合程度和残余分量之间达到了一个综合最小化的状态。此时，在保证一定分解准确度的前提下，信号中振荡次数多的成分和振荡次数少的成分最大限度地分别分解到高共振分量和低共振分量中。

对于式(5.19)，小波基函数库 S_1、S_2 是根据要分离的信号成分的特性选择的。在 S_1、S_2 确定之后，高、低共振分量的权重系数 λ_1、λ_2 就决定了最优系数矩阵 W_1^*、W_2^*，进而决定了最终分解结果中高共振分量 $S_1W_1^*$ 和低共振分量 $S_2W_2^*$ 的能量。所以，λ_1、λ_2 的值对最终的分解结果的影响尤为显著。固定 λ_1、增加 λ_2，将会减少分解结果中低共振分量 $S_2W_2^*$ 的能量，同时增加分解结果中高共振分量 $S_1W_1^*$ 的能量；反之亦然。如果同时增加 λ_1、λ_2，将会减少分解结果中 $S_1W_1^*$ 和 $S_2W_2^*$ 的能量，同时增加残余分量 n 的能量[35]。

对于相同品质因子的小波，不同的分解级数对应的小波的能量也不相同，为了使分解更加稀疏，要求分解结果中能量大的小波的系数尽可能小。考虑到这一点，耗散函数可以写成如下形式：

$$J(W_1,W_2)=\|x-S_1W_1-S_2W_2\|_2^2+\sum_{j=1}^{J_1+1}\lambda_{1,j}\|w_{1,j}\|_1+\sum_{j=1}^{J_2+1}\lambda_{2,j}\|w_{2,j}\|_1 \tag{5.20}$$

其中，J_1、J_2分别是高、低共振分量的分解级数，λ_1、λ_2分别是含有 J_1+1 个和 J_2+1 个元素的一维向量。高、低共振分量的每级小波系数 $w_{i,j}$（$i=1,2; j=1,2,\cdots,J_i+1$）的 1 范数前面都分配了一个不同的权重系数 $\lambda_{i,j}$（$i=1,2; j=1,2,\cdots,J_i+1$），$\lambda_{i,j}$ 的具体值和对应的小波函数 $S_{i,j}$（$i=1,2; j=1,2,\cdots,J_i+1$）的能量（2 范数）有关。一般来说，$\lambda_{i,j}$ 的取值与 $S_{i,j}$ 的能量成正比，具体的对应关系目前的研究还没有给出确定的结论，只能靠经验和反复实验确定。

3. 共振稀疏分解的实现步骤

共振稀疏分解的实现步骤如下：

（1）根据实际信号，选择合适的品质因子 Q_1、Q_2，通过品质因子可调小波获得相应的小波基函数库 S_1、S_2；

（2）建立目标函数（5.20），用 SALSA 获取最优的系数矩阵 W_1^*、W_2^*，使目标函数值最小；

（3）由 W_1^*、W_2^*对原信号进行重构，分别获取原信号中高共振分量 $x_1^*=S_1W_1^*$ 和低共振分量 $x_2^*=S_2W_2^*$。

5.3.2　共振稀疏分解的参数影响分析

1. 品质因子的影响

从图 5.14 中可以看出，品质因子决定了小波的振荡次数，即决定了小波的波形。品质因子为 Q 的小波会持续振荡约 $2Q$ 次，并且小波是左右对称的（实际上 $Q>4$ 时也基本满足这个关系）。RSSD 能否提取出需要的信号成分，最关键的是小波的波形能否很好地拟合所要提取的信号成分。所以，在使用 RSSD 法时，选取的品质因子对应的小波波形要尽可能地接近要提取的成分的波形。

有一点必须注意，$Q=1$ 对应的每一级小波频率响应的通带都是从零开始的（图 5.14（a）），所以 $Q=1$ 对应的小波的频率响应各级间的重叠度很大（任意两级都有重叠）。而对于较大的 Q 对应的小波频率响应，只有相邻几级小波的频率响应会相互重叠，而且 Q 越大，重叠度越小，子带的频率分辨率越高。

2. 冗余因子的影响

在保持 Q 不变的情况下，增大冗余因子 r，将会增大各级小波频率响应间的重叠度。所以，r 越大，为了覆盖同样的频率范围，需要越大的分解级数 J，但是 r 不会影响小波的频率响应的形状（它们由 Q 控制）。图 5.15 是冗余因子分别为 3

和 6 对应的小波频率响应。从图中可以看出，r 增加 1 倍，覆盖相同范围的频率所需要的级数也要增加接近 1 倍。

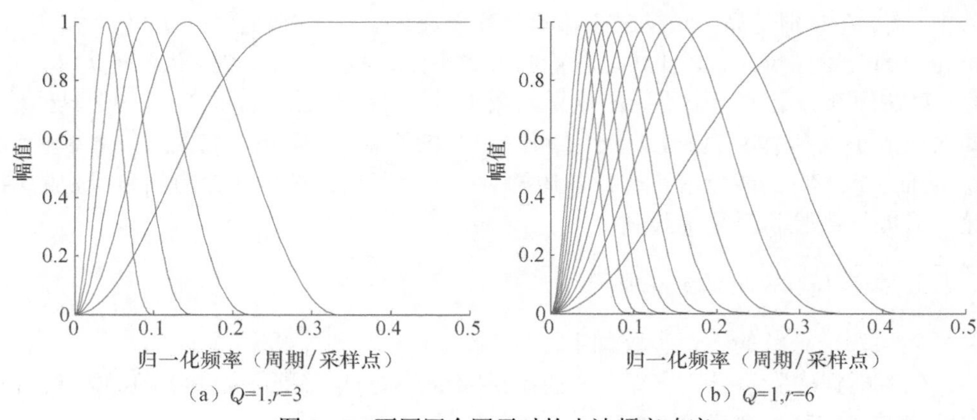

图 5.15　不同冗余因子时的小波频率响应

3. 分解级数的影响

无论高共振分量还是低共振分量，都是一系列不同级数的小波的线性和，第 j 级小波的中心频率 f_c 可由式（5.15）近似得到。由式（5.15）可知，j 越大，对应的小波的中心频率越小（因为$\alpha<1$）。为了从复杂信号中提取出想要的成分，必须保证小波函数库 S_1、S_2 中有中心频率与要提取成分振荡频率相近的小波。但是，过大的 j 会增大计算量，而且对于长度 N 的信号，最大的分解级数由式（5.21）决定：

$$J_{\max}=\left[\frac{\log_e(\beta N/8)}{\log_e(1/\alpha)}\right] \tag{5.21}$$

其中，[·]表示不超过括号中的数的最大整数。

4. 权重系数的影响

权重系数 λ_1、λ_2 是一维向量，其中的元素 $\lambda_{i,j}$（i=1,2; j=1,2,⋯,J_i+1）的值与对应分量的第 j 级小波 $S_{i,j}$ 的 2 范数（第 j 级小波的能量）成比例。λ_i 中元素的值越小，分解的稀疏性越差，残余分量越少，但高、低共振分量中包含非振荡成分（往往是随机噪声）的可能性越大；λ_i 中元素的值越大，分解越稀疏，残余分量越大，但要提取的信号被当成噪声分解到残余分量中的可能性越大。

当要将多数能量放到一个分量中时，这两个分量的相对权重可以通过引入一个参数 θ 来修改，即

$$J(W_1,W_2)=\left\|x-S_1W_1-S_2W_2\right\|_2^2+\theta\sum_{j=1}^{J_1+1}\lambda_{1,j}\left\|w_{1,j}\right\|_1+(1-\theta)\sum_{j=1}^{J_2+1}\lambda_{2,j}\left\|w_{2,j}\right\|_1 \tag{5.22}$$

其中，$0<\theta<1$。θ 在 0～0.5 时，x_2 组分（低共振分量）会更加稀疏，包含的能量也比 x_1 少，因为它在耗散函数中受到的惩罚比 x_1 多；θ 在 0.5～1 时，结果正好相反。

5.3.3　基于共振稀疏分解的滚动轴承模拟故障信号分析

1. 模拟滚动轴承外滚道故障信号

为了验证 RSSD 法提取故障冲击响应的有效性，先用该方法分析一个模拟故障信号。假设一个转频为 60Hz 的外滚道剥落故障滚动轴承，故障特征频率为 500Hz。其振动加速度信号中有 500Hz 的周期性故障冲击激起的冲击脉冲响应、60Hz 的谐波分量和服从正态分布的随机白噪声。滚动轴承系统的有阻尼固有频率为 f_d=9225Hz，轴承系统阻尼比 ξ=0.055，采样频率 f_s 为 50kHz。振动加速度信号的数学表达式为

$$\begin{aligned} x(t) = & f_0 + \sin(120\pi t) + \sin(240\pi t + \pi/6) + 3\sin(360\pi t + \pi/3) \\ & + 2\sin(480\pi t + \pi/2) + 0.5n_t \end{aligned} \tag{5.23}$$

其中，$f_0= f_1 * f_2$。f_1 为 500Hz 的周期性脉冲力，f_2 为单位脉冲响应，f_0 为两者的卷积，即冲击脉冲响应序列。结合式（5.2），并且假定 A=1，θ=0，则有

$$f_2 = \exp\left(\frac{-\xi}{\sqrt{1-\xi^2}} 2\pi f_d t\right)\cos(2\pi f_d t) = \mathrm{e}^{-3193t}\cos(57962t) \tag{5.24}$$

2. 共振稀疏分解的参数确定

1）品质因子

为了达到最好的分解效果，要求选取的品质因子对应的小波波形尽可能接近实际的冲击脉冲响应曲线。图 5.5 是单位脉冲响应 f_2 的时域波形，从图中可以看出，单位脉冲响应 f_2 在振荡四个周期之后衰减为初始值的 25%，振荡 5 次之后衰减为初始值的 17.7%。图 5.14 展示了各个品质因子 Q 对应的小波波形。比较脉冲响应曲线和各品质因子对应的小波可以很显然地看出，当 Q=4 时，小波的波形能很好地拟合脉冲响应曲线。所以，选择 Q=4 对应的小波拟合故障冲击脉冲响应。此外，用 Q=1 对应的小波拟合振动信号中的突兀部分。

2）冗余因子

冗余因子 r 一般为 3～4[43]，此处选 r=3.5。

3）分解级数

共振分解得到的高共振分量是品质因子为 Q_1、中心频率各不相同的小波的线性和；低共振分量是品质因子为 Q_2、中心频率各不相同的小波的线性和。在此，

为了观察故障信号中的各种成分被各级小波的拟合情况，要求模拟故障信号中的各种成分都有相应的小波来拟合。因此，这里使高共振分量中频率最低的子带的中心频率低于谐波分量中的最小频率，低共振分量中频率最低的子带的中心频率低于随机噪声中最宽尖峰的宽度的倒数。

由式（5.14）和式（5.15）可知，当 j=50 时，Q_1=4 的小波的中心频率已经降到 52Hz，而模拟振动信号中最小的谐波频率是 60Hz，所以对于高共振分量选 J_1=50。低共振分量主要拟合随机噪声中的尖峰，而随机噪声变化较快，从 $x(t)$的时域图（图 5.16（a））中可以看出，随机噪声中尖峰宽度的倒数对应的频率都在 5kHz 以上。而 Q_2=1 的小波在 j=4 时的中心频率已经是 4555Hz，所以对于低共振分量选 J_2=4。

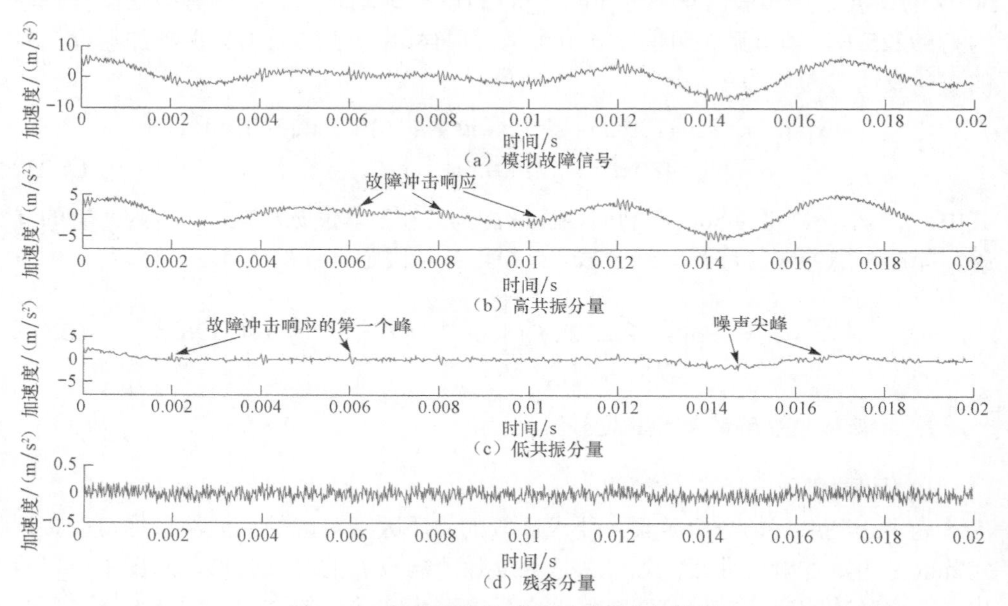

图 5.16　模拟故障信号共振稀疏分解结果

4）权重系数

在本仿真信号中，令 $\lambda_{i,j}$ 的值为对应小波 $S_{i,j}$ 的 2 范数的 30%。

3. 共振稀疏分解结果分析

1）对信号进行共振稀疏分解

在确定了相关的分解参数之后，对故障信号进行共振稀疏分解，分解结果如图 5.16 所示（为了表示清楚，图中只展示了前 0.02s 的波形）。故障冲击响应和转速谐波分量主要包含在高共振分量中，而且很多噪声被消除了（图 5.16（b））。故障冲击脉冲响应的第一个尖峰太过尖锐，因此与噪声中的尖峰一起被分解到低共振分量中（图 5.16（c））。噪声中幅值相对均匀的部分基本包含在残余分量中（图 5.16（d））。Q=4 的高共振分量中的小波衰减振荡，而转速谐波分量等幅振荡，所以虽然高共振分量中子带的最小中心频率低于转频，但不能完全拟合转速谐波分量，依然有少量的转速谐波分量泄漏到低共振分量中。

2）分析表征故障的主子带

高共振分量中包含主要的故障信息（故障冲击响应），所以要研究轴承的故障，就必须研究高共振分量。高共振分量是一系列中心频率不同的子带的和，如图 5.17（a）所示（图中只展示了能量占优的部分子带）。图 5.17 （b）展示了高共振分量的子带能量分布。从图中可以看出，高共振分量在子带 7、8、37 到 40、43、48、49 上能量占优。表 5.2 为各能量占优子带的中心频率及其所拟合的信号成分。

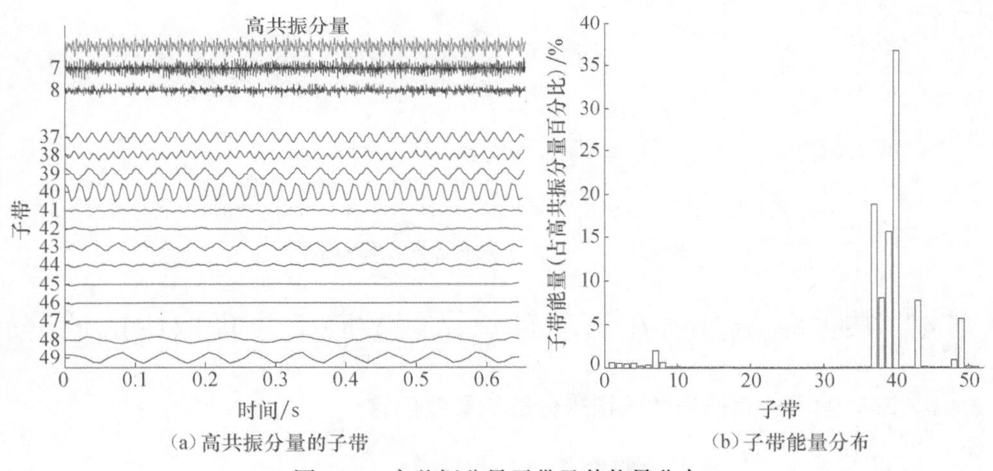

(a) 高共振分量的子带　　(b) 子带能量分布

图 5.17　高共振分量子带及其能量分布

表 5.2　各能量占优子带的中心频率及其拟合的信号成分

子带	7	8	37	38	39	40	43	48	49
中心频率/Hz	9656	8552	253	224	199	176	122	67	59
对应成分	故障冲击响应		240Hz 谐波		180Hz 谐波		120Hz 谐波	60Hz 谐波	

故障冲击响应是直接与故障相关的，所以只需对能表征故障冲击响应的子带进行分析，即只要分析轴承固有频率 f_d 附近的子带。方便起见，将中心频率在轴承固有频率 f_d 附近的子带的和定义为主子带。由表 5.2 可知，子带 7、8 的中心频率在 f_d 附近，所以子带 7、8 的和就是高共振分量的主子带。有理由相信，对主子带进行包络解调，包络信号的频谱（以后简称包络谱）能更清晰地揭示故障信息。

图 5.18（a）是高共振分量中 7、8 子带求和后的主子带波形，从图中可以清楚地看到在故障冲击处有持续衰减振荡。图 5.18（b）是图 5.18（a）的包络谱，从包络谱中可以明显地看到，在 500Hz 及其倍频处存在峰值，且峰值随频率增加而减小。这与滚动轴承外滚道故障特征频谱吻合，也符合此轴承外滚道故障特征频率 f_o=500Hz 的事实。这个仿真实验说明用 RSSD 法提取滚动轴承的故障冲击响应是有效的。

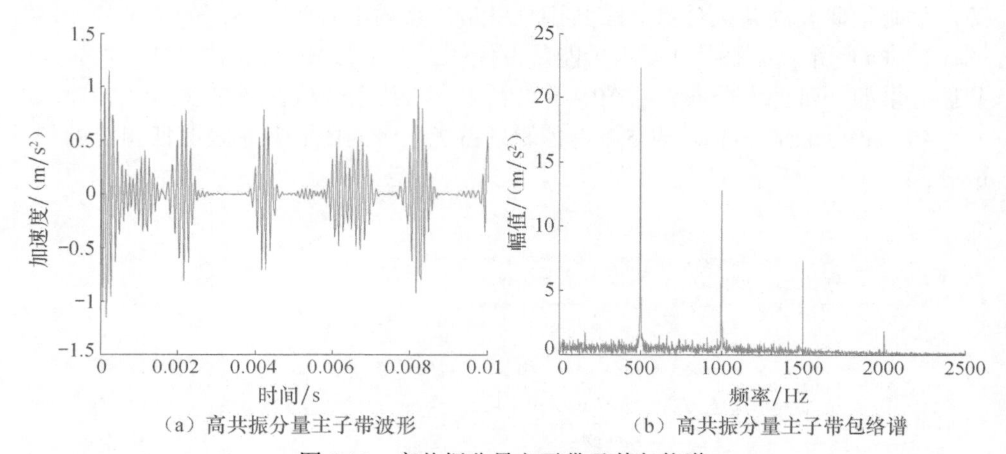

（a）高共振分量主子带波形　　（b）高共振分量主子带包络谱

图 5.18　高共振分量主子带及其包络谱

5.4　共振稀疏分解在滚动轴承微弱故障信息提取中的研究

5.4.1　滚动轴承故障信号共振稀疏分解的参数确定

1. 品质因子、冗余因子的确定

为了将故障冲击响应准确地提取出来，并且携带尽可能少的噪声，要求选取的品质因子对应的小波波形尽可能接近实际故障冲击的响应曲线。由图 5.6 可知，实际的滚动轴承冲击脉冲响应从最大峰值衰减到最大峰值的 20%以内需要 3～5 个振荡周期，并且多次实验和对故障冲击响应波形的长期仔细观察也证实了这一结论。由于高共振分量主要拟合故障冲击响应，所以一般取 Q_1=3～5。低共振分量主要拟合滚动轴承振动信号中的突兀部分（一般是故障冲击响应中峰值有突跃变化的振荡峰和随机噪声中的尖锐突峰），一般取 Q_2=1～1.5 即可精确地拟合振动信号中的突兀部分。根据文献[43]，冗余因子 r 一般为 3～4。

2. 分解级数的确定

确定分解级数有一个前提：振动信号中的各种频率的振荡成分都应该有相应

的小波来拟合，否则没有对应小波拟合的信号成分将会被“强行”分解到高、低共振分量和残余分量中，从而出现一些难以预料的分解结果。

以式（5.23）和式（5.24）表示的模拟信号为例，如果将分解级数定为 J_1=10、J_2=4，其他参数与 5.3.3 节中选取的一样，此时高共振分量中子带的最低中心频率是 6709Hz，低共振分量中子带的最低频率是 4555Hz，模拟信号中频率较低的谐波成分没有相应的小波来拟合，共振稀疏分解结果如图 5.19 所示。这种情况下，高、低共振分量和残余分量中都有部分谐波分量，但是低共振分量中的谐波分量最多（图 5.19（c））。这种没有对应小波拟合的成分被“强行”分解到各个分量中，导致出现难以预料的分解结果，有可能会干扰最终的诊断结果，应该尽力避免。

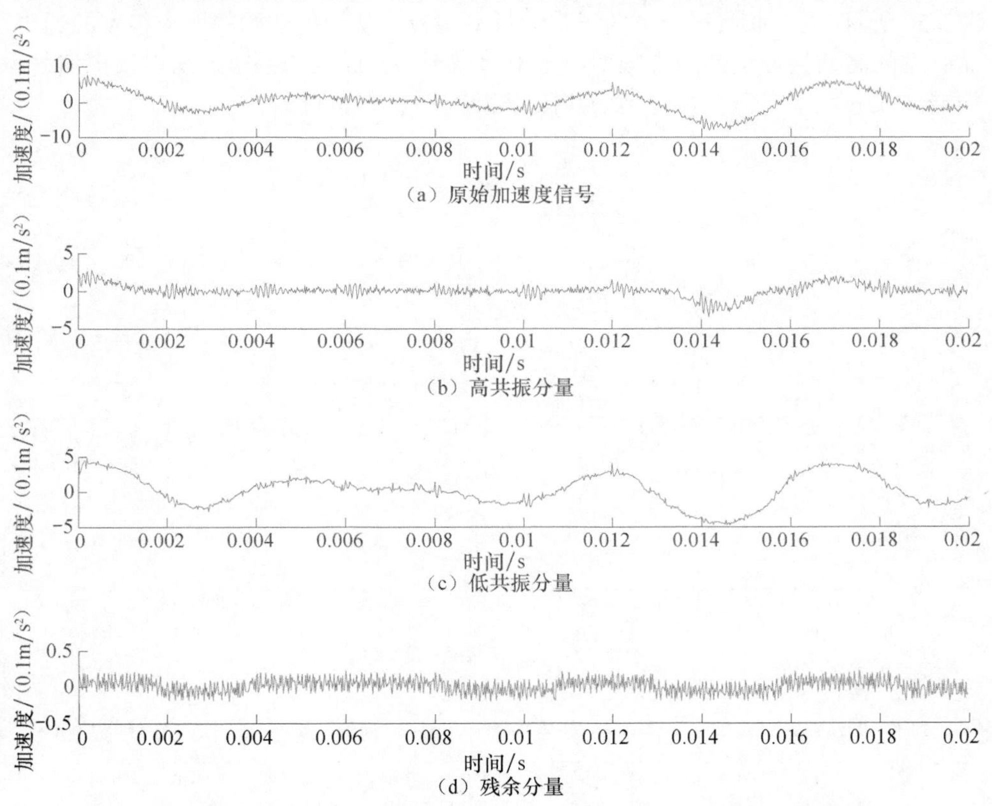

（a）原始加速度信号

（b）高共振分量

（c）低共振分量

（d）残余分量

图 5.19 Q_1=4、Q_2=1、J_1=10、J_2=4、r_1=3.5、r_2=3.5 时的分解结果

振动加速度信号中转速谐波成分一般分布在轴转频的一倍频到几十倍频（一般小于 2kHz），属于持续等幅振荡信号。但是高共振分量中的小波是持续衰减振荡，所以即使高共振分量子带的最小中心频率低于谐波成分的最小频率，谐波成分也不会完全分解到高共振分量中。Q=1 的低共振分量的子带的频率响应是从 0Hz 开始的一个很宽的通带（图 5.15（a）），而谐波成分处于低频带，所以无论两种共

振分量的分解级数是多少，都会有部分谐波成分被分解到低共振分量中（图 5.16（c）和图 5.19（c）），而且两种分量的分解级数会影响谐波成分在两种分量中的分配比例。当高共振分量中的低频子带可以拟合谐波分量时，低共振分量中的谐波分量就减少（图 5.16（c））；反之低共振分量中的谐波分量就增多（图 5.19（c））。

如果高共振分量的子带最小中心频率高于最大的谐波分量频率，而低共振分量子带的最小中心频率低于谐波成分的最小频率，则谐波成分将几乎完全分解到低共振分量中。仍然以式（5.23）和式（5.24）表示的模拟信号为例，如果将分解级数定为 J_1=10、J_2=20，其他参数与 5.3.3 节中的一样，此时高共振分量中子带的最低中心频率是 6709Hz，低共振分量中子带的最低频率是 21Hz，分解结果如图 5.20 所示。由于低共振分量的子带的频率响应是从 0Hz 开始的一个很宽的通带，而此时的高共振分量的子带频率都处于远高于谐波成分的频段，所以模拟信号中的谐波成分几乎完全被分解到低共振分量中（图 5.20（c））。

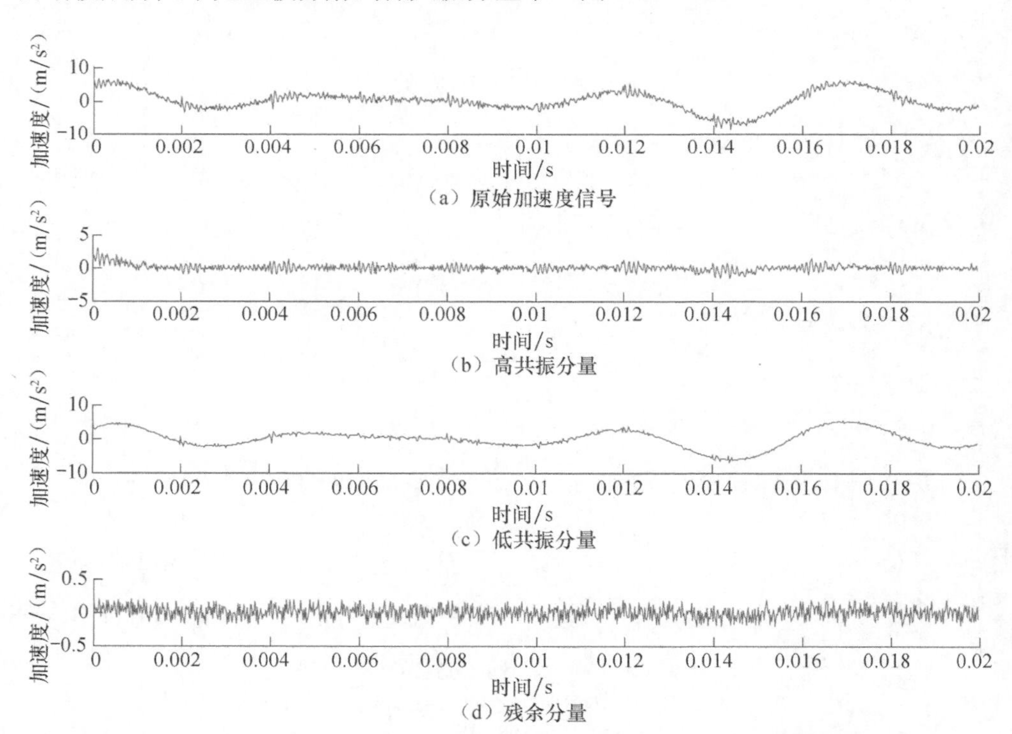

图 5.20　Q_1=4、Q_2=1、J_1=10、J_2=20、r_1=3.5、r_2=3.5 时的分解结果

由于要提取的故障信息是故障冲击响应，而故障冲击响应大部分包含在高共振分量中，所以高共振分量将是研究重点。应尽可能将谐波成分分解到低共振分量中，以保证高共振分量有较高的信噪比。

归纳起来，具体到滚动轴承故障信号的共振稀疏分解，分解级数的选择依据是：高共振分量子带的最小中心频率低于待解调的滚动轴承固有频率，低共振分量子带的最小中心频率低于谐波成分中最小的频率。在这个前提下，分解级数应该尽量小。

3. 权重系数的确定

λ_1、λ_2 是一维向量，其中的元素 $\lambda_{i,j}$ 的值与对应分量的第 j 级小波 $S_{i,j}$ 的 2 范数成比例。根据多次实验和比较，在用 RSSD 法提取滚动轴承故障信息时，$\lambda_{i,j}$ 的取值应为 $S_{i,j}$ 的 2 范数的 10%～100%。信噪比低（故障信号较微弱）时 $\lambda_{i,j}$ 值取小一些，以使微弱的故障冲击响应尽可能分解到高、低共振分量中；反之，信噪比高（故障信号较明显）时，$\lambda_{i,j}$ 值可以取大一些。

5.4.2　故障信息提取方法

提取故障信息最关键的是提取故障冲击响应。故障冲击响应的振荡频率是轴承系统的固有频率，所以在对轴承振动信号进行共振稀疏分解之后，需重点分析高、低共振分量中的主子带。对主子带进行包络解调，得到的包络谱将会反映故障频率。为了消除随机噪声的影响，进一步增强诊断效果，下面不直接对主子带的包络信号进行傅里叶变换得到包络谱，而是先对主子带的包络信号进行自相关处理，然后获取包络信号的自功率谱。自相关处理有平滑信号的作用，可以很大程度上消除随机噪声毛刺，同时保留信号中有周期性质的成分。

具体的故障信息提取步骤如下：

（1）分析轴承振动信号的频谱，选择谱值大而带宽小的固有频带 f_d 作为解调频带；

（2）对轴承振动信号进行共振稀疏分解，提取高、低共振分量中 f_d 附近的子带；

（3）分别将这些子带求和得到主子带，对主子带包络解调得到包络信号；

（4）对主子带的包络信号进行自相关处理并获取包络信号的自功率谱，自功率谱中的峰值能反映故障程度和发生故障的元件。

5.4.3　高、低共振分量在故障信息提取上的对比分析

1. 共振稀疏分解模拟故障信号

5.3.3 节用共振稀疏分解法对模拟滚动轴承外滚道故障振动信号进行了分析，发现故障冲击响应大部分被分解到高共振分量中，低共振分量包含故障冲击响应中变化最突兀的峰值。虽然两种共振分量都包含一部分故障信息，但是 5.3.3 节只研究了高共振分量。下面对两种共振分量的故障信息提取效果进行比较。

仍然用一个外滚道剥落故障滚动轴承模拟振动信号进行仿真实验。假设轴转频为60Hz，故障特征频率为100Hz。由于实际滚动轴承的滚道和滚动体之间的运动不是纯滚动，而是有一定的随机滑动，这将导致实际的故障冲击间隔和理论故障冲击间隔之间有1%～2%的随机误差[29]。为了使仿真实验更加贴近实际，假设模拟信号中的故障冲击间隔与理论故障冲击间隔的比值（%）满足均值为100、标准差为1.5的正态分布。除此之外，振动信号中还有60Hz的谐波分量和服从正态分布的随机白噪声。滚动轴承系统的有阻尼固有频率为f_d=10kHz，系统阻尼比ξ=0.05，采样频率f_s=50kHz。振动加速度信号的数学表达式如下：

$$x(t)=f_0+0.5\sin(120\pi t)+0.5\sin(240\pi t+\pi/6)+\sin(360\pi t+\pi/3)+0.5n_t \quad (5.25)$$

其中，$f_0=f_1*f_2$。f_1为冲击间隔在0.01s附近随机变动的单位脉冲力，f_2为单位脉冲响应，f_0为两者的卷积。结合式（5.2），并且假定A=1，θ=0，则

$$f_2=\exp\left(\frac{-\xi}{\sqrt{1-\xi^2}}2\pi f_d t\right)\cos(2\pi f_d t)=\mathrm{e}^{-3146t}\cos(62832t) \quad (5.26)$$

确定分解参数：Q_1=4，Q_2=1，J_1=10，J_2=18，$r_1=r_2$=3.5。此时高共振分量中子带最低中心频率为6709Hz，低共振分量子带最低中心频率为41Hz。$\lambda_{i,j}$为$S_{i,j}$的2范数的50%。图5.21为对该信号进行共振稀疏分解的结果。

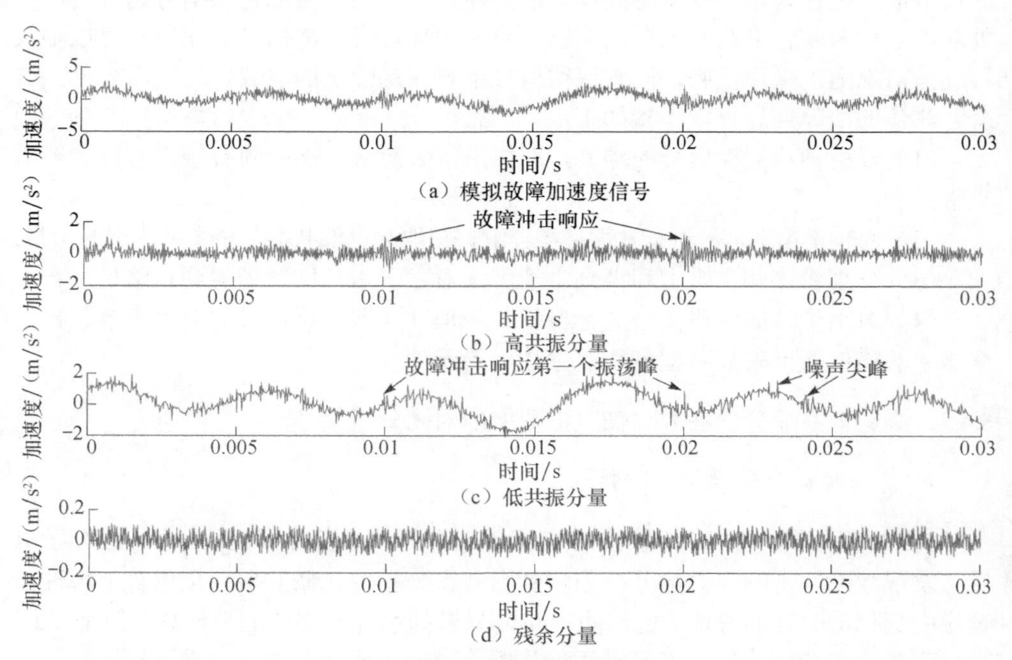

图5.21　共振稀疏分解结果

根据式（5.15）可得到各级子带的中心频率。图 5.22 为两种分量中各级子带的能量分布。经过计算，高共振分量的第 5、6、7、8 子带的中心频率在 f_d 附近，低共振分量的第 1、2、3 子带的中心频率在 f_d 附近。分别对这两组子带求和，即得到两种分量的主子带（图 5.23）。

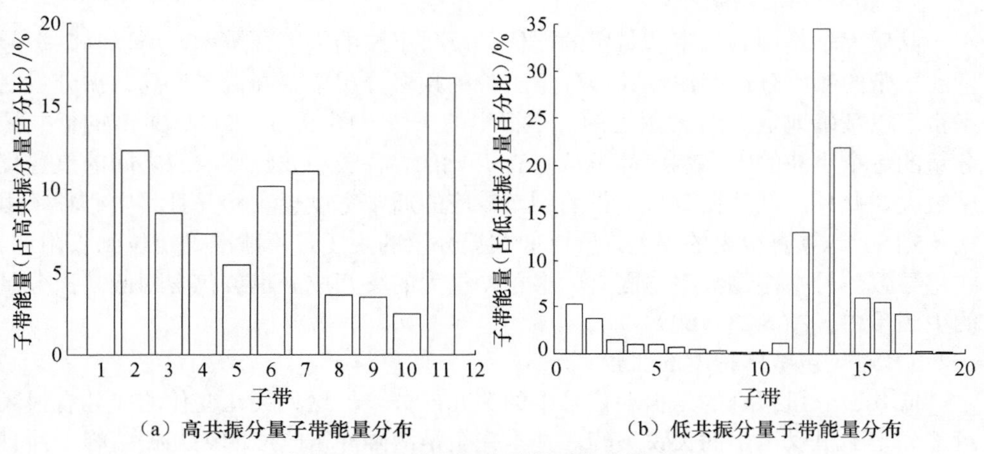

（a）高共振分量子带能量分布　（b）低共振分量子带能量分布

图 5.22　两种共振分量的子带能量分布

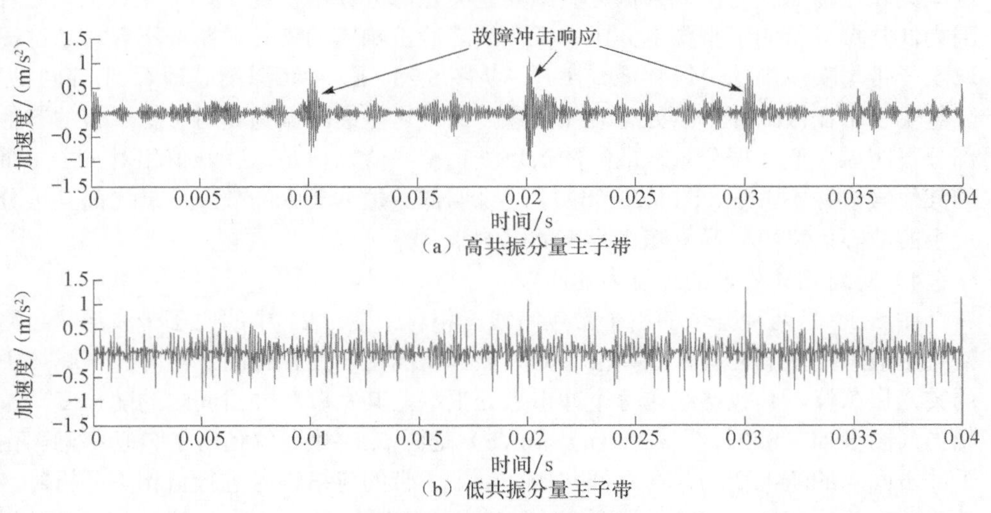

（a）高共振分量主子带

（b）低共振分量主子带

图 5.23　主子带波形图

2. 高、低共振分量的对比分析

1）故障信息量的比较

从图 5.21（b）和（c）中很容易看出，高共振分量包含了故障冲击响应的一串衰减振荡，而低共振分量只包含了故障冲击响应中一个变化突兀的振荡峰（在此仿真信号中是故障冲击响应的第一个峰值）。所以，高共振分量中包含的故障信息量比低共振分量多。对于实际的故障冲击响应（图 5.6），特别是故障比较微弱时，故障冲击响应中最高的峰值相对于其他峰值不是很突出，这时低共振分量包含的故障信息量将更少。

2）频率分辨率的比较

品质因子是中心频率和带宽的比值，反映小波的频率分辨率，所以高共振分量的子带的频率分辨率比低共振分量子带的频率分辨率要高很多。高共振分量主子带可以精确地定位到 f_d 附近的一个很窄的频段（图 5.23（a））。Q=1 的低共振分量的每个小波的频率响应都是从 0Hz 开始的，各级小波频率响应之间的重叠程度很大。此外，低共振分量子带的频率响应的通带宽度较大，并且其中心频率用式（5.15）计算有很大的误差，所以低共振分量的主子带不能准确定位到 f_d 附近。这将导致信号中振荡频率与固有频率相差很大的突兀成分也被包含到低共振分量的主子带中（图 5.23（b））。

3）对噪声敏感程度的比较

低共振分量拟合的是振动信号中的突兀部分，但这种突兀变化的成分有很大一部分是随机噪声中的尖锐突峰，并不完全是故障冲击响应的突兀振荡峰，而且这些突兀振荡峰相对于低共振分量中其他突兀部分并不占优（图 5.21（c））。而且因为低共振分量的子带频率分辨率低，故障冲击响应的突兀振荡峰不容易通过提取主子带与噪声中的尖锐突峰分离开。从图 5.23（a）中可以清楚地看到，高共振分量主子带在故障冲击点处有衰减振荡，而且这些衰减振荡相对于主子带的其他部分很明显。低共振分量在故障冲击点处也有峰值，但是这些峰值相对于主子带的其他峰值并不占优（图 5.23（b））。这说明低共振分量中的故障信息比高共振分量中的故障信息更容易受随机噪声的影响。

4）对自相关处理的免疫力的比较

图 5.24 是两种分量的主子带包络线。相对于图 5.23 中的主子带波形，包络信号中故障冲击响应有一定增强。低共振分量的主子带拟合的是故障冲击响应中的突兀振荡峰，其包络线在每个冲击点处很窄，其宽度和冲击间隔的随机变动量相当（图 5.24（b））。图 5.25（a）和（b）是图 5.24 中包络信号的自功率谱。由于冲击间隔的随机变动，在对低共振分量主子带的包络信号进行自相关分析时，故障冲击的周期性（虽然不是严格的）将难以被明显揭示（图 5.25（b））。高共振分量包含故障冲击响应的一连串的衰减振荡，其主子带的包络线在冲击点处的宽度是低共振分量的 4～5 倍（图 5.24（a）），即使冲击间隔有 1%～2%的随机变动，包络信号的自功率谱在故障频率及其倍频附近仍然会出现峰值，从而清晰地揭示故障冲击频率（图 5.25（a））。

从图 5.25 的自功率谱中可以明显地看到，高共振分量主子带包络线的自功

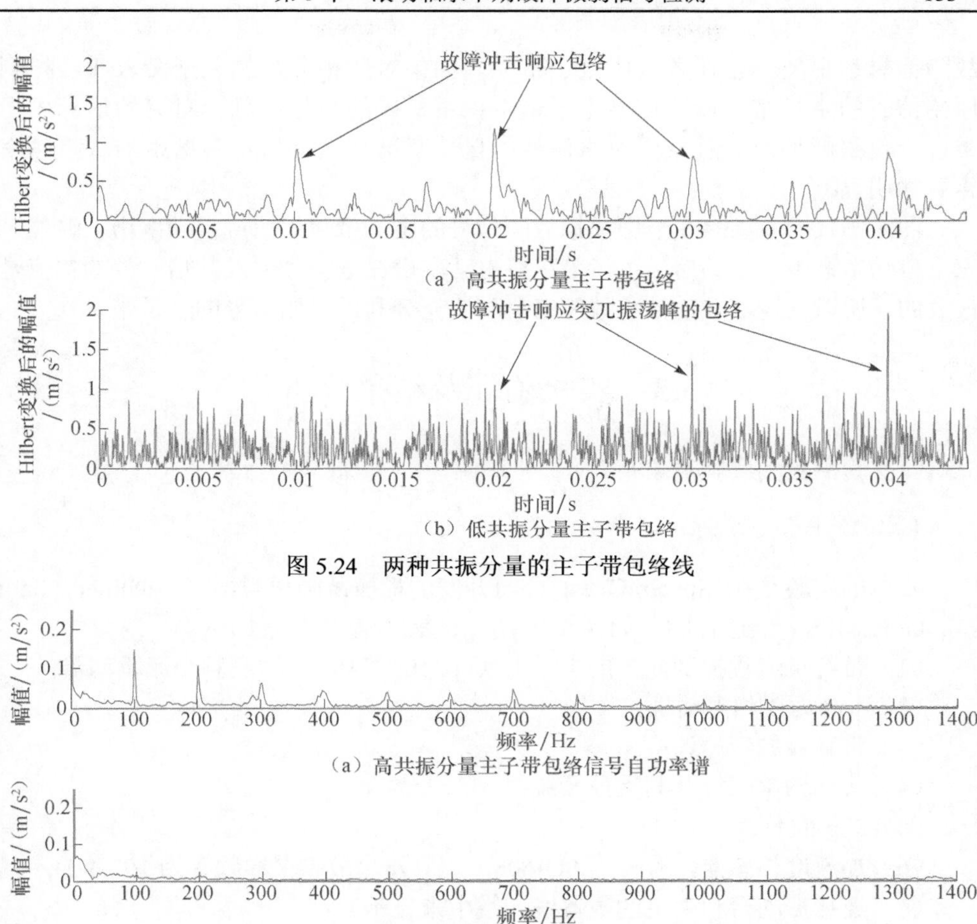

（a）高共振分量主子带包络

（b）低共振分量主子带包络

图 5.24　两种共振分量的主子带包络线

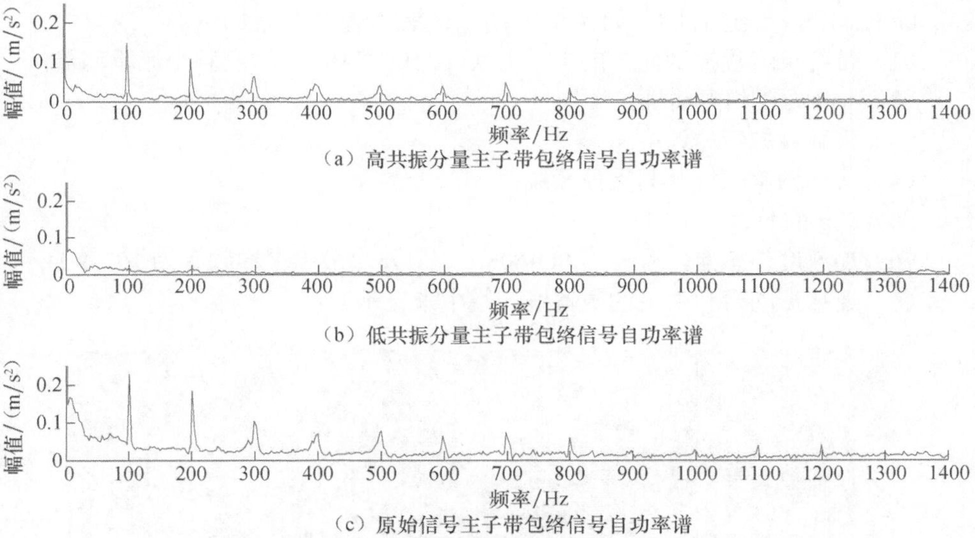

（a）高共振分量主子带包络信号自功率谱

（b）低共振分量主子带包络信号自功率谱

幅值/（m/s²）

频率/Hz

（c）原始信号主子带包络信号自功率谱

图 5.25　各主子带包络信号自功率谱

率谱的峰值都处在 100Hz 及其倍频处，且峰值随频率增加而减小，这与滚动轴承外滚道故障的特征频谱吻合，也符合此轴承外滚道故障特征频率 f_o=100Hz 的事实。但是由于冲击间隔随机变动的影响，低共振分量的主子带包络线的自功率谱无法清晰反映出故障频率。这个仿真实验说明 RSSD 法中高共振分量提取滚动轴承的故障信息比低共振分量更有效。

前文已经讲到，高共振分量和低共振分量都包含了一部分故障信息，而且故障信息都主要包含在各自的主子带中。如果对两种分量的主子带求和，得到原始信号的主子带，原始信号主子带将携带最多的故障信息。对原始信号主子带进行包络解调，并且获取包络信号的自功率谱，这个自功率谱中的故障频率将更加明显。

图 5.25（c）是 5.4.3 节中模拟故障信号的主子带包络信号自功率谱。显然，三个自功率谱中，原始信号主子带包络自功率谱在故障频率及其倍频处的幅值是最大的，所以在提取滚动轴承故障信息时要充分利用原始信号的主子带。

5.5　实验验证及结果分析

5.5.1　实验平台和实验对象

1. 实验平台

本章的实验是在 SpectraQuest 公司开发的机械故障模拟器（machinery fault simulator, MFS）上进行的。如图 5.26 所示，MFS 基本配置如下：

（1）带有可编程控制面板的 1 马力（hp, 1hp=745.7W）变频交流驱动器；

（2）1 马力 3 相电动机；

（3）带数显的转速计；

（4）滚动轴承系统及其支撑系统；

（5）5kg 的负载；

（6）加速度传感器，型号为 SQI608A11-3F/8，最高采样频率为 102.4kHz;

（7）连接振动台和主机的数据线（图中未显示）；

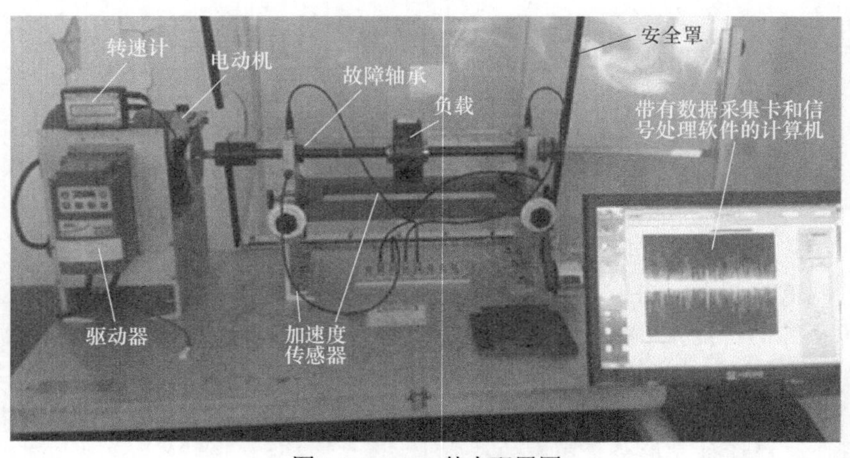

图 5.26　MFS 基本配置图

（8）透明抗冲击安全防护罩；

（9）内置 8 通道数据采集卡且安装有数据处理软件的计算机。

2. 实验对象

本章所有实验的测试对象都是工业上最常用的单列深沟球轴承，型号为 ER-12T 和 ER-12K 两种。故障类型包括内滚道剥落、外滚道剥落、滚动体剥落和复合剥落。ER-12K 故障轴承是与实验台一起购入的，ER-12T 的故障是课题组加工的，两者的故障加工方法都是电火花加工。图 5.27 展示了 ER-12T 的故障加工方法（已经拆卸了防尘圈和挡油圈）。外滚道故障用电极从外向内电火花穿孔而得（图 5.27（a）圆圈中），内滚道故障用电极从右侧面经保持架与内滚道间的缝隙斜向下伸入（图 5.27（a）箭头所示方向）加工得到。表 5.3 为本章实验所用到的轴承的基本参数。

（a）轴承侧面　　（b）轴承背面

图 5.27　ER-12T 故障轴承

表 5.3　实验用到的滚动轴承基本参数

型号	滚道节径/mm	滚动体直径/mm	滚动体个数	接触角/(°)	故障特征频率/轴转频			
					外滚道故障	内滚道故障	滚动体故障	保持架故障
ER-12T SealMaster	34.170	7.105	9	0	3.564	5.436	2.301	0.396
ER-12K MB	33.477	7.9375	8	0	3.048	4.95	1.990	0.381

5.5.2　实验方案设计

本章用故障轴承和正常轴承进行振动测试，用加速度传感器检测振动数据，利用 5.4.2 节提出的基于共振稀疏分解的滚动轴承微弱信号提取技术处理这些振动加速度数据，并从振动加速度数据中提取出故障信息。

实验分为内滚道剥落、外滚道剥落、滚动体剥落和三种剥落同时存在的复合剥落四种情况。由于内、外滚道剥落故障是滚动轴承最常见的故障，所以这两种类型故障要设置两个不同故障尺寸的实验，以便于对比分析。实验中为了使故障信号更加微弱，以突出研究意义，有时会去掉负载和人为增加噪声（用锤子敲击实验台）。

为了避免故障间的相互耦合，在每个故障实验中，使用的一对轴承都是一个正常轴承和一个故障轴承；在正常轴承的振动测试中，使用的一对轴承都是正常轴承。

传感器安装在轴承座上，布置在水平和竖直两个方向。由于重力的作用，一般情况下竖直方向的振动信号会更加强烈，所以本章所有的振动数据，如果没有特别指明，都是指竖直方向的振动加速度。滚动轴承系统的固有频率一般为几千赫兹甚至上万赫兹，所以为了保证采集的信号能足够精确地反映故障冲击响应，本章所有实验的采样频率都为 51.2kHz 或者 102.4kHz。

具体的实验技术路线如图 5.28 所示。

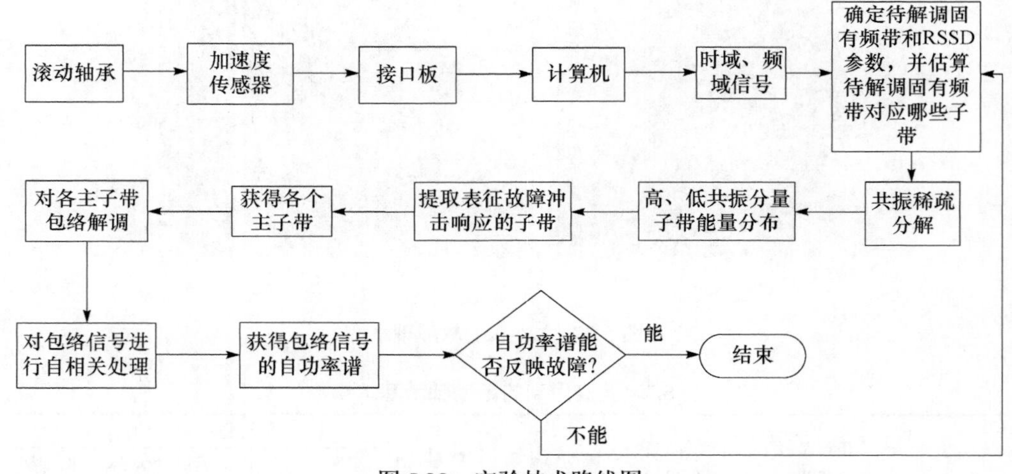

图 5.28　实验技术路线图

5.5.3　实例分析

1. 内滚道剥落实例分析

例 5.1　现有 ER-12T 内滚道剥落故障滚动轴承，故障为直径 0.5mm、深 0.4mm 的近似半球面的小坑。轴转频 30.04Hz，负载 5kg，采样频率 102.4kHz，采样点数 131072。从表 5.3 可知，该轴承的故障特征频率为 5.436×30.04Hz=163.30Hz。

图 5.29 是加速度传感器检测到的该滚动轴承的振动信号（为了显示清晰，只

展示了前 0.1s 的波形，以后不再特别指出）。从图 5.29（a）中可以看到，有些地方的加速度有突变，这些突变大多数是由故障冲击激起的。理论上说，故障频率为 163.30Hz 时，0.1s 内应该有 16 次左右的故障冲击，但是从图 5.29（a）中只能看到 9 个加速度突变点。造成这种现象的原因一方面是内滚道剥落时，剥落区和滚动体在载荷区接触时冲击力较大，加速度突变明显，在非载荷区接触时冲击力较小，加速度突变不明显。另一方面是滚动体并不是每次经过剥落区都会有冲击，偶尔也会直接“飞掠”过剥落区，不产生冲击。图 5.29（b）是加速度信号的频谱。在频谱图中，谐波成分主要集中在 1kHz 以下，在 3.1kHz 和 10kHz 附近分别有两个轴承系统的固有频带，也称为共振峰。由于 3.1kHz 附近的共振峰的峰值较大，且频带更窄，所以将以 3.1kHz 附近的固有频带作为解调频带。

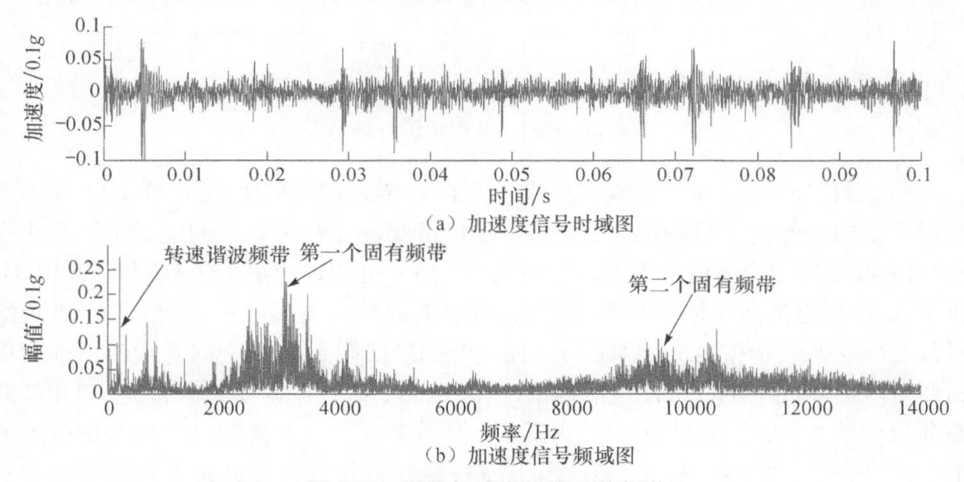

（a）加速度信号时域图

（b）加速度信号频域图

图 5.29 振动加速度信号及其频谱

下面对加速度信号进行共振稀疏分解。根据 5.4.1 节中针对滚动轴承的共振稀疏分解的参数确定原则，确定 Q_1=4，Q_2=1，r_1=r_2=3.5，J_1=24，J_2=21。这样高共振分量中子带最低中心频率为 2513Hz，低于第一个固有频带。低共振分量中子带最低中心频率为 31Hz，足以拟合转频（30.04Hz）的谐波成分。令 $\lambda_{i,j}$ 的值是 $S_{i,j}$ 的 2 范数的 15%。

共振稀疏分解的结果如图 5.30 所示。在高共振分量中，每一个加速度突变点处都有一串振荡，而在低共振分量中，每一个加速度突变点处只有持续时间很短（1～2 个振荡周期）的振荡。从图中可以明显看出，经过共振稀疏分解之后，随机噪声绝大部分都被分解到残余分量中。仔细观察高共振分量的波形可以发现，在高共振分量的每串持续振荡中，包含两种频率的振荡成分，这两种频率对应着滚动轴承系统的两个固有频率。

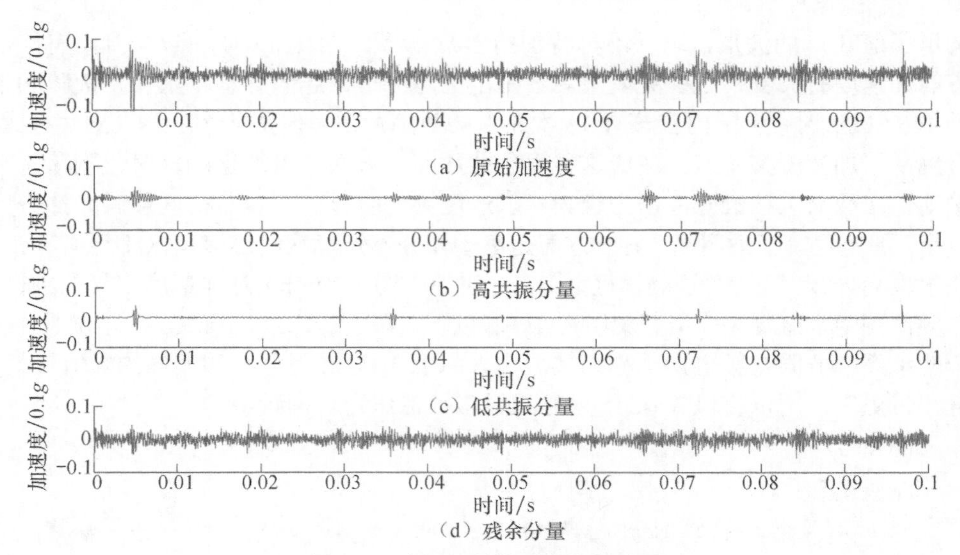

图 5.30　例 5.1 共振稀疏分解结果

图 5.31（a）和（b）是两种共振分量的子带图，图 5.31（c）和（d）是两种共振分量的子带能量分布图。分析图 5.31 可知，高共振分量的能量主要集中在 11～14 和 22～24 两组子带上，通过式（5.15）可知这两组子带分别对应 10kHz 和 3.1kHz 附近的两个固有频带。低共振分量的能量主要集中在 3～5 和 6～8 两组子带上，这两组子带也分别对应 10kHz 和 3.1kHz 附近的两个固有频带。前面提到要对 3.1kHz 附近的固有频带解调，即对高共振分量中的 22～24 子带和低共振分量中的 6～8 子带解调。分别对这两组子带求和，就得到高、低共振分量的主子带（图 5.32（a）和（c））。由于高共振分量和低共振分量都包含一部分故障信息，在此将两种共振分量的主子带相加，得到原始加速度信号的主子带（图 5.32（e））。图 5.32（b）、（d）、（f）分别是图 5.32（a）、（c）、（e）的包络信号。显然，低共振分量主子带的包络信号在故障冲击处是又窄又尖的，这种尖锐的时域信号将会使它的频谱更加分散，而这种分散又会造成故障频率及其倍频处的幅值减小。

图 5.33 是图 5.32 中各主子带包络信号的包络谱。从图中可知，各个主子带的包络谱在 163.5Hz 及其倍频处都有峰值（主谱峰），在主谱峰两侧相距 30Hz 甚至 60Hz 处有边谱峰。此外，在转速的倍频（30Hz 和 60Hz）处有明显的峰值，符合滚动轴承内滚道故障的特征频谱（图 5.9）。比较图 5.33 中高、低共振分量的主子带包络谱可以发现，高共振分量主子带包络谱中的故障频率处的峰值比低共振分量的大，并且前者的故障频率峰值主要集中在故障频率的前 3 次谐波中，但后者的故障频率峰值延伸到故障频率的 8 次谐波以上。除此之外，各包络谱中还

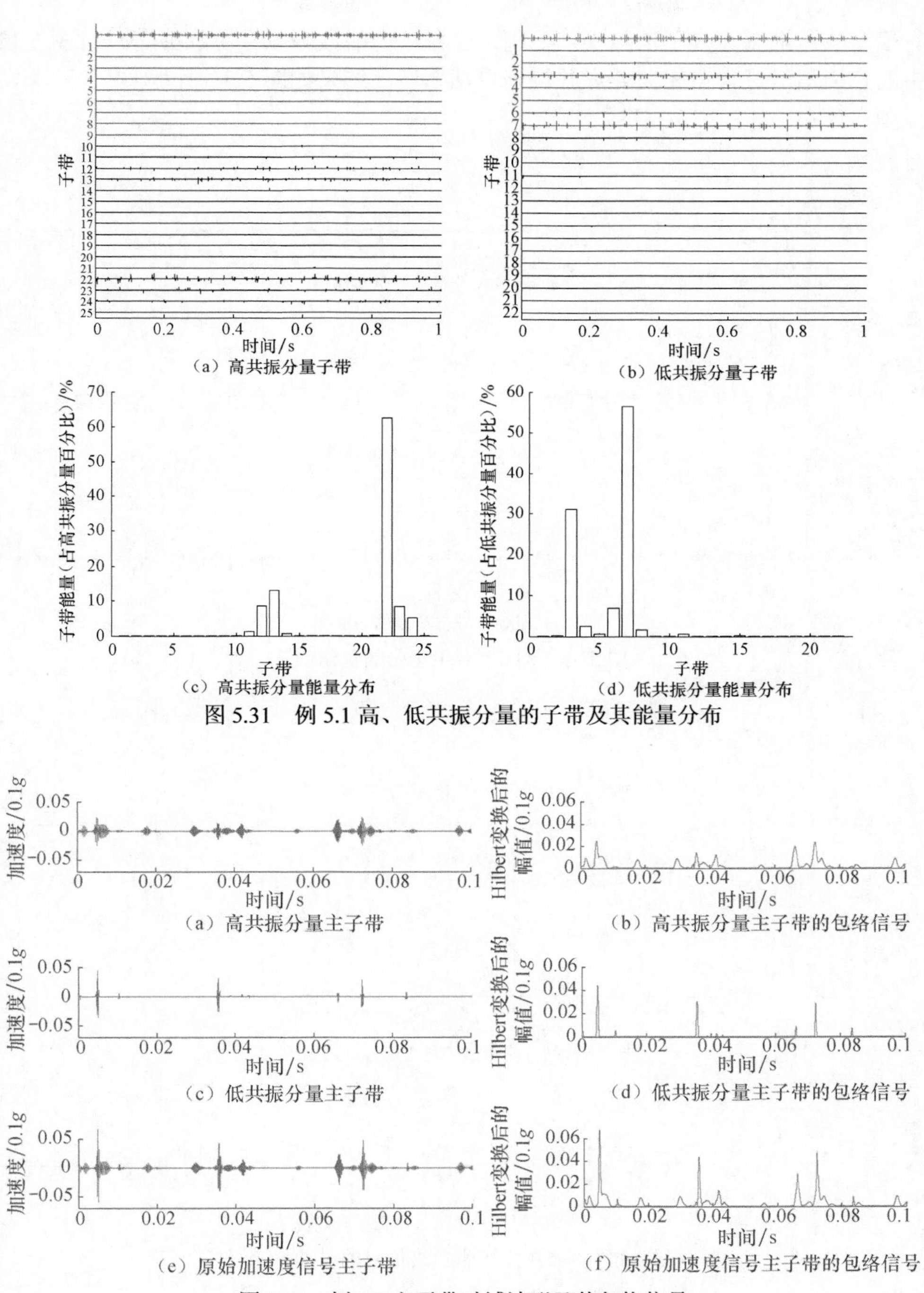

图 5.31　例 5.1 高、低共振分量的子带及其能量分布

图 5.32　例 5.1 主子带时域波形及其包络信号

有很多噪声毛刺。为了消除噪声毛刺，让频谱中的故障频率更加显著，对图 5.32 中的包络信号进行自相关处理并得到自功率谱，结果如图 5.34 所示。

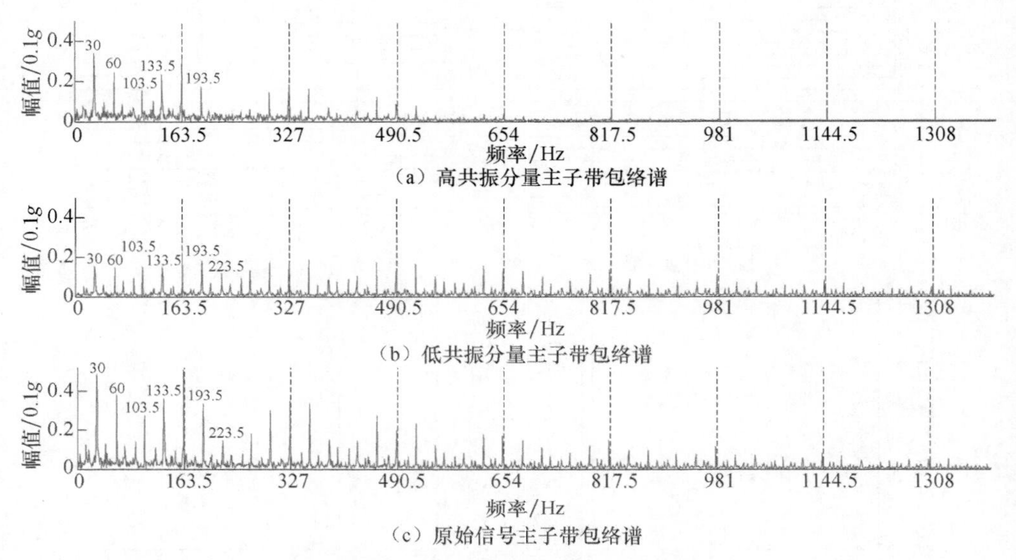

（a）高共振分量主子带包络谱

（b）低共振分量主子带包络谱

（c）原始信号主子带包络谱

图 5.33　例 5.1 各主子带的包络谱

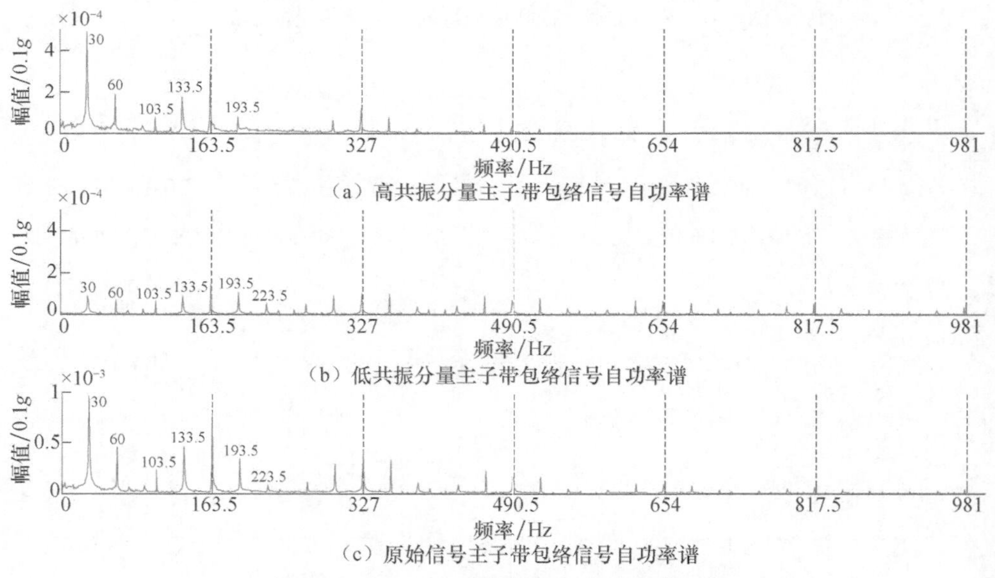

（a）高共振分量主子带包络信号自功率谱

（b）低共振分量主子带包络信号自功率谱

（c）原始信号主子带包络信号自功率谱

图 5.34　例 5.1 主子带包络信号的自功率谱

由于自相关过程有平滑作用，图 5.34 的频谱中随机噪声毛刺已经基本被消除。图中的谱峰可以分为三类：

（1）故障特征频率及其倍频处的主谱峰（图中虚线处）；

（2）主谱峰两侧以转频（30Hz）为间距的边谱峰；

（3）转频及其倍频处的峰值。

比较图 5.34 中的三个自功率谱，图 5.34（a）中的主谱峰值高于图 5.34（b），而且图 5.34（a）中的主谱峰只出现在故障频率的一、二倍频中，但图 5.34（b）中的主谱峰一直扩展到故障频率六倍频以上。可以推测，当轴承的故障更加微弱或者滚动体和滚道间的随机滑动增大时，图 5.34（a）和（c）中的主谱峰会比图 5.34（b）更加明显。所以，在诊断微弱轴承故障时，应该尽量分析高共振分量主子带或原始信号主子带。

例 5.2 图 5.35 是一个正常 ER-12T 滚动轴承在 5kg 负载下测得的加速度信号及其频谱图。采样频率 51.2kHz，采样点数 65536，轴转频 30Hz。相比于图 5.29 中的故障信号，正常滚动轴承振动加速度幅值小得多，并且正常轴承振动加速度中极少出现加速度突变点，其加速度值在零值附近的一个小范围内近似随机变化。在正常滚动轴承振动加速度的频谱中，固有频率附近的幅值只相当于故障轴承的 1/4，而转频的各倍频处的幅值和故障轴承相差不大。这说明轴承振动信号中以固有频率振动的成分主要是由故障冲击激起的，而转速的谐波成分主要是由轴承故障之外的因素（不对中、质量不平衡等）引起的。

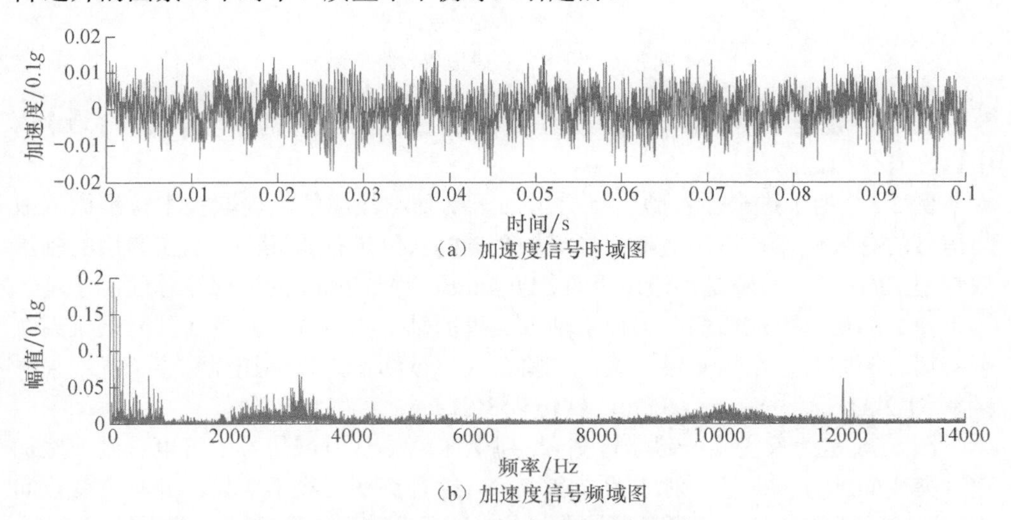

（a）加速度信号时域图

（b）加速度信号频域图

图 5.35 例 5.2 正常轴承振动加速度

由于采样频率与例 5.1 不同，所以取 J_1=18、J_2=20，其余分解参数和例 5.1 中的相同，得到的共振稀疏分解结果如图 5.36 所示。从图中可以看到，高共振分量和低共振分量几乎全部为零，原始加速度信号几乎完全分解到残余分量中。这是因为正常轴承振动加速度中没有故障冲击响应这样的持续振荡成分，并且图中展示的 0.1s 波形中的随机噪声中也没有变化突兀的尖峰。

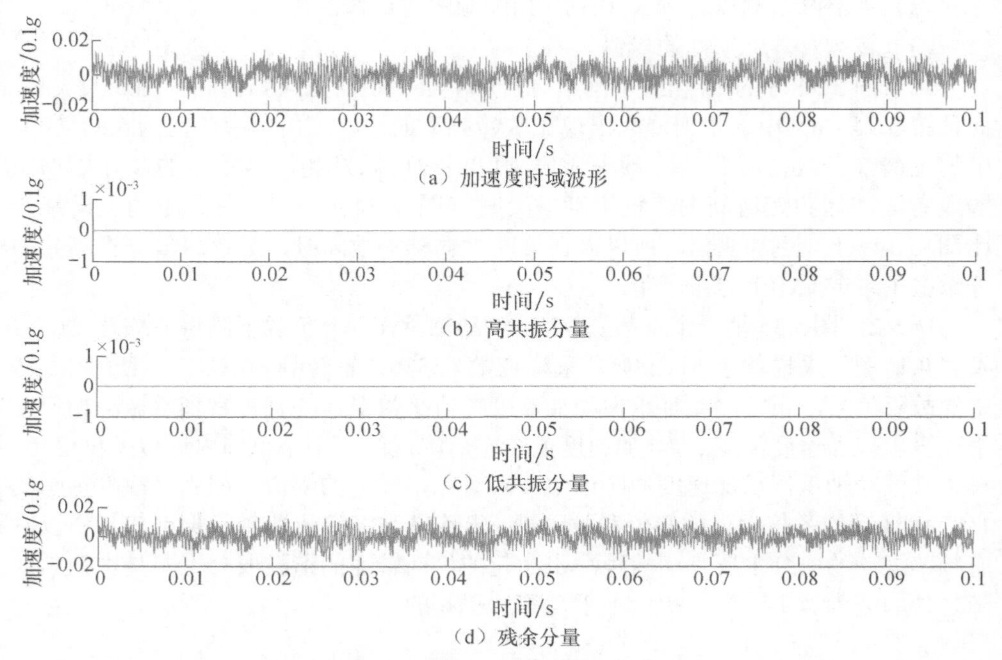

图 5.36　例 5.2 共振稀疏分解结果

图 5.37 是正常轴承振动加速度的各个主子带包络信号的自功率谱，自功率谱中也没有任何故障信息。

例 5.3　为了进一步检验本章提出的滚动轴承故障信息提取技术检测微弱故障信号的有效性，这里用故障信息更加微弱的实例进行验证。本次实验用的轴承依然是 ER-12T，故障是内滚道上直径 0.4mm、深 0.2mm 的近似半球面的小坑。为了使故障信息更加微弱，去掉了轴承支撑的轴上的负载，并且在信号采集系统采集信息的同时，用锤子快速敲击实验台（每秒约 5 次）以加强噪声干扰。采样频率 51.2kHz，采样点数 65536，轴转频 30Hz。

图 5.38 是此次实验传感器检测到的振动信号。从时域信号中可以看到一些加速度突变的地方，但是相对于图 5.29（a），这种突变已经不明显，并且突变点间的间隔也看不出规律，说明现在的故障信号已经很微弱。该实验虽然去掉了负载，但是和正常轴承振动信号的频谱（图 5.35（b））相比，图 5.38（b）中两个固有频率附近的幅值却更大。这些都说明该轴承存在可以产生冲击的故障。

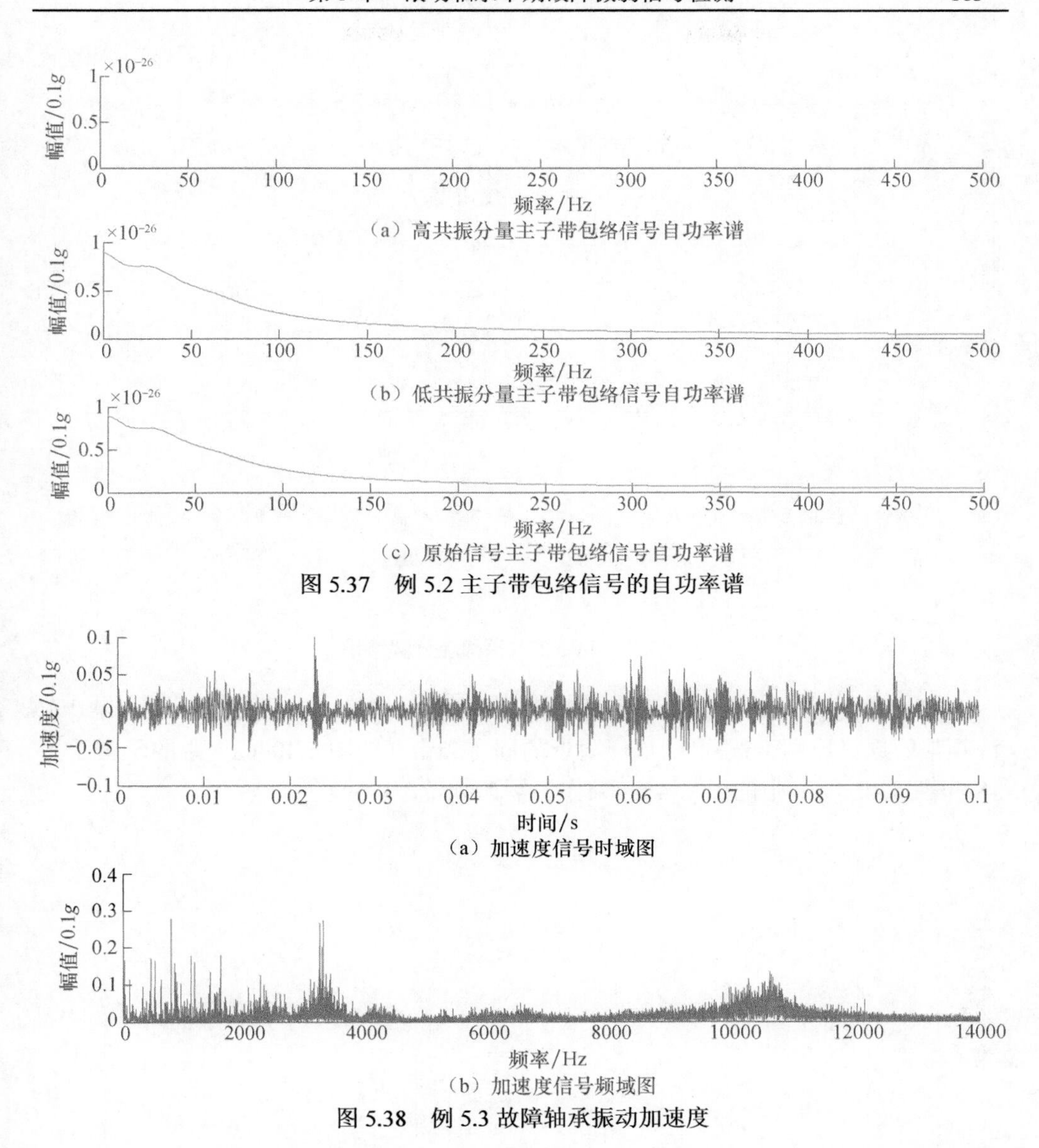

（a）高共振分量主子带包络信号自功率谱

（b）低共振分量主子带包络信号自功率谱

（c）原始信号主子带包络信号自功率谱

图 5.37　例 5.2 主子带包络信号的自功率谱

（a）加速度信号时域图

（b）加速度信号频域图

图 5.38　例 5.3 故障轴承振动加速度

取与例 5.2 相同的共振分解参数，得到如图 5.39 所示的分解结果。一方面，此次实验背景噪声相对于故障信号很大，导致残余分量很多，而高、低共振分量占的比重较小。另一方面，此次实验的故障本身很微弱，所以故障冲击激起的衰减振荡中的突兀峰很少，导致低共振分量占的比重远小于高共振分量（图 5.39（b）和（c））。由于故障微弱，并且去掉了负载，导致不是每一次滚动体和故障区接触所产生的冲击都能在高共振分量中体现出来，只有滚动体和故障区在载荷区接触时产生的冲击才有可能在高共振分量中反映出来（图 5.39（b））。

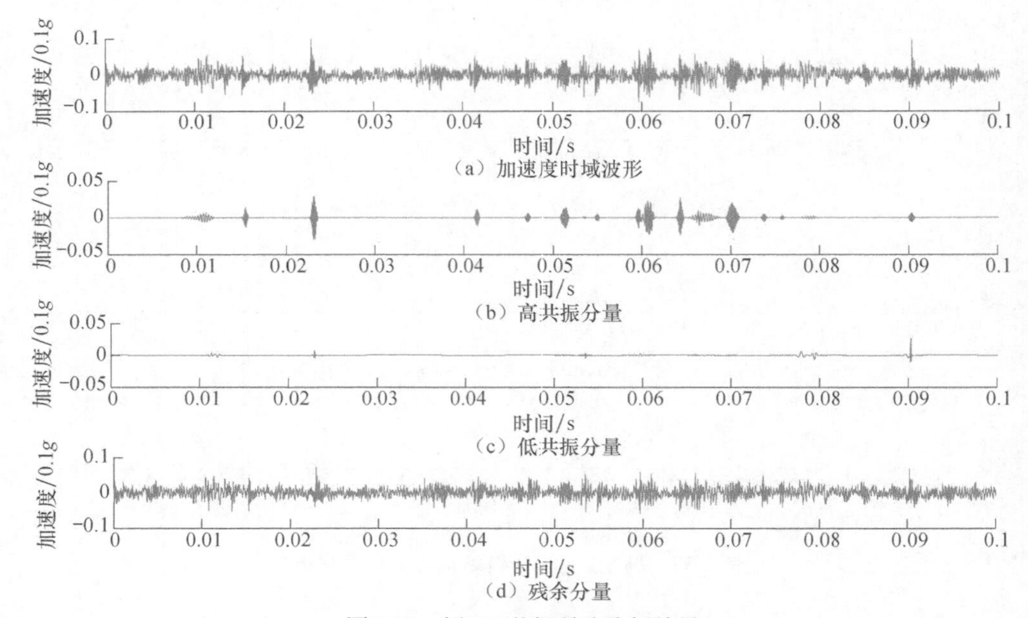

(a) 加速度时域波形

(b) 高共振分量

(c) 低共振分量

(d) 残余分量

图 5.39　例 5.3 共振稀疏分解结果

图 5.40 是两种共振分量的子带能量分布图。结合图 5.38（b）和 5.2.2 节中解调频带的选择原则，选择 3.1kHz 附近的固有频带（即图 5.40（a）中的子带 15～18 和图 5.40（b）中的子带 4～7）作为解调频带。

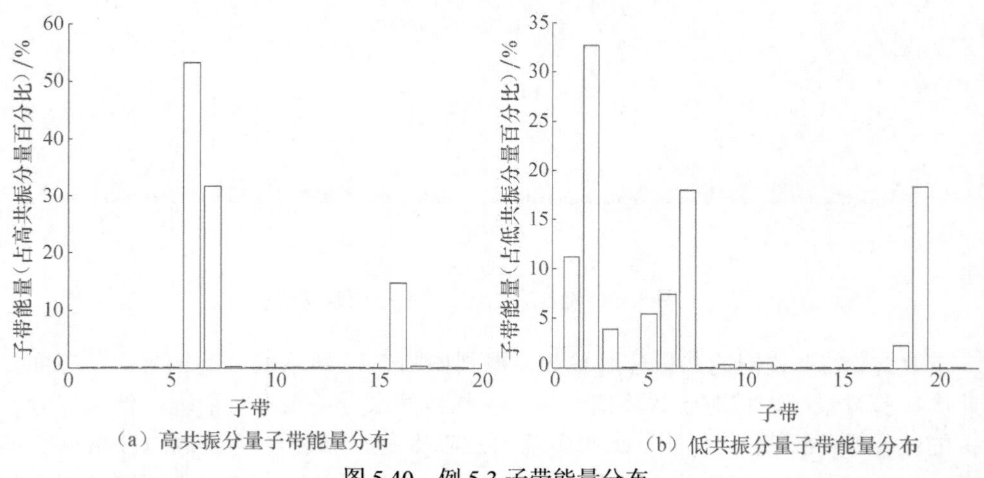

(a) 高共振分量子带能量分布

(b) 低共振分量子带能量分布

图 5.40　例 5.3 子带能量分布

图 5.41 是各个主子带包络信号的自功率谱，其中原始信号主子带包络信号的自功率谱在故障特征频率处的峰值最大，也是最明显的。低共振分量主子带包络

信号的自功率谱在故障频率处的峰值最小，而且在低共振分量主子带包络信号的自功率谱中故障频率处的峰值并不是最占优的。从图 5.41 中还可以看出，对于内滚道微弱故障信号，主谱峰（163.5Hz）两边的边谱峰（133.5Hz 和 193.5Hz）相当微弱，甚至几乎没有。比较图 5.41（a）～（c），可知在故障信号微弱的情况下，低共振分量中包含的故障信息很少，而且容易受噪声的干扰。

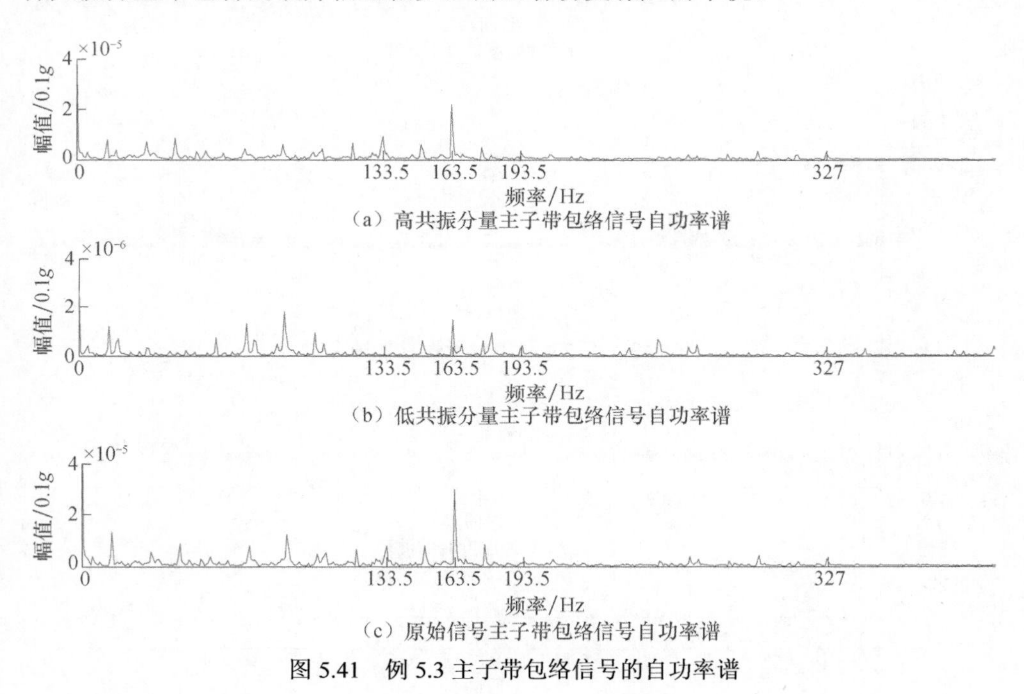

（a）高共振分量主子带包络信号自功率谱

（b）低共振分量主子带包络信号自功率谱

（c）原始信号主子带包络信号自功率谱

图 5.41　例 5.3 主子带包络信号的自功率谱

2. 外滚道剥落实例分析

例 5.4　下面是型号为 ER-12T 的外滚道剥落故障实验。故障为穿透外滚道的直径 0.8mm 的通孔。轴转频 30.03Hz，负载 5kg，采样频率 51.2kHz，采样点数 65536。从表 5.3 中可知，该轴承的故障特征频率为 3.564×30.03Hz=107.03Hz。

图 5.42 是该滚动轴承的振动加速度信号。在图 5.42（b）中，两个固有频带的谱峰值相差不大，所以在这次实验中将分别对两个固有频带进行解调，并比较两个固有频带的解调效果。

取与例 5.2 相同的分解参数，得到的分解结果如图 5.43 所示。从图 5.43（b）可以看出，并不是滚动体每次经过故障区都会在高共振分量中反映出来。理论上说，故障特征频率为 107Hz 时，0.1s 内应该有 10 次左右的故障冲击，但是高共振分量中只反映了 6 次，说明存在滚动体“飞掠”故障区的现象。

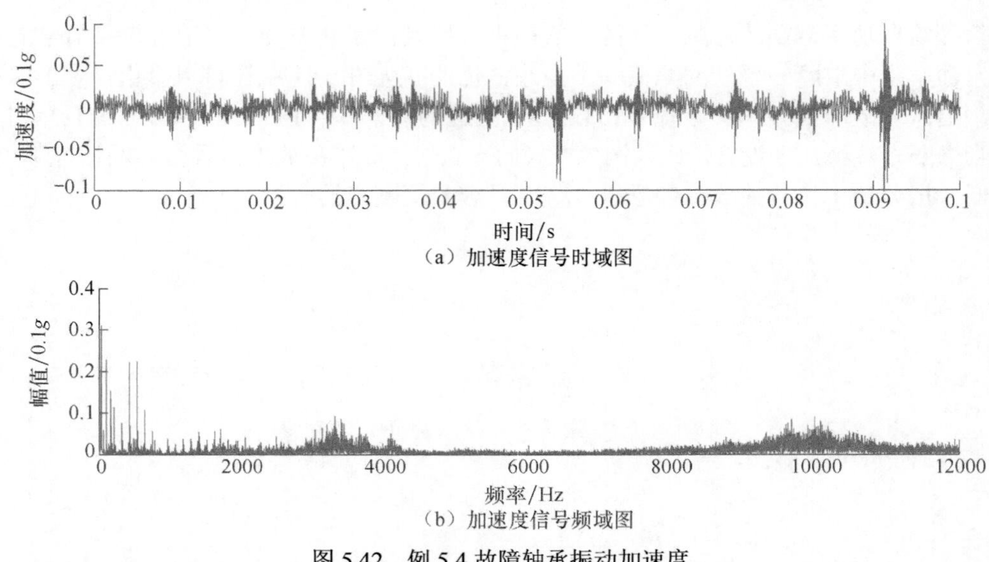

（a）加速度信号时域图

（b）加速度信号频域图

图 5.42　例 5.4 故障轴承振动加速度

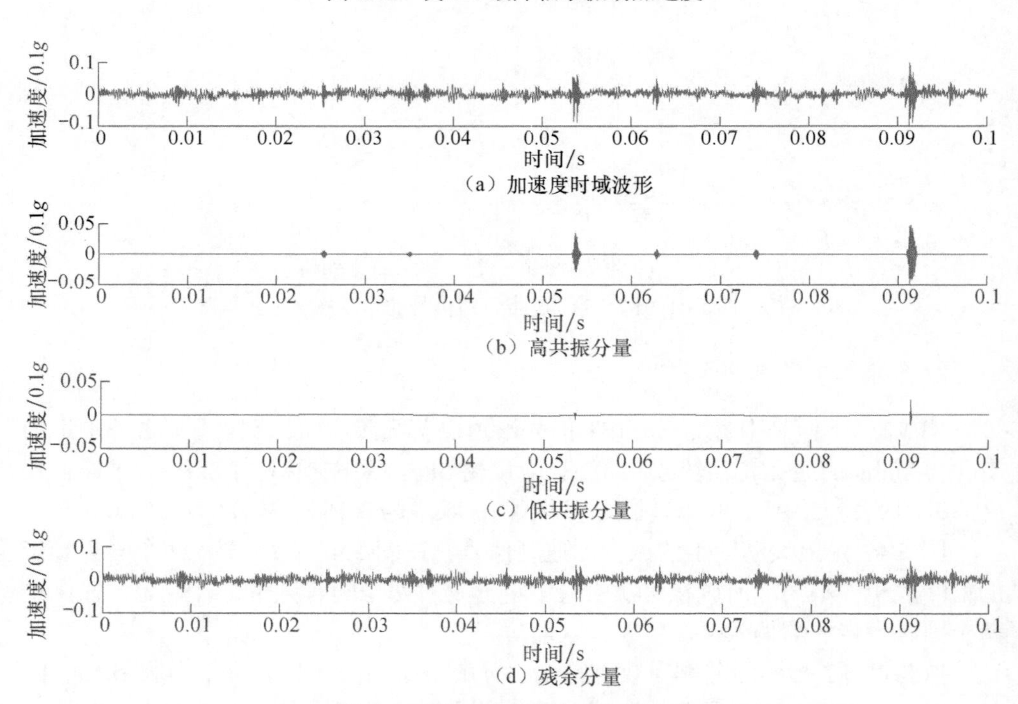

（a）加速度时域波形

（b）高共振分量

（c）低共振分量

（d）残余分量

图 5.43　例 5.4 共振稀疏分解结果

图 5.44 是高、低共振分量的子带能量分布图，对照该图并结合式（5.15）可知，图 5.44（a）中的 6、7、8 子带和图 5.44（b）中的 2、3 子带对应 10kHz 附

近的固有频带；图 5.44（a）中的 15、16、17 子带和图 5.44（b）中的 4、5、6 子带对应 3.1kHz 附近的固有频带。

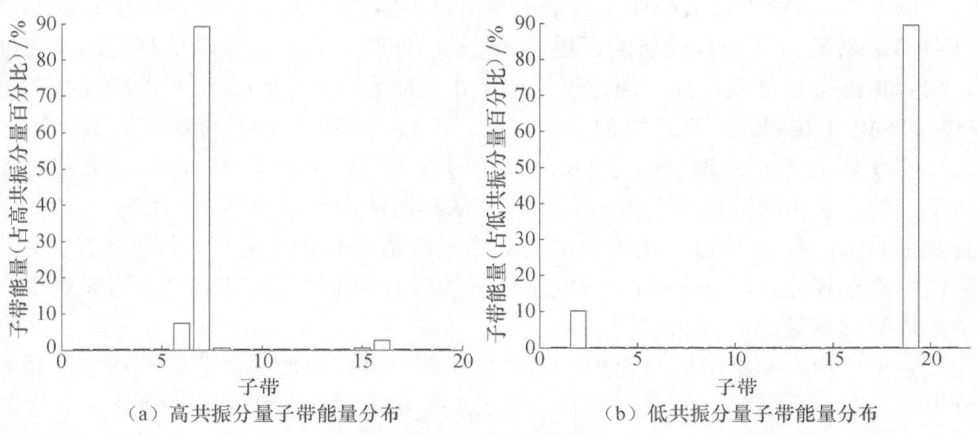

（a）高共振分量子带能量分布　（b）低共振分量子带能量分布

图 5.44　例 5.4 子带能量分布

图 5.45 是两个固有频带对应的主子带包络信号的自功率谱。比较图 5.45（a）、（c）、（e）和（b）、（d）、（f），发现两个固有频带对应的各个主子带包络信号的自功率谱在故障特征频率及其倍频处都有峰值（图 5.45（d）除外），并且峰值随频率增

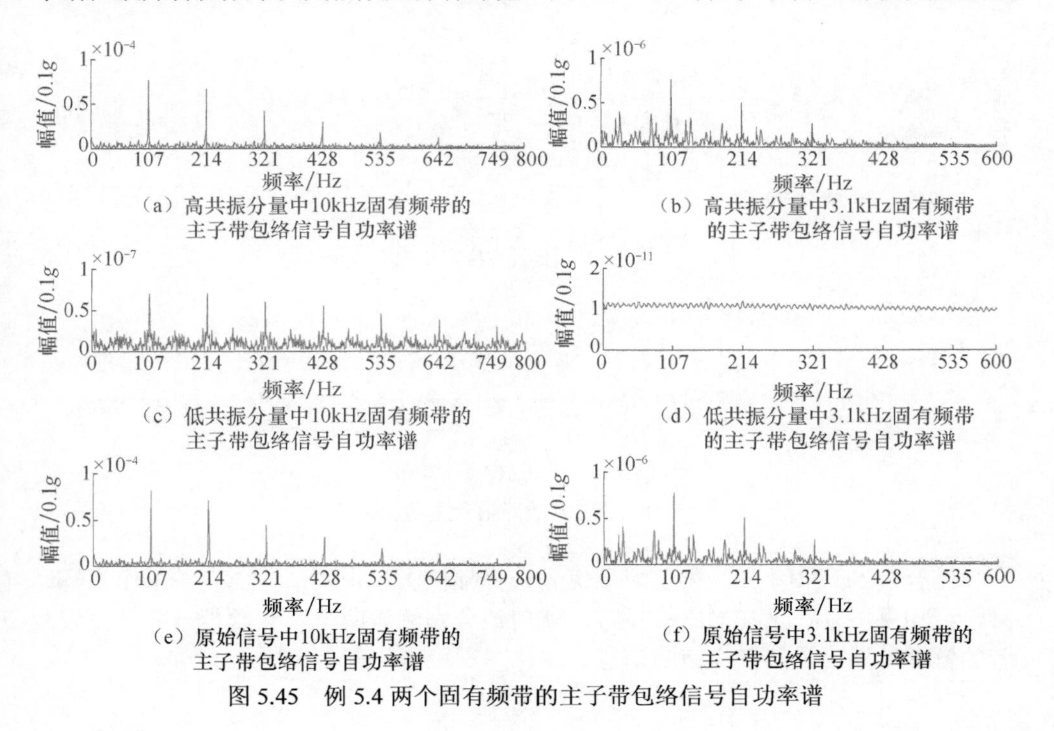

（a）高共振分量中10kHz固有频带的主子带包络信号自功率谱

（b）高共振分量中3.1kHz固有频带的主子带包络信号自功率谱

（c）低共振分量中10kHz固有频带的主子带包络信号自功率谱

（d）低共振分量中3.1kHz固有频带的主子带包络信号自功率谱

（e）原始信号中10kHz固有频带的主子带包络信号自功率谱

（f）原始信号中3.1kHz固有频带的主子带包络信号自功率谱

图 5.45　例 5.4 两个固有频带的主子带包络信号自功率谱

加而减小。但是无论从故障特征频率及其倍频处的幅值还是从故障谱峰的占优情况看，解调 10kHz 附近的固有频带的效果都要远远优于解调 3.1kHz 附近的固有频带。

例 5.5　本例进行故障更加微弱且噪声干扰强得多的实验。轴承型号依然是 ER-12T，故障为穿透外滚道的直径 0.4mm 的通孔。为了使故障信息更加微弱，本次实验没有加负载，并且用锤子快速敲击实验台（每秒约 5 次）以加强噪声干扰。轴转频 30.03Hz，采样频率 51.2kHz，采样点数 65536，故障特征频率为 107.0Hz。

图 5.46 是振动加速度信号。从时域信号中已经完全看不出故障冲击激起的加速度突变，说明故障信号已经极其微弱。从频谱图中可以看出，3.1kHz 附近的固有频带的幅值高于 10kHz 附近的固有频带的幅值，且频带更窄，根据 5.2.2 节的解调频带选择原则，应该选择 3.1kHz 附近的固有频带作为解调频带。下面对这两个频带的解调效果进行比较。

由于这次实验故障信息很少，为了让故障信息尽可能完全分解到高、低共振分量中，取更小的$\lambda_{i,j}$（虽然这可能会导致高、低共振分量中的噪声增多），令其值是 $S_{i,j}$ 的 2 范数的 10%，其余分解参数和例 5.4 一样。得到如图 5.47 所示的两个固有频带对应的主子带包络信号的自功率谱。从图中可以看出，解调 3.1kHz 附近的固有频带获得的自功率谱中故障特征频率处的峰值尖锐且清晰，可以获得比解调 10kHz 附近的固有频带更明显的故障信息。

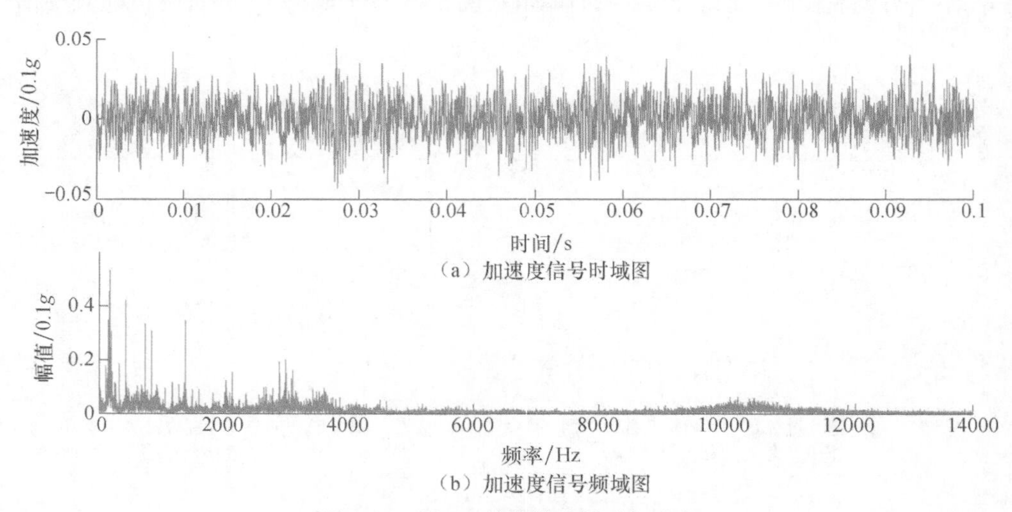

（a）加速度信号时域图

（b）加速度信号频域图

图 5.46　例 5.5 故障轴承振动加速度

结合例 5.4 和例 5.5，得出应该优先选择幅值大和带宽窄的固有频带作为解调频带，如果不存在这样的固有频带，就应该分别解调两个固有频带，并且比较两者的解调结果，最终确定故障信息。

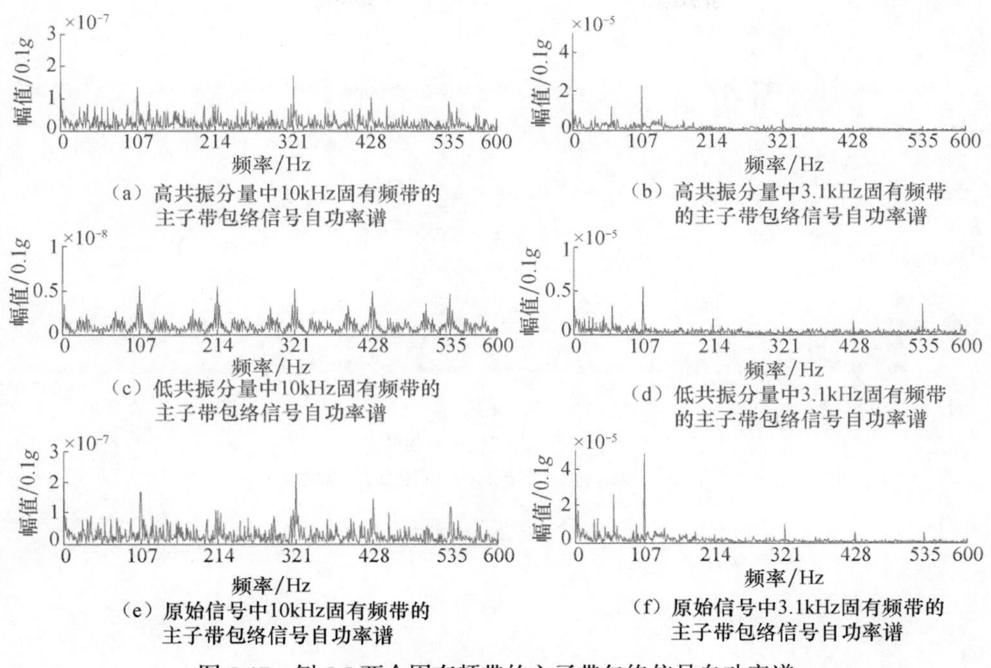

（a）高共振分量中10kHz固有频带的主子带包络信号自功率谱
（b）高共振分量中3.1kHz固有频带的主子带包络信号自功率谱
（c）低共振分量中10kHz固有频带的主子带包络信号自功率谱
（d）低共振分量中3.1kHz固有频带的主子带包络信号自功率谱
（e）原始信号中10kHz固有频带的主子带包络信号自功率谱
（f）原始信号中3.1kHz固有频带的主子带包络信号自功率谱

图 5.47　例 5.5 两个固有频带的主子带包络信号自功率谱

3. 滚动体剥落实例分析

例 5.6　本实验用的是实验台配套的型号为 ER-12K 的滚动体剥落故障轴承。轴转频 29.99Hz，负载 5kg，采样频率 51.2kHz，采样点数 65536。从表 5.3 中可知，该轴承的故障特征频率为 1.990×29.99Hz=59.68Hz，保持架转频为 0.381×29.99Hz=11.43Hz。

图 5.48 是该滚动轴承的振动信号。从时域图中可以看到一些故障冲击激起的加速度突变点，但是加速度突变点分布的规律性不强，并且存在滚动体“飞掠”故障区的现象。在频谱图中可以看到，ER-12K 滚动轴承的滚动体故障会激起 3 个固有频带。而 ER-12T 只有两个固有频带，说明不同的轴承固有频带是不一样的。比较这 3 个固有频带，显然 3kHz 附近的固有频带谱值最大、带宽最小，所以选择这个固有频带为解调频带。

确定共振分解参数 Q_1=3，Q_2=1，J_1=43，J_2=20，r_1=r_2=3.5，令 $\lambda_{i,j}$ 的值是 $S_{i,j}$ 的 2 范数的 15%。共振稀疏分解后，得到的高、低共振分量的能量分布如图 5.49 所示。结合式（5.15）和两种分量的子带能量分布情况，容易知道图 5.49（a）中的子带 12、13、14 和图 5.49（b）中的子带 5、6、7、8 对应 3kHz 附近的固有频带。分析这两组子带，得到如图 5.50 所示的各个主子带包络信号的自功率谱。

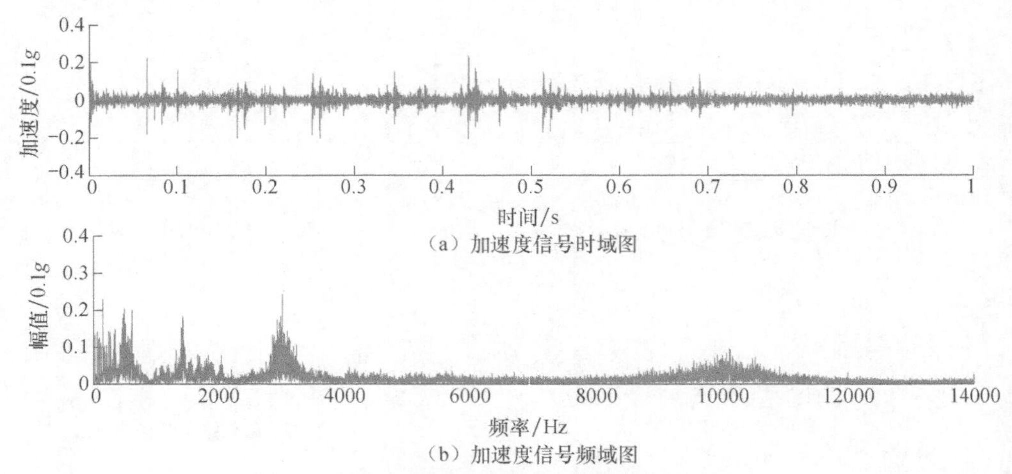

图 5.48　例 5.6 故障轴承振动加速度

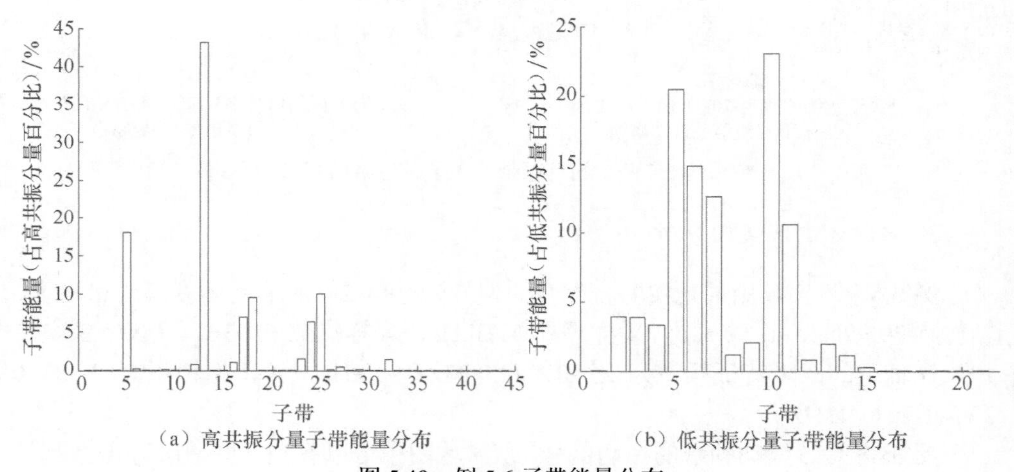

图 5.49　例 5.6 子带能量分布

从图 5.50 中可以看到，在三个主子带包络信号自功率谱中，滚动体故障特征频率的二倍频（119.36Hz）处有明显的尖峰（主谱峰），在这个尖峰的两边相距保持架的转频（11.43Hz）处有更小的尖峰（边谱峰）。此外，在保持架转频的一倍频到三倍频处也有明显的峰值。这些都符合滚动体故障特征频谱中故障特征频率的偶数倍频占优且故障冲击响应的振幅受保持架转频调制的特点，说明该滚动轴承存在滚动体剥落故障。

4. 复合剥落实例分析

例 5.7　本实验使用的是实验台配套的型号为 ER-12K 的滚动轴承，该轴承的内

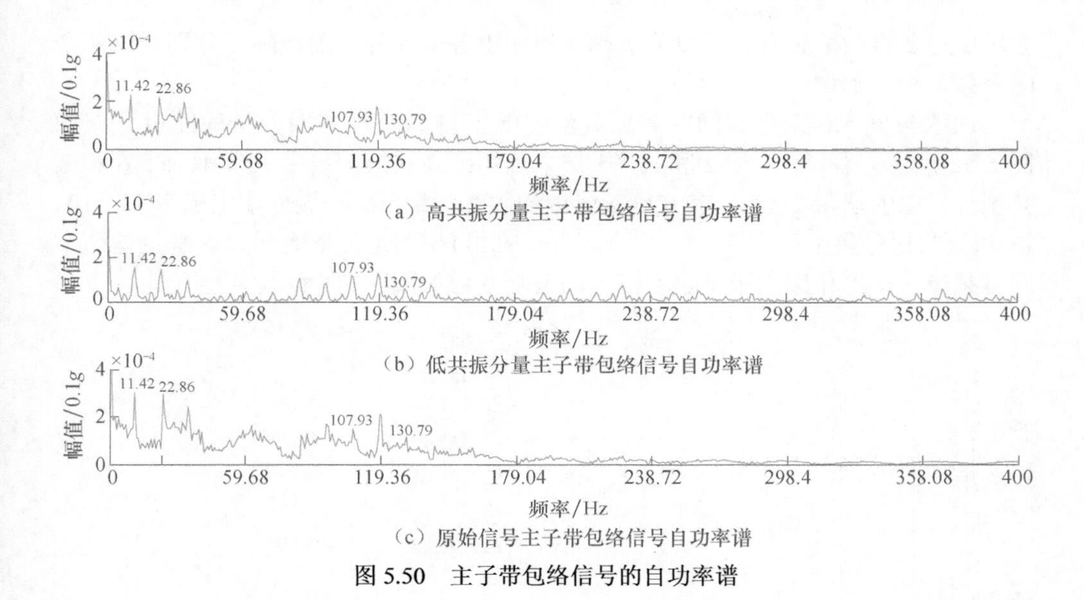

（a）高共振分量主子带包络信号自功率谱

（b）低共振分量主子带包络信号自功率谱

（c）原始信号主子带包络信号自功率谱

图 5.50　主子带包络信号的自功率谱

外滚道和滚动体同时存在剥落故障。轴转频 30.01Hz，负载 5kg，采样频率 51.2kHz，采样点数 65536。由表 5.3 可得，该轴承的外滚道故障特征频率为 91.47Hz，内滚道故障特征频率为 148.55Hz，滚动体故障特征频率为 59.72Hz，保持架转频为 11.43Hz。

图 5.51 是该滚动轴承的振动信号。从图 5.51（b）中可以看出，该轴承系统在 3kHz 和 10kHz 附近有两个固有频带。5.2.2 节和例 5.4 已经说明，滚动轴承不同元件上的故障冲击激起的衰减振荡的振荡频率的主要成分是不同的。而此次实

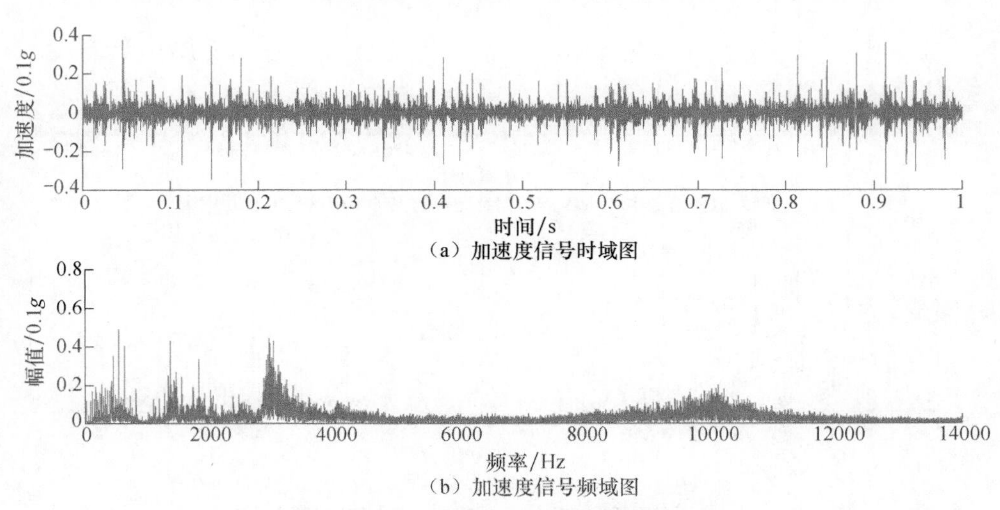

（a）加速度信号时域图

（b）加速度信号频域图

图 5.51　例 5.7 复合故障轴承振动加速度

验对象是复合故障轴承，所以为了确保检测出各个元件上的故障，分别对这两个固有频带进行解调。

选取与例 5.6 完全相同的共振分解参数，得到两种共振分量的能量分布如图 5.52 所示。结合图 5.52 和式（5.15）可知：高共振分量中子带 4、5、6 和低共振分量中的子带 2、3 对应 10kHz 附近的固有频带；高共振分量中子带 11、12、13 和低共振分量中子带 3、4、5、6、7 对应 3kHz 附近的固有频带。解调这两个固有频带，得到相应主子带包络信号的自功率谱如图 5.53 所示。

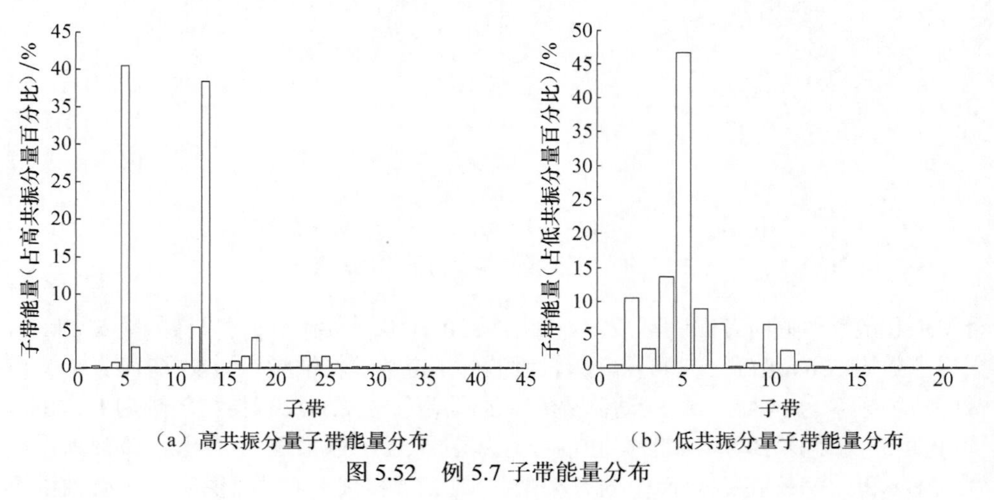

（a）高共振分量子带能量分布　　（b）低共振分量子带能量分布

图 5.52　例 5.7 子带能量分布

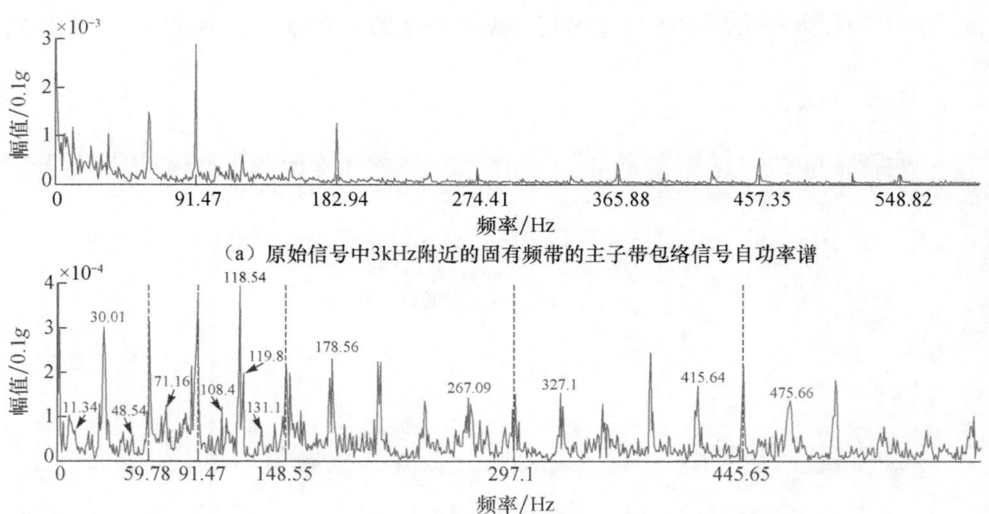

（a）原始信号中3kHz附近的固有频带的主子带包络信号自功率谱

（b）原始信号中10kHz附近的固有频带的主子带包络信号自功率谱

图 5.53　例 5.7 原始信号中两个固有频带的主子带包络信号自功率谱

图 5.53（a）是对原始信号中 3kHz 附近的固有频带的主子带的分析结果，在这个自功率谱中，外滚道故障特征频率及其倍频处出现了明显的尖峰，说明该滚动轴承存在外滚道剥落故障。但是其他两种故障特征频率在图 5.53（a）中没有明显显现出来。图 5.53（b）是对原始信号中 10kHz 附近的固有频带的主子带的分析结果。在这个自功率谱中，内滚道故障特征频率及其倍频处（148.55Hz、297.1Hz、445.65Hz）出现了主谱峰，在主谱峰两侧相距转频（30.01Hz）处出现了边谱峰，并且在转频处有明显峰值，说明该滚动轴承存在内滚道剥落故障。在滚动体故障特征频率的一倍频和二倍频处（59.78Hz、119.8Hz）也出现了主谱峰，在主谱峰两侧相距保持架转频（11.34Hz）处出现了边谱峰，并且在保持架转频处有一个微小的尖峰，预示着该滚动轴承还存在滚动体剥落故障。除此之外，图 5.53（b）中 91.47Hz 处也出现了尖峰，说明外滚道故障在 10kHz 附近的固有频带中也有所反映，但是相对于 3kHz 附近的固有频带，这种反映是微不足道的。

5.5.4　对比分析

目前常用的滚动轴承故障信息提取技术有包络分析和小波分析。文献[46]比较详细地介绍了包络分析在滚动轴承故障诊断的应用。下面将传统包络分析和小波分析技术应用到例 5.3 和例 5.5 中的振动信号，并和本章方法进行比较。

1. 与包络分析的比较

1）包络分析例 5.3

取包络解调频段为 2.7～3.7kHz，详细的包络分析结果如图 5.54 所示。其中，图 5.54（c）是图 5.54（a）的包络信号频谱，图 5.54（d）是图 5.54（a）的包络

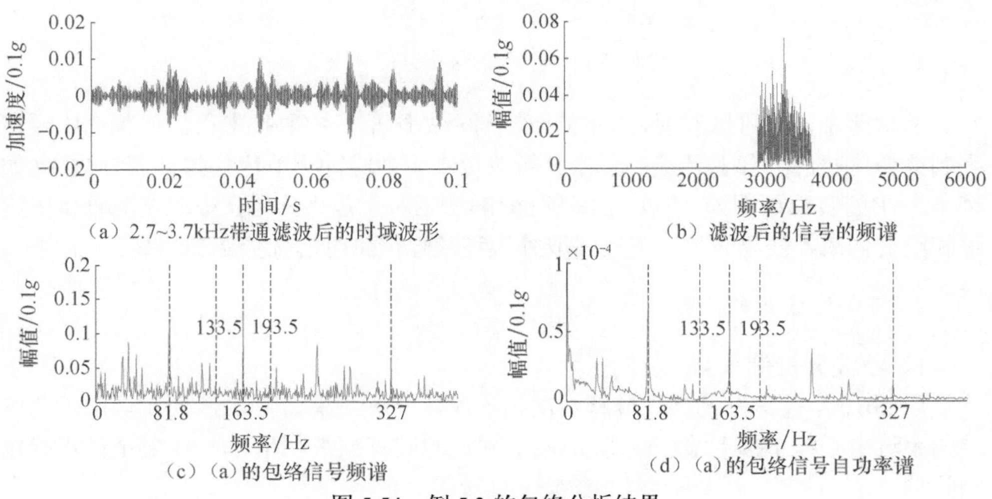

（a）2.7~3.7kHz带通滤波后的时域波形　（b）滤波后的信号的频谱

（c）（a）的包络信号频谱　（d）（a）的包络信号自功率谱

图 5.54　例 5.3 的包络分析结果

信号的自功率谱，显然，经过自相关处理之后的频谱随机噪声成分少了很多。在图 5.54（c）和（d）中，内滚道故障特征频率（163.5Hz）的半倍频、一倍频和二倍频处有主谱峰，但是在主峰的两侧相距转频（30Hz）处看不到边谱峰。在图 5.41（c）中，频谱中毛刺较少，163.5Hz 处的谱峰占优很明显，两侧的边频带也很明显，说明共振稀疏分解提取故障信息的效果优于传统的包络分析和改良后的包络分析（包络信号的自功率谱）。

2）包络分析例 5.5

取解调频段为 2.5～3.3kHz，详细的包络分析结果如图 5.55 所示。在包络信号频谱（图 5.55（c））和包络信号自功率谱（图 5.55（d））中，外滚道故障特征频率（107Hz）的一倍频和三倍频处都有明显的峰值。但是在图 5.47（f）中这两个频率处的峰值更占优，因为噪声毛刺更少。

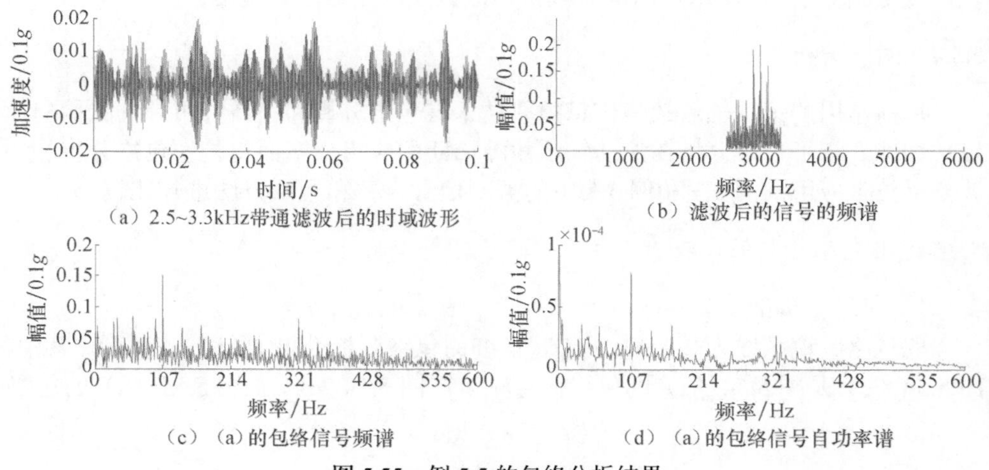

（a）2.5~3.3kHz带通滤波后的时域波形　（b）滤波后的信号的频谱

（c）（a）的包络信号频谱　（d）（a）的包络信号自功率谱

图 5.55　例 5.5 的包络分析结果

从这两个例子可以发现，本章的滚动轴承故障信号提取技术得到的频谱中噪声毛刺更少，信噪比更高。传统的包络分析难以揭示故障冲击响应的振幅调制频率（如例 5.3 中的转频调制），所以共振稀疏分解法相对于包络分析在提取滚动轴承内滚道和滚动体故障信息时的优势比提取外滚道故障信息时的优势更加明显。

2. 与小波分析的比较

1）小波分析例 5.3

取 db10 小波为基函数，分解层次为 5 层，分解结果如图 5.56 所示。由于第三层的小波中心频率接近滚动轴承 3.1kHz 附近的固有频带，所以对 d3 层小波进行包络解调。

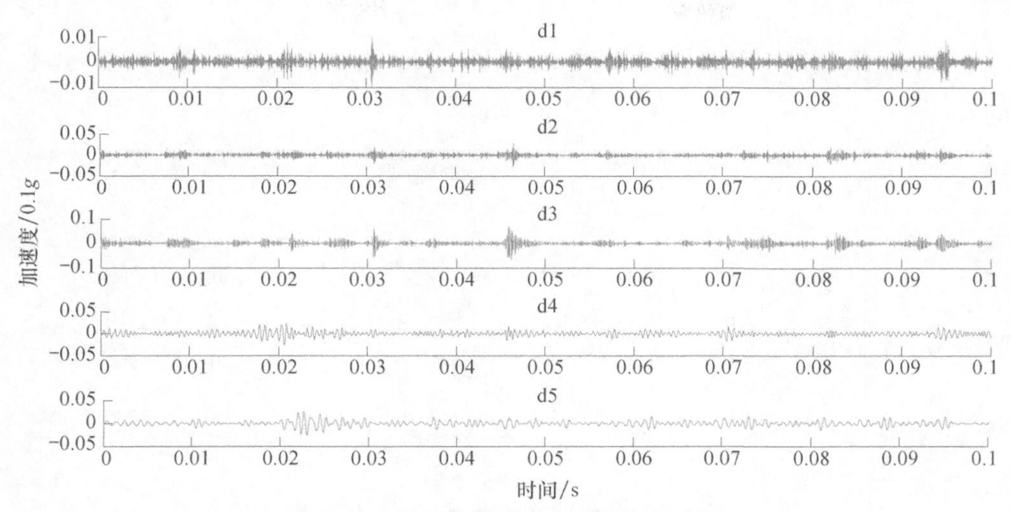

图 5.56　例 5.3 五层 db10 小波分解结果

图 5.57 是 d3 层小波的包络信号的频谱和自功率谱。在这两个频谱中，内滚道故障特征频率（163.5Hz）的半倍频和二倍频处有峰值，距一倍频 3.5Hz 处（160Hz）有峰值。但是相对于图 5.41（c），这两个频谱毛刺都很多，主谱峰在频谱中不占优，主谱峰两侧的边谱峰也极不明显。造成这些现象的原因一方面是传统二进小波分解的频率分辨率较低，难以将故障信号中以固有频率振荡的成分准确地提取出来；另一方面是单一小波拟合复杂信号误差较大。

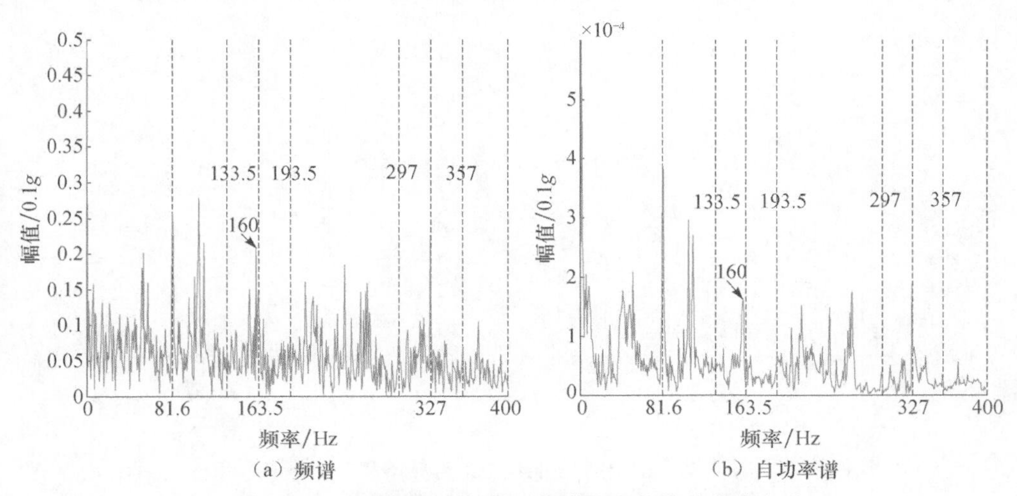

图 5.57　d3 层小波的包络信号频谱和包络信号自功率谱

2）小波分析例 5.5

仍然取 db10 小波为基函数，分解层次为五层，分解结果如图 5.58 所示。由

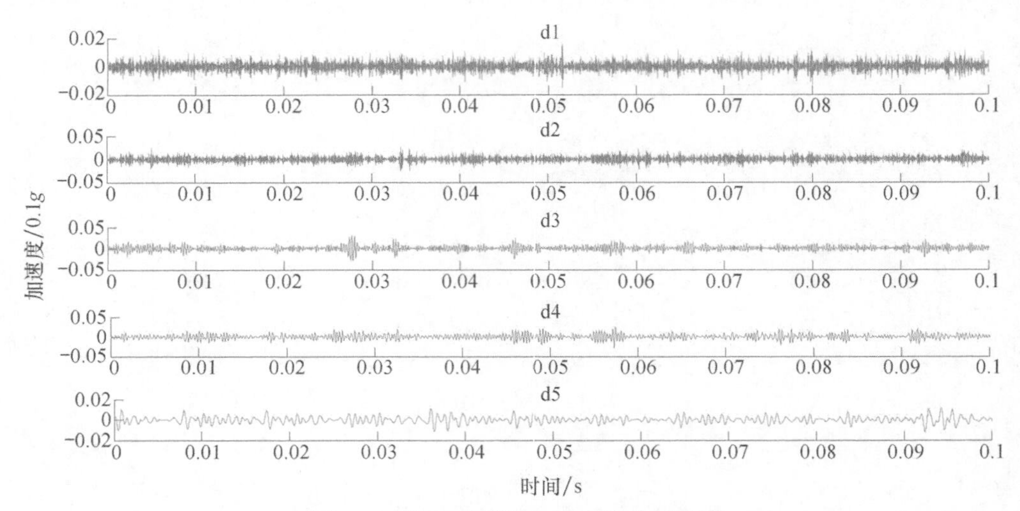

图 5.58　例 5.5 五层 db10 小波分解结果

于第三层的小波中心频率接近滚动轴承 3.1kHz 附近的固有频带，所以对 d3 层小波进行包络解调。

图 5.59 是 d3 层小波的包络信号的频谱和自功率谱。在这两个频谱中，外滚道故障特征频率（107Hz）的一倍频到三倍频处有峰值，特别是一倍频处的峰值很明显。相对于图 5.47（f），图 5.59 中只是噪声毛刺稍微多了一些，但是依然可以比较明确地看出外滚道故障。

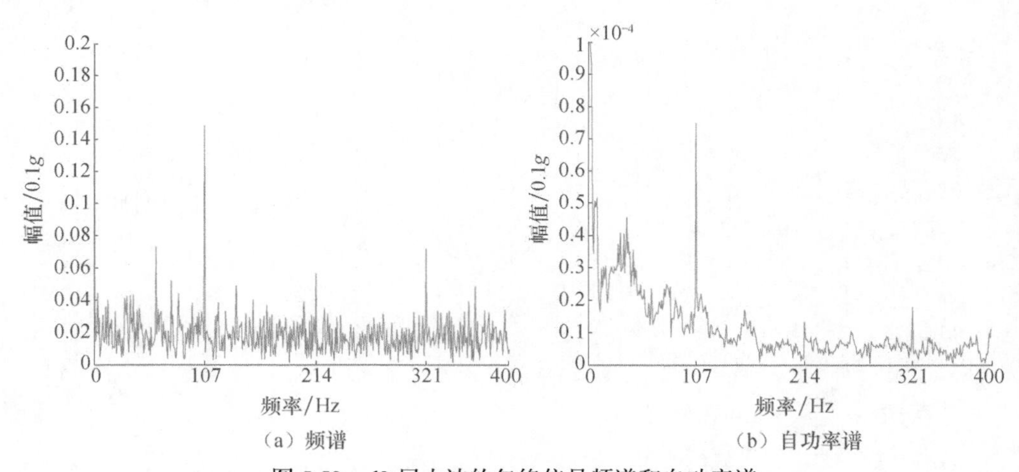

（a）频谱　　（b）自功率谱

图 5.59　d3 层小波的包络信号频谱和自功率谱

从这两个例子可以发现，传统的小波分析也难以揭示故障冲击响应的振幅调制频率，且信噪比较低。所以，共振稀疏分解法相对于传统小波分析在提取滚动轴承内滚道和滚动体故障信息时的优势比提取外滚道故障信息时的优势更加明显。

5.6 本 章 小 结

（1）通过对滚动轴承系统单自由度模型的分析，研究了加速度传感器检测到的故障冲击响应的波形特性。建立了更接近实际情况的滚动轴承二自由度振动模型，在此基础上研究了最优解调频带的选择依据。研究了滚动轴承剥落故障对振动信号的调制特征，分析了故障信号成分及其成因。

（2）在阐述共振稀疏分解的基本思想和原理的基础上，研究了品质因子、冗余因子、分解级数和权重系数对共振稀疏分解结果的影响。通过仿真实验揭示了采用共振稀疏分解法提取滚动轴承故障信息的过程。

（3）研究了针对滚动轴承故障信号的共振稀疏分解的参数确定。提出了基于共振稀疏分解的滚动轴承故障信息提取方法。在此基础上，比较了高、低共振分量提取滚动轴承故障信息的优劣，提出将高、低共振分量结合起来，通过原始信号主子带获取的故障信息更加明显。

（4）采用本章提出的方法对滚动轴承的典型故障进行了实验研究，并且对包络分析和小波分析进行了对比分析。结果表明，本章方法得到的频谱毛刺更少，信噪比更高，并且能够清晰地解调出故障冲击响应的振幅调制频率。

参 考 文 献

[1] 韩捷, 张瑞林. 旋转机械故障机理及诊断技术. 北京: 机械工业出版社, 1997.

[2] 何正嘉, 陈进, 王太勇. 机械故障诊断理论及应用. 北京: 高等教育出版社, 2010.

[3] 陈长征, 胡立新, 周勃, 等. 设备振动分析与故障诊断技术. 北京: 科学出版社, 2007.

[4] Chen B Q, Zhang Z S, Zi Y Y, et al. Detecting of transient vibration signatures using an improved fast spatial-spectral ensemble kurtosis kurtogram and its applications to mechanical signature analysis of short duration data from rotating machinery. Mechanical Systems and Signal Processing, 2013, 40(1): 1-37.

[5] Kilundu B, Chiementin X, Duez J, et al. Cyclostationarity of Acoustic Emissions (AE) for monitoring bearing defects. Mechanical Systems and Signal Processing, 2011, 25(6): 2061-2072.

[6] 程明. 油液分析技术在船舶轴承故障诊断中的应用. 中国设备工程, 2010, 10: 55-56.

[7] 孙斌, 王艳武, 杨立. 基于红外测温的异步电机轴承故障诊断. 电机与控制学报, 2012, 16(1): 50-55.

[8] Wei P, Dai Z J, Zheng L L, et al. Fault diagnosis of the rolling bearing with optical Fiber Bragg Grating vibration sensor. International Symposium on Optoelectronic Technology and Applica-

tion, 2016: 101552I.

[9] Darlow M S, Badgley R H, Hogg G W. Application of high frequency resonance techniques for bearing diagnostics in helicopter gearboxes. US Army Air Mobility Research and Development Laboratory Technical Report, 1974.

[10] Cui L L, Mo D Y, Wang H Q, et al. Resonance-based nonlinear demodulation analysis method of rolling bearing fault. Advances in Mechanical Engineering, 2015, 5(5): 420694.

[11] Nawab S H, Quatieri T F. Short-time Fourier transform. Advanced Topics in Signal Processing, 1988, 6(2): 289-337.

[12] Peng Z K, Zhang W M, Lang Z Q, et al. Time-frequency data fusion technique with application to vibration signal analysis. Mechanical Systems and Signal Processing, 2012, 29(5): 164-173.

[13] Martin W, Flandrin P. Wiginer-Ville spectral analysis of nonstationay processes. IEEE Transactions on Acoustics, Speech and Signal Processing, 1995, 33(6): 1461-1470.

[14] Xu C, Wang C, Liu W. Nonstationary vibration signal analysis using wavelet-based time-frequency filter and Wigner-Ville distribution. Journal of Vibration and Acoustics, 2016, 138(5): 051009.

[15] Mallat S G. Multiresolution representation and wavelet. Philadelphia: University of Pennsylvania, 1988.

[16] Chen J L, Li Z P, Pan J, et al. Wavelet transform based on inner product in fault diagnosis of rotating machinery: A review. Mechanical Systems and Signal Processing, 2015, 70-71: 1-35.

[17] Grossmann A, Morlet J. Decomposition of Hardy functions into square integrable wavelets of constant shape. SIAM Journal on Mathematical Analysis, 1984, 15(4): 723-736.

[18] Daubechies I, Grossmann A, Meyer Y. Painless nonorthogonal expansions. Journal of Mathematical Physics, 1986, 27: 1271.

[19] Huang N E, Shen Z, Long S R, et al. The empirical mode decomposition and the Hilbert spectrum for nonlinear and non-stationary time series analysis. Proceedings of the Royal Society of London, Series A: Mathematical, Physical and Engineering Sciences, 1998, 454(1971): 903-995.

[20] Lei Y G, Lin J, He Z J, et al. A review on empirical mode decomposition in fault diagnosis of rotating machinery. Mechanical Systems and Signal Processing, 2013, 35(1-2): 108-126.

[21] Osman S, Wang W. Integrated Hilbert Huang technique for bearing defects detection. IEEE International Conference on Prognostics and Health Management, Ottawa, 2016: 1-6.

[22] 蒋玲莉, 刘义伦, 李学军, 等. 小波包去噪与改进 HHT 的微弱信号特征提取. 振动、测试与诊断, 2010, 30(5): 510-513.

[23] Sawalhi N, Randall R B. Semi-automated bearing diagnostics-three case studies. Non

Destructive Testing Australia, 2008, 45(2): 59.

[24] Sawalhi N, Randall R B, Endo H. The enhancement of fault detection and diagnosis in rolling element bearings using minimum entropy deconvolution combined with spectral kurtosis. Mechanical Systems and Signal Processing, 2007, 21(6): 2616-2633.

[25] Antoni J. Cyclic spectral analysis in practice. Mechanical Systems and Signal Processing, 2007, 21(2): 597-630.

[26] Antoni J. Cyclostationarity by examples. Mechanical Systems and Signal Processing, 2009, 23(4): 987-1036.

[27] Li G, Li J, Wang S, et al. Quantitative evaluation on the performance and feature enhancement of stochastic resonance for bearing fault diagnosis. Mechanical Systems and Signal Processing, 2016, 81: 108-125.

[28] Lu S L, Liu F, Liu Y B, et al. Enhanced bearing fault diagnosis using adaptive stochastic resonance. IEEE Conference on Industrial Electronics and Applications, Hefei, 2016: 1832-1836.

[29] Randall R B, Antoni J. Rolling element bearing diagnostics—A tutorial. Mechanical Systems and Signal Processing, 2011, 25(2): 485-520.

[30] 周福昌. 基于循环平稳信号处理的滚动轴承故障诊断方法研究. 上海: 上海交通大学博士学位论文, 2006.

[31] Peng Z K, Chu F L. Application of the wavelet transform in machine condition monitoring and fault diagnostics: A review with bibliography. Mechanical Systems and Signal Processing, 2004, 18(2): 199-221.

[32] Yan R Q, Gao R X, Chen X F. Wavelets for fault diagnosis of rotary machines: A review with applications. Signal Processing, 2014, 96(5): 1-15.

[33] 邓飞跃, 唐贵基. 基于时间-小波能量谱样本熵的滚动轴承智能诊断方法. 振动与冲击, 2017, 36(9): 28-34.

[34] Tabrizi A, Garibaldi L, Fasana A, et al. Early damage detection of roller bearings using wavelet packet decomposition, ensemble empirical mode decomposition and support vector machine. Meccanica, 2015, 50(3): 865-874.

[35] Selesnick I W. Resonance-based signal decomposition: A new sparsity-enabled signal analysis method. Signal Processing, 2011, 91(12): 2793-2809.

[36] 陈向民, 于德介, 罗洁思. 基于信号共振稀疏分解的包络解调方法及其在轴承故障诊断中的应用. 振动工程学报, 2012, 25(6): 628-636.

[37] Wang H C, Chen J, Dong G M. Feature extraction of rolling bearing's early weak fault based on EEMD and tunable *Q*-factor wavelet transform. Mechanical Systems and Signal Processing, 2014, 48(1-2): 103-119.

[38] He W P, Zi Y Y, Chen B Q, et al. Automatic fault feature extraction of mechanical anomaly on induction motor bearing using ensemble super-wavelet transform. Mechanical Systems and Signal Processing, 2015, 54: 457-480.

[39] Huang W T, Sun H J, Liu Y F, et al. Feature extraction for rolling element bearing faults using resonance sparse signal decomposition. Experimental Techniques, 2017: 1-15.

[40] Wang H Q, Ke Y L, Song L Y, et al. A sparsity-promoted decomposition for compressed fault diagnosis of roller bearings. Sensors, 2016, 16(9): 1-20.

[41] Zhang H, Chen X F, Du Z H, et al. Kurtosis based weighted sparse model with convex optimization technique for bearing fault diagnosis. Mechanical Systems and Signal Processing, 2016, 80: 349-376.

[42] Wang C, Gan M, Zhu C A. Intelligent fault diagnosis of rolling element bearings using sparse wavelet energy based on overcomplete DWT and basis pursuit. Journal of Intelligent Manufacturing, 2015: 1-15.

[43] Selesnick I W. Wavelet transform with tunable *Q*-factor. IEEE Transactions on Signal Processing, 2011, 59(8): 3560-3575.

[44] Elad M, Starck J L, Querre P, et al. Simultaneous cartoon and texture image inpainting using morphological component analysis (MCA). Applied and Computational Harmonic Analysis, 2005, 19(3): 340-358.

[45] Bayram I, Selesnick I W. Frequency-domain design of overcomplete rational-dilation wavelet transforms. IEEE Transactions on Signal Processing, 2009, 57(8): 2957-2972.

[46] 宋晓美, 孟繁超, 张玉. 基于包络解调分析的滚动轴承故障诊断研究. 仪器仪表与分析监测, 2012, (1): 16-19.

第6章　齿轮故障诊断的特征提取与知识获取

6.1　引　　言

20世纪初许多学者就开始对齿轮的振动信号进行分析研究。但直到20世纪60年代，运用振动信号诊断齿轮故障才被广大学者所接受。1968年，Optiz研究了齿轮啮合振动机理，用一个函数表明了齿轮的振动信号与齿轮传动误差的关系。同时，美国的Buckingham和德国的Niemann也深入研究了齿轮啮合振动的机理。从70年代初开始，学者运用一些简单振动参数如均值、峰值、方差等来分析齿轮箱故障。但是这些简单的振动参数对于故障的灵敏度不高，所以故障检测成功率很低。从70年代末期到80年代中期，齿轮箱振动信号的频域分析方法在齿轮箱故障诊断中得到了广泛的应用。其中Randall和Taylor运用频域分析方法，成功检测了齿轮断齿和齿面磨损等齿轮故障。80年代后期，计算机技术得到了迅猛的发展，计算机技术开始应用于齿轮故障诊断，很多集成的故障诊断设备开始出现，例如，DP公司研制的SingnalCale ACE动态信号分析仪用来检测齿轮故障；国内重庆大学测试中心同样研制出了CDMS动态信号分析诊断系统，郑州大学振动工程研究所研制出了EM3000设备远程监控与运行管理系统等。

现在比较常用的齿轮故障诊断方法有两类，一类是根据齿轮的磨损理论，通过齿轮润滑油液中的铁谱分析，判断齿轮故障；另一种是根据齿轮啮合振动理论，运用加速度传感器采集齿轮箱的振动信号，进行信号分析处理，通过信号特征提取诊断齿轮故障。由于齿轮振动信号易于采集，对齿轮故障的灵敏度高，并且能够在不影响生产的条件下实时监测齿轮箱的运行工况，所以基于振动信号分析的齿轮故障检测成为研究的热点。

6.1.1　齿轮的啮合振动分析

1. 齿轮啮合的力学分析

齿轮运行过程十分复杂，各个成分叠加在一起。齿轮及齿轮箱的运行状态可以由温度、润滑油中的杂质成分、齿轮啮合振动信号、齿轮箱的噪声等参数反映。每个参数都能从各自的角度反映齿轮箱的工作状态，但是由于实际工厂测试条件的限制，很多故障特征的提取与分析不易实现，而且故障特征对于故障的敏感程度也是由实际经验进行判断，造成了故障特征的确定和提取困难。相比较而言，齿轮的振动和噪声能够更加全面地反映齿轮运行状态，很好地反映大部分齿轮故障的性质和范围，并且具有很多的信号处理分析方法可以选择。因此，在齿轮箱故障检测中，分析齿轮的振动信号对于齿轮的故障检测非常有利。

由于齿轮的啮合振动会引起齿轮箱中其他部件的振动，所以齿轮箱内部形成一个复杂的非线性系统。各种部件的相互影响，使得建立齿轮啮合振动的动力学模型非常复杂，为了适于分析，常常对齿轮的啮合振动进行简化，将轮齿简化为一个弹簧-阻尼结构。建立一个齿轮啮合的简化物理模型，从而对齿轮的啮合过程进行定性分析。

根据振动理论，齿轮啮合的动力学方程为

$$M\ddot{x}+C\dot{x}+k(t)x=F(t) \tag{6.1}$$

其中，x 为齿轮啮合时产生的相对位移；C 为齿轮轮齿的阻尼；$k(t)$为齿轮轮齿的刚度，由于齿轮啮合是两对齿啮合到一对齿啮合相互交替进行的，所以刚度 k 是一个变量；M 为当量质量，$M=(m_1m_2)/(m_1+m_2)$；$F(t)$为外界对系统的激励。

$F(t)$是一个大小变化的载荷，它是由齿轮相互啮合产生的冲击力。齿轮的刚度以及齿轮传动过程中的误差会影响 $F(t)$的变化[1]。从而式（6.1）表示为

$$M\ddot{x}+C\dot{x}+k(t)x=k(t)E_1+k(t)E_2(t) \tag{6.2}$$

其中，E_1 为齿轮啮合时产生的弹性变形；$E_2(t)$为由于齿轮传动误差或者齿轮故障引起的相对位移，是齿轮啮合振动的故障函数。

2. 齿轮啮合信号的幅值调制

故障齿轮啮合时，会产生冲击现象。这些冲击产生的振动和正常齿轮产生的振动信号大不相同，这些冲击产生的振动会引起振动信号的调制现象，在频域上表现为形态各异的边频带。齿轮的故障信息主要包含在这些边频带中，因此如何准确地定位这些边频带、调制边频带、识别边频带的特征，成为准确判定齿轮故障的关键。

正常齿轮进行齿轮啮合时，振动信号主要包含齿轮啮合频率和各个倍频：

$$x(t)=\sum_{m=0}^{N}A_m\cos(2\pi mf_z t+\phi_m) \tag{6.3}$$

其中，A_m 为各个倍频的幅值；ϕ_m 为各个倍频的相位；f_z 为啮合频率；N 为最大啮合频率阶数。

当齿轮的载荷、刚度或者转速发生变化时，齿轮的啮合振动信号也会产生幅值和频率等一系列变化。通常情况下齿轮啮合频率及倍频成分可表示为[2]

$$x(t)=\sum_{m=0}^{N}A_m[1+a_m(t)]\cos[2\pi mf_z t+\phi_m+b_m(t)] \tag{6.4}$$

其中，$a_m(t)$为幅值调制函数；$b_m(t)$为相位调制函数。

对于齿轮啮合振动，在式（6.2）中，$k(t)E_1$ 是由齿轮本身刚度决定的，因此它不会受齿轮故障的影响，而 $k(t)E_2(t)$是由齿轮故障引起的，当齿轮发生故障时，它会发生显著的变化。当齿轮发生故障时，激励 $k(t)E_2(t)$将引起齿轮振动信号的变化，根据式（6.2）得出齿轮幅值调制的变化形式：

$$Y(t)=X_K(t)D_E(t) \tag{6.5}$$

其中，$X_K(t)$为载波信号，包含齿轮啮合频率 f_z 及其倍频；$D_E(t)$为振动信号的调制信号。

$D_E(t)$是由于齿轮故障引起的齿形误差的函数，主要包含故障齿轮轴的转频成分。对 $Y(t)$进行频谱分析，$Y(t)$在时域中是两项的相乘，转换到频域时，相当于对这两项进行傅里叶变换之后再进行卷积。因此，$Y(t)$在频谱图上形成边频带的形式是以啮合频率及其倍频为脉冲尖峰，间隔为转频的边频带。根据理论分析，可将式（6.5）在频域转化为

$$S_Y(f)=S_X(f)*S_D(f) \tag{6.6}$$

式中，* 为表示卷积；$S_Y(f)$为 $Y(t)$的傅里叶变换；$S_X(f)$为 $X_K(t)$的傅里叶变换；$S_D(f)$为 $D_E(t)$的傅里叶变换。

对于式（6.4）的齿轮啮合振动模型，当仅考虑幅值调制时，有

$$x(t)=\sum_{m=0}^{N}A_m[1+a_m(t)]\cos(2\pi mf_z t+\phi_m) \tag{6.7}$$

由式（6.7）可以得出，在振动信号频谱图上是由一系列啮合频率及其倍频组成的频带，不仅会产生由ϕ_m 引起的调制成分，而且会引起齿轮振动信号幅值的变化，产生幅值调制。幅值调制现象如图 6.1 所示。当齿轮发生碎齿、断齿等故障时会引起幅值调制现象。

3. 齿轮啮合信号的频率调制

当齿轮发生故障时，齿轮啮合会引起轮齿相互位置的变化[2]，齿轮的不间断的运动，导致这种位置变化周期性出现。而这种位置变化会引起齿轮振动信号产生频率调制现象。在频谱图中表现为一系列啮合频率及其倍频的脉冲尖峰，周围产生由转频组成的小脉冲信号。频率调制现象图如图 6.2 所示。

式（6.4）的齿轮振动信号形式，消除幅值调制影响，仅考虑频率调制时，有

$$x(t)=A\cos[2\pi f_z t+\beta\sin(2\pi f_n t)] \tag{6.8}$$

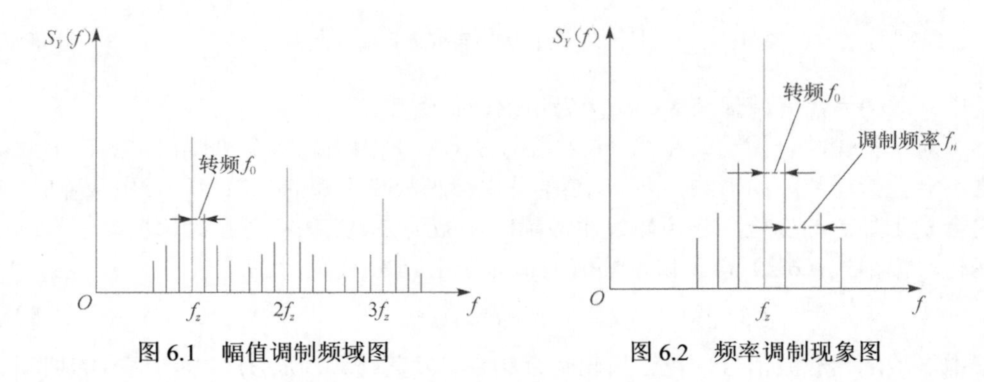

图 6.1 幅值调制频域图　　　　图 6.2 频率调制现象图

其中，A 为振动信号的幅值；f_z 为齿轮的啮合频率；f_n 为信号的调制频率；β 为频率调制的调制系数。

将式（6.8）变换为指数形式得

$$x(t)=\frac{A}{2}\left\{\mathrm{e}^{\mathrm{j}[2\pi f_z t+\beta\sin(2\pi f_n t)]}+\mathrm{e}^{-\mathrm{j}[2\pi f_z t+\beta\sin(2\pi f_n t)]}\right\}$$
$$=\frac{A}{2}\left\{\mathrm{e}^{\mathrm{j}[2\pi f_z t+\beta\sin(2\pi f_n t)]}+\mathrm{e}^{-\mathrm{j}2\pi f_z t}\mathrm{e}^{-\mathrm{j}\beta\sin(2\pi f_n t)}\right\} \tag{6.9}$$

运用恒等式 $\mathrm{e}^{\mathrm{j}\beta\sin\varphi}=\sum_{m=-\infty}^{\infty}J_m(\beta)\mathrm{e}^{jm\varphi}$ 得

$$x(t)=\frac{A}{2}\left[\sum_{m=-\infty}^{\infty}J_m(\beta)\mathrm{e}^{\mathrm{j}2\pi(f_z+mf_n)t}+\sum_{m=-\infty}^{\infty}J_m(\beta)\mathrm{e}^{-\mathrm{j}2\pi(f_z+mf_n)t}\right]$$
$$=\frac{A}{2}\sum_{m=-\infty}^{\infty}J_m(\beta)\left[\mathrm{e}^{\mathrm{j}2\pi(f_z+mf_n)t}+\mathrm{e}^{-\mathrm{j}2\pi(f_z+mf_n)t}\right]$$
$$=\frac{A}{2}\sum_{m=-\infty}^{\infty}J_m(\beta)\cos\left[2\pi(f_z+mf_n)t\right] \tag{6.10}$$

其中，$J_m(\beta)$为变量β的第一类 Bessel 函数。

只考虑式（6.10）正频率部分的傅里叶变换时有

$$X(f)=\frac{A}{4}\sum_{m=-\infty}^{\infty}J_m(\beta)\delta[f-(f_z+mf_n)] \tag{6.11}$$

根据 Bessel 函数的性质 $J_{-n}(\beta)=(-1)^n J_n(\beta)$可以看出，调频信号包含一组以 f_z 为中心、f_n 为间隔的对称分布调频带。

4. 齿轮啮合振动信号中的其他成分

当齿轮发生故障时，齿轮的幅值和频率调制现象往往同时出现。产生的振动信号是这两种调制现象叠加在一起形成的。但是这两种调制现象的叠加并不是简单的加减，由于两种调制现象的相位不同，所以它们的叠加是一种矢量上的叠加，因此会在啮合频率及其倍频附近形成一系列复杂的、不对称的脉冲尖峰。

当齿轮故障非常严重时，导致齿轮啮合时冲击振动增大，这种周期性的冲击振动会引起齿轮轴固有频率调制现象，当故障进一步发展严重时，冲击能量进一步加大可能会引起齿轮箱固有频率调制现象，使得齿轮振动信号表现出更加复杂的形式。

6.1.2　齿轮故障信号特征

1. 齿轮断齿故障信号特征

发生断齿时，检测齿轮箱上的振动信号，通过信号时频分析可以发现，当断齿进入啮合时，由于缺齿会造成齿轮啮合冲击，时域信号中会出现一系列周期性的脉冲尖峰，频域信号中在啮合频率及其倍频处产生脉冲尖峰，在脉冲尖峰周围出现一些以转轴频率为间隔的脉冲信号。这些脉冲信号幅值大、分布广而且数量多。

调节电磁阻尼器增大齿轮箱负载，会导致冲击能量的增大，将会引起齿轮固有频率调制现象。频谱图中在齿轮固有频率及其倍频处产生脉冲尖峰，在尖峰周围出现一些以转轴频率为间隔的脉冲信号。调节电磁阻尼器负载到最大，使啮合冲击达到最大时，齿轮每旋转一次产生的冲击振动将淹没其他信号成分。在频域中表现为一系列以转轴频率及其倍频的冲击波形。

将实验提取的振动信号进行分析，实验中断齿齿轮轴的转频 f_0 为 11Hz，将转频乘以齿轮的齿数得到齿轮的啮合频率 f_z=198Hz。断齿信号的频谱图如图 6.3 所示，调节电磁阻尼器阻尼达到最大时断齿信号频谱图如图 6.4 所示。通过实际信号的频域信号分布图可以看出，实验获得的信号与理论分析得出的信号基本一致。

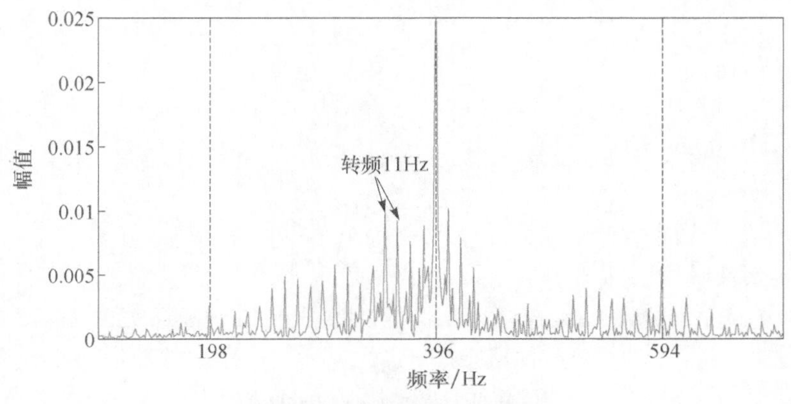

图 6.3　齿轮断齿信号频域图

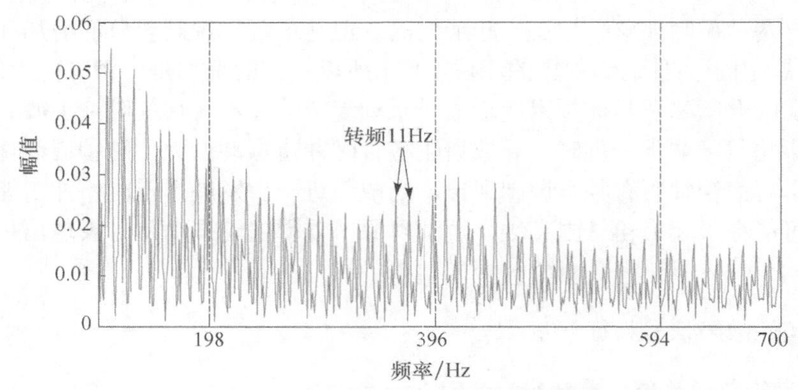

图 6.4　冲击能量大时断齿信号频域图

2. 齿轮碎齿故障信号特征

当齿轮箱的齿轮发生碎齿故障时，检测箱体的振动信号，运用信号处理方法可以发现：在振动信号频域图上产生一系列啮合频率及其倍频的冲击现象，并在尖峰周围出现一些以转轴频率为间隔的边频带。边频带表现为一些稀疏而且幅值较小的冲击。

从振动机理分析，碎齿故障轮齿进入啮合时，会产生小的振动冲击，这种冲击齿轮每旋转一周发生一次，会产生一系列啮合频率及其倍频的脉冲冲击现象，并在尖峰周围出现一些以转轴频率为间隔的边频带。由于冲击能量小，所以边频带的幅值小且稀疏。

碎齿齿轮轴的转频 f_0 为 11.05Hz，齿轮的啮合频率 f_z 为 199Hz，碎齿信号的频谱图如图 6.5 所示，通过实际信号的频域信号分布图可以看出，实验获得的信号与理论分析基本一致。

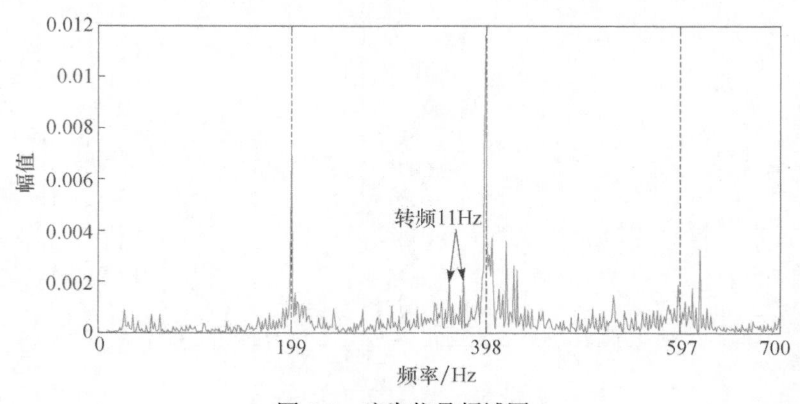

图 6.5　碎齿信号频域图

3. 齿轮均匀磨损故障信号特征

当齿轮发生齿面磨损时，齿轮的齿形误差不会非常明显，其振动信号特征和发生其他齿轮故障的信号特征有很大的不同，主要表现为啮合频率及其倍频的幅值明显增大，但是不会产生明显的调制现象。

当齿轮发生磨损时，检测其振动信号，进行信号处理可以发现：由于齿轮磨损时，齿轮齿形和刚度不会发生明显的变化，所以不会产生明显的冲击调制现象。但是，随着齿轮磨损程度的增加，会引起齿面摩擦力的增大，使得振动信号的能量有明显的增大，在频域图上表现为各个倍频幅值的明显增大。

从振动机理进行分析，如果齿轮没有磨损，各轮齿的齿形是渐开线形状的，频域图中表现为在齿轮啮合频率及其倍频处产生单一的脉冲尖峰。由于产生齿面磨损，每个齿轮的渐开线形状发生了平稳变化，产生的振动是以齿轮啮合频率及其倍频处脉冲尖峰为中心的周期信号曲线；磨损越严重，振动的时域曲线形状越接近方波，所以频域上的幅值也会相应增大。并且随着倍频倍数的提高，幅值增大的幅度变大，振动能量明显增加。

齿面磨损齿轮轴的转频 f_0 为 10.95Hz，齿轮的啮合频率 f_z 为 197Hz，齿面磨损信号的频谱图如图 6.6 所示，通过实际信号的频域信号分布图可以看出，实验获得的信号与理论分析基本一致。

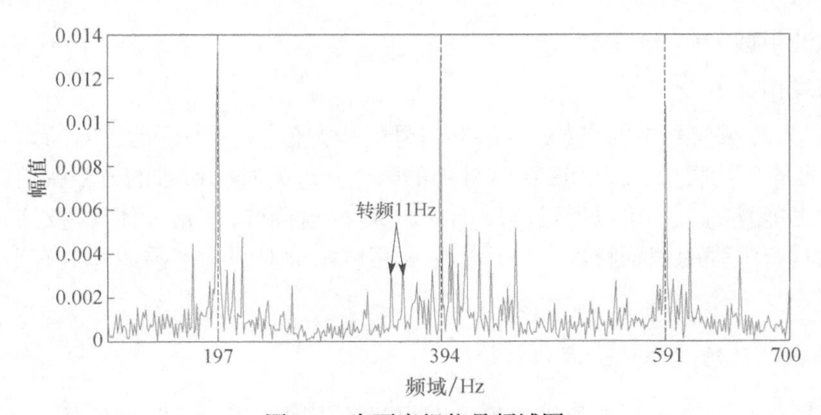

图 6.6　齿面磨损信号频域图

6.1.3　齿轮的故障特征参数

提取齿轮箱振动信号并进行简单的时频分析，会定性地得出各种故障振动信号的特点。对于齿轮的故障检测，如何有效准确地利用一些定量的参数来描述齿轮振动信号的定性特点，达到区分齿轮故障的目的，是齿轮故障检测的重点，也是难点。

在对齿轮振动信号进行分析时，对其进行时域、频域以及时频域的分析。不同的分析方法能够得到不同的信号故障特征，这些信号故障特征对描述齿轮故障的重要程度也是不同的。下面逐一介绍各个特征参数。

1. 齿轮故障特征的时域指标

在时域的统计指标中，有最大值、峰峰值、均值、最小值、方差和均方值这些有量纲的特征。但这些有量纲的特征会随着齿轮工况的改变发生显著的变化，不能反映齿轮故障固有的信号特征。因此，对于不同种类的齿轮箱的故障检测，这些有量纲的指标会受到一定的限制；对于同一齿轮箱，虽然不能准确反映齿轮啮合信号固有特征，但其能够反映齿轮工况的变化，对于齿轮的故障检测会有良好的效果。

在时域的统计指标中，还有一些无量纲的指标，如峭度、信号的峰值指标，以及表征信号波形的波形指标、表征信号冲击强弱的脉冲指标和表征故障误差程度的裕度指标等。由于这些无量纲的指标消除了由于齿轮工况变化引起的干扰，表现了故障信号的本质，所以可以有效地反映不同齿轮的故障状态。

这些无量纲的指标具体计算公式如下：

峭度指标 $X=\frac{1}{N}\sum_{i=0}^{N-1}x_i^4\Big/\left(x_a^2-3\right)$；

波形指标 $K=x_{\mathrm{rms}}\big/x'$；

峰值指标 $C=x_p\big/x_{\mathrm{rms}}$；

脉冲指标 $I=x_p\big/x'$；

裕度指标 $L=x_p\big/x_r$。

其中，x_i为时域信号中的点；x_a为振动信号的均方值；x_{rms}为振动信号的均方幅值；x'为信号的平均幅值；x_p为时域信号中的峰值；x_r为时域信号的方根幅值。

冲击能量的大小可以通过峭度指标、脉冲指标和峰值指标体现，对断齿和碎齿故障具有很强的识别特性。波形指标和裕度指标对齿面磨损故障具有很好的识别特性。

2. 齿轮故障特征的频域指标

频域信号对于齿轮的故障检测具有重要的作用，相对于时域信号，频域信号能够更加直观地体现齿轮的状态。而且频域信号能够使分析人员更加准确地定位反映齿轮故障状态的敏感信号，因此在齿轮的状态检测和故障诊断中，频域指标占有重要的地位。

时域信号经过快速傅里叶变换可以转换为频域信号，经过快速傅里叶变换后，时域中的实数会变为虚数。将频域中的信号表现出来需要对虚数取模，从而有利于信号的分析。

常用的频域指标如下：

幅值谱 $G_{xamp}=\sqrt{X_R^2+X_I^2}$；

功率谱 $G_{xp}=[X_R^2+X_I^2]$；

对数谱 $G_{xdb}=10\lg G_{xp}=20\lg G_{xamp}$；

相位谱 $\theta=\arctan(X_I/X_R)$。

其中，X_R 为傅里叶变换的实部，X_I 为傅里叶变换的虚部。

幅值谱展示了时域信号中各个频率段信号的比重，幅值大说明时域信号中该频率信号所占的比重大。功率谱突出频域信号中的频率成分，有利于分析频带的分布。而对数谱则有利于分析频域信号中的所有频率。

3. 齿轮故障特征的时频域指标

在信号分析、特征参数提取中，时域指标有其突出的优点，是描述信号的很重要的特性。但是它往往反映的是信号的全局特性，而对于齿轮的故障检测，人们往往关注信号的局部特性，即故障轮齿的啮合频率及其倍频处局部的信号特征。

傅里叶变换对于提取信号的频域特性非常有效，但是对于时变的信号，傅里叶变换无法准确地反映频率随时间变化的规律，无法反映某些局部变化明显的信号。而齿轮的故障信号往往表现为局部信号的变化，因此单纯的傅里叶变换并不能很好地检测齿轮故障。

时频分析就是将信号的时域与频域都集中在一个很小的范围内。小波包具有很好的时频局部化能力，能够将所需要的频率段的时域参数、频域参数进行有效的提取，从而抓住主要的信号特征，准确地描述信号，而且可减少计算量，提高故障诊断的准确度。

6.2 基于小波包分析的齿轮故障特征提取

小波变换既具有时域局部化能力，也具有频域局部化能力。将尺度参数增加，时间窗变宽，频率窗变窄，频率分辨率高，适于提取信号中的低频成分；将尺度参数减少，时间窗变窄，频率窗变宽，时间分辨率提高，适合提取信号中的高频成分。利用小波的带通特性，可以将信号分解到各个频带上，同时保留各个频带上的信息。因此，小波分析在时域和频域中都有很好的局部化能力，适合故障特征的提取。

6.2.1 小波包及其时频分析特性

1. 小波包的基本概念及快速算法

对于离散小波，小波尺度 a 和偏移量 b 都要进行离散化。为了计算方便，现在通常进行二进制离散，即 $a=2^j$，$b=2^jk$，从而得到二进制的离散小波变换。离散小波变换对于每层的小波变换仅分解低频子带即近似部分，而对高频子带即细节部分不再分解，分解如图 6.7（a）所示。当需要对高频部分进一步分析时，不能很好地满足使用的要求。因此，Coifman 等[3]提出了小波包的概念。对每层信号的细节部分也进行分解，满足了使用的需求，分解如图 6.7（b）所示。

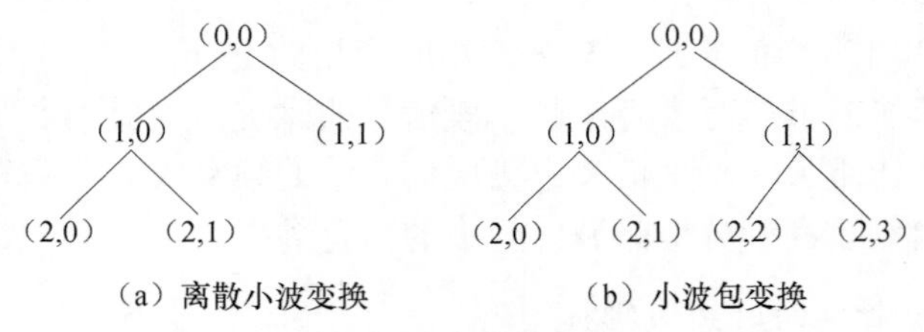

（a）离散小波变换　　（b）小波包变换

图 6.7　小波树结构

设 $f(t)$为一时间信号，$p_j^i(t)$表示第 j 层上的第 i 个小波包，称 $p_j^i(t)$为小波包系数。G、H 为小波分解滤波器，其中 H 为低通滤波器，它与尺度函数 $\varphi_j(t)$有关，又称尺度滤波器；G 为高通滤波器，它与小波函数 $\psi_j(t)$有关，又称小波滤波器。二进制小波的快速算法为

$$\begin{cases} p_0^1(t) = f(t) \\ p_j^{2i-1}(t) = \sum_k H(k-2t)\, p_{j-1}^i(t) \\ p_j^{2i}(t) = \sum_k G(k-2t)\, p_{j-1}^i(t) \end{cases} \tag{6.12}$$

其中，$t=1, 2, \cdots, 2^{J-j}$；$i=1, 2, \cdots, 2^j$；$J=\log_2 N$。

在式（6.12）中，设所分析的离散信号 $f(t)$为 $p_0^1(t)$，信号 $f(t)$在第 j 层上共有 2^j 个小波包。把小波包在小波树中的位置称为节点，如 $p_j^i(t)$ 是第 j 层上的第 i 个节点，称为节点(j,i)。

二进制小波的重构算法为

$$p_j^i(t) = 2\left[\sum_k h(t-2k)\, p_{j+1}^{2i-1}(t) + \sum_k g(t-2k)\, p_{j+1}^{2i}(t)\right] \tag{6.13}$$

其中，$j=J-1, J-2, \cdots, 1, 0$；$i=2^j, 2^{j-1}, \cdots, 2, 1$；$J=\log_2 N$；$h$、$g$ 为重构滤波器，h 与尺度函数 $\varphi_j(t)$有关，g 与小波函数 $\psi_j(t)$有关。

在式（6.13）中，第 j 层上的第 i 个小波包是两项之和。第一项是第 j+1 层上的第 2i−1 个小波包隔点插零后再与低通滤波器 h 的卷积；第二项是第 j+1 层上的第 2i 个小波包隔点插零后再与高通滤波器 g 的卷积。这样一层一层地重构直到第 0 层就获得了原始信号的重构信号。另外，还可以针对每一个节点进行单节点重构，就可

以获得各个节点的重构信号。重构信号的采样频率和数据长度均和原始信号相同。

小波包的快速算法由三个关键运算组成：与小波包滤波器进行卷积、隔点采样和隔点插零。

2. 小波包的时频特性和频率混淆

小波包在分解信号的频域中是紧支的，每个节点的频率带是由小波包滤波器决定的。对于任意的 $j>0$ 和 $0\leqslant i<2^j$，存在 $0\leqslant k<2^j$ 使得

$$\left|\Psi_j^i(\Omega)\right| = 2^{j/2} 1_{I_j^k}(\Omega) \tag{6.14}$$

其中，$\Psi_j^i(\Omega)$ 为第 j 层上的第 i 个节点的小波包基 Ψ_j^i 的傅里叶变换；$1_{I_j^k}(\Omega)$ 的含义是当 $\Omega\in I_j^k$ 时为 1，否则为 0，I_j^k 由式（6.15）确定：

$$I_j^k = [-(k+1)\pi 2^{-j}, -k\pi 2^{-j}] \cup [k\pi 2^{-j}, (k+1)\pi 2^{-j}] \tag{6.15}$$

其中，$k=G[i]$，对于任意的 $0\leqslant i<2^j$，有

$$G[2i]=\begin{cases} 2G[i], & G[i]\text{为偶数} \\ 2G[i]+1, & G[i]\text{为奇数} \end{cases} \tag{6.16}$$

$$G[2i+1]=\begin{cases} 2G[i], & G[i]\text{为奇数} \\ 2G[i]+1, & G[i]\text{为偶数} \end{cases} \tag{6.17}$$

如果小波滤波器是理想的，那么第 j 层上的第 i 个小波包 $p_j^i(t)$ 的频带为

$$I_j^k = [-(k+1)\pi 2^{-j}, -k\pi 2^{-j}] \cup [k\pi 2^{-j}, (k+1)\pi 2^{-j}] \tag{6.18}$$

在实际的生产应用中，信号正的频率才是有意义的，因此生产应用的信号在第 j 层上的第 i 个小波包 $p_j^i(t)$ 的频带只有 I_j^k 中的正频率部分，即

$$I_j^k = [k\pi 2^{-j}, (k+1)\pi 2^{-j}] \tag{6.19}$$

需要注意的是，I_j^k 的频率范围是在小波包滤波器都是理想滤波器的前提下得到的，但是实际上小波滤波器并不是理想的，它不具有理想的截止特性。因此，在单子带重构算法中，每个子带包含不属于子带本身的频率分量，产生频率的混淆，造成人为误差。

小波包对小波分解的各层的细节部分即高频部分继续运用滤波器进行分解。因为小波包滤波器不具有理想特性，所以各层的细节部分已经产生了频率混淆，如果对于这些细节部分再进行分解，就相当于对一些虚假的信号进行分解，对于这一部分的重构也是对于虚假成分的重构。而且在小波包分解中，不但各个子带中存在频率的混淆，各个子带的频带也是错乱的[4]。

下面运用一个实例分析说明小波包变换的频率混淆以及子带错乱的问题。对

于碎齿齿轮，以 2560Hz 的采样频率采集 2048 个点，其时域和频域波形如图 6.8 所示。采用 db4[5]小波对碎齿信号进行 3 层小波包分解。对各个小波节点进行重构，重构信号频谱如图 6.9 所示。

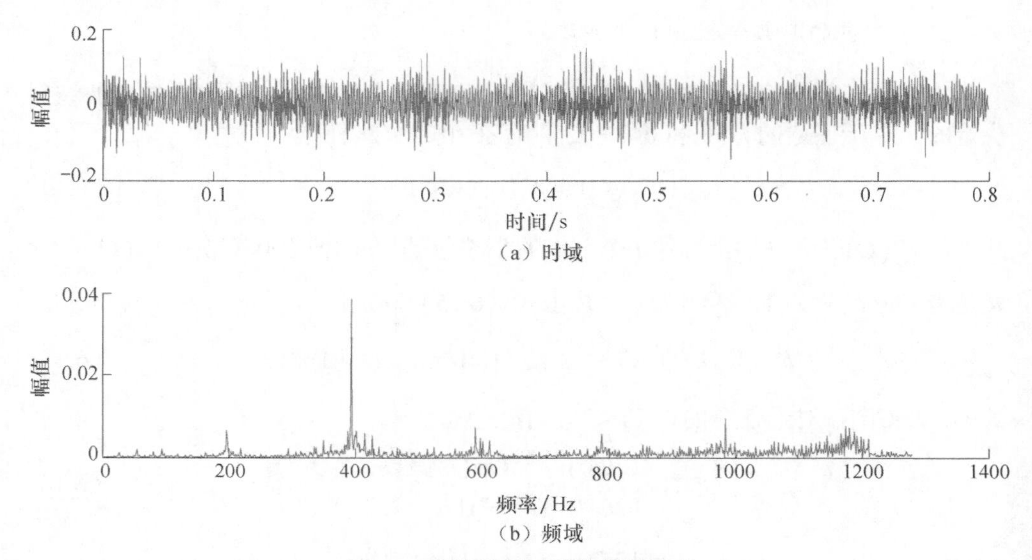

（a）时域

0.04
0.02
0
幅值
0
200
400
600
800
1000
1200
1400
频率/Hz

（b）频域

图 6.8　碎齿信号时域和频域波形

按照小波包变换的理论分析，对于采样频率 2560Hz 的碎齿信号进行小波包变换，节点（3,0）只包含（0Hz,160Hz）的信息；节点（3,1）只包含（160Hz,320Hz）的信息；节点（3,2）只包含（320Hz,480Hz）的信息；节点（3,3）只包含（480Hz,640Hz）的信息。

对照图 6.9 可以发现，节点（3,0）、节点（3,1）、节点（3,2）和节点（3,3）出现了很多其他频率成分，造成了大量的频率混淆。而且节点（3,1）中在 240Hz 处产生了一个脉冲，它的幅值比啮合频率 f_z=198Hz 处的幅值还大。而在初始信号中没有频率为 240Hz 的脉冲信号，这对齿轮故障的分析诊断产生了严重的干扰。

理论分析中，节点（3,2）只包含（320Hz,480Hz）的信息；节点（3,3）只包含（480Hz,640Hz）的信息；而实际信号分析中节点（3,2）包含了（480Hz,640Hz）的信息，节点（3,3）包含了（320Hz,480Hz）的信息，节点（3,2）和节点（3,3）出现了频带的交错。分解的层次越高，频带的交错越复杂。通过分析频率混淆的原因可以发现，小波包的频带交错是有规律可循的，即在每一个节点，如果分解其高频子带就会产生频带交错，而且低层中的交错的频带要带入高层进一步产生频带交错[4]。可以根据频带交错的规律在进行小波包重构时，将交错的频带按照正确的序列排序，避免频带的交错。

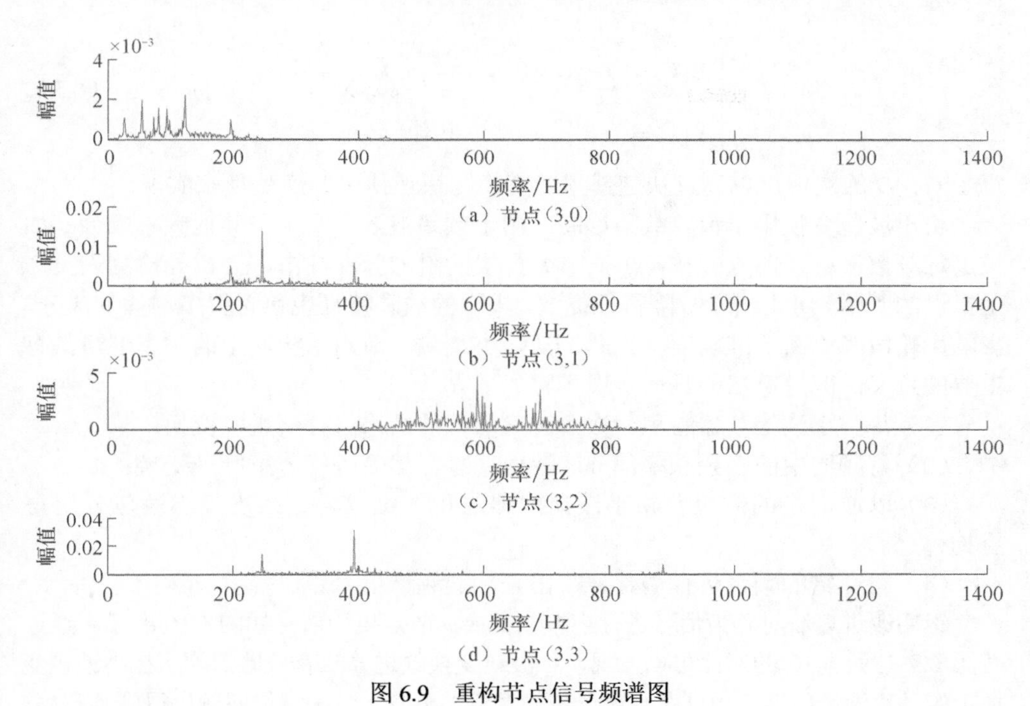

图 6.9　重构节点信号频谱图

3. 小波包快速算法的改进

频率混淆是小波包快速算法固有的，要消除频率混淆就必须从算法的三个基本运算着手，即对小波滤波器卷积、隔点采样和隔点插零运算进行改进，从而消除频率混淆。

与常规小波包分解和单节点重构算法相比，小波包分解与单点重构改进算法增加了频率消除算子 C、D，从而消除频率的混淆。这两个算子的计算公式如下。

令 $x(n)$表示 2^j 尺度上低频子带的小波包系数，$W=\mathrm{e}^{-\mathrm{j}2\pi/N_j}$，则算子 C 的计算公式为

$$\begin{cases} X(k)=\sum_{n=0}^{N_j-1} x(n)W^{kn}, & 0\leqslant k\leqslant \dfrac{N_j}{4} \text{或} \dfrac{3N_j}{4}\leqslant k\leqslant N_j \\ X(k)=0, & \text{其他} \end{cases} \tag{6.20}$$

$$\tilde{x}(n)=\frac{1}{N_j}\sum_{n=0}^{N_j-1} X(k)W^{-kn} \tag{6.21}$$

其中，N_j 为 2^j 尺度的数据长度；$\tilde{x}(n)$ 为算子 C 的输出。

算子 D 的计算公式为

$$\begin{cases} X(k)=\sum_{n=0}^{N_j-1} x(n)W^{kn}, & \frac{N_j}{4}\leqslant k\leqslant\frac{3N_j}{4} \\ X(k)=0, & \text{其他} \end{cases} \tag{6.22}$$

算子 C、D 的实现可以通过快速傅里叶变换与快速傅里叶逆变换来实现。

将小波包变换用于齿轮故障诊断，由于频率混淆，产生了其他频率成分。如果进行频谱分析，图 6.9 中节点（3,1）产生的附加脉冲冲击，会诱导检测人员产生错误的判断。对于齿轮故障特征提取，提取的故障特征也包含很多虚假的成分，影响齿轮故障诊断的准确度。因此，消除小波包单节点重构产生的频率混淆具有重要的意义。改进算法的具体实现步骤如下[4]：

（1）每与小波滤波器卷积一次，就对卷积的结果进行傅里叶变换；

（2）将频谱中的多余频率部分的幅值置零，然后进行傅里叶逆变换；

（3）以逆变换的结果替换小波滤波器卷积的结果，继续进行小波包分解与重构；

（4）将交错的频带进行调整，得出正确的频谱信号带。

运用改进算法对碎齿信号进行小波包变换，节点重构信号如图 6.10 所示。通过对图 6.9 与图 6.10 的对比可以发现，小波包变换改进算法有效地消除了在小波包变换中的频率混淆问题。通过对小波子带的调整，小波子带的错位问题也得到了解决。

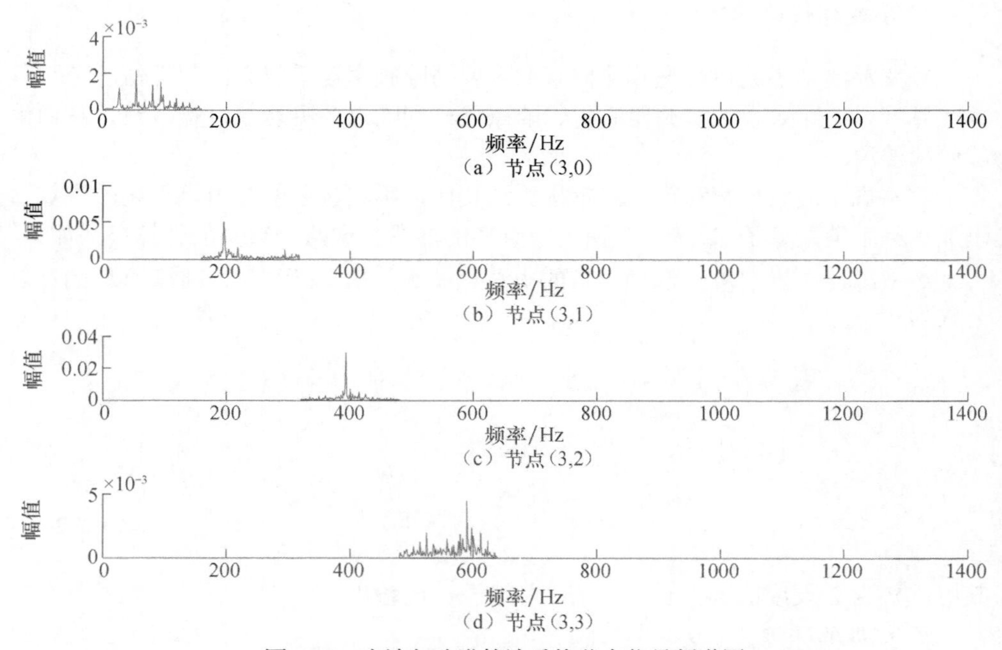

图 6.10　小波包改进算法重构节点信号频谱图

小波包改进算法取得的各个节点的重构信号，只含有理论上本节点频域范围内的信号，不包含其他频率成分。但是小波滤波器的非理想截止特性，造成了信号能量的外泄，因此各个节点重构信号的幅值有所下降。

小波包改进算法使得每个节点只包含应有频率的信息，不会因为小波滤波器的非理想截至特性增加其他频率成分。将这些小波节点的信息应用于故障的检测能够准确地表达各个频率成分信息，对于提高故障诊断的准确度具有非常重要的意义。

6.2.2　基于小波变换的噪声消除

1. 小波噪声消除的原理

将加速度传感器连接到齿轮箱上，测出的加速度信号不仅包含齿轮的振动信号，同样包含传动过程引起的振动信号以及传动过程中的噪声信号。这些信号叠加在一起就是传感器测得的信号。如果不对这些信号进行处理，这些噪声信号就会叠加在齿轮振动信号上。最后获得的信号特征就是包含噪声的故障特征，这些特征参数与真实信号存在干扰误差，会影响最终故障诊断的准确性。因此，在进行特征参数提取前应将这些随机性的噪声信号进行消除，获得准确的特征参数，保证故障诊断的准确性。

小波分析在信号处理中，广泛地应用于信号的消噪。小波变换运用于信号噪声的消除有其独特的优势：首先，小波分析具有多分辨率特性，能够很好地描述信号中的尖峰、断点等非平稳特性；其次，当对信号进行小波变换后，噪声在小波域趋于白化，有利于噪声的分离和消除；最后，振动信号形式多样，小波消噪可以根据振动信号的特性选择合适的小波基获得最佳的消噪效果[6]。

小波变换是利用齿轮的啮合振动信号与噪声信号在进行变换后具有不同的小波系数这个原理进行消噪的。在测得的振动信号中，噪声信号表现为一些高频信号。运用小波分析对这些高频的噪声信号进行消除的步骤主要有以下三步：

首先，判断噪声的强弱，从而获得小波的分解层数，根据分解层数将信号进行小波分解。

其次，确定各个分解层次下噪声的强度，获取消噪的阈值，根据阈值对于小波分解的细节部分即高频部分进行噪声消除。

最后，利用小波逆变换进行小波重构，重构后的信号就是噪声消除后的信号。

白噪声经过小波变换后仍然是白噪声，并且噪声的方差随着分解层数的增大而减小。基于白噪声在小波分解中的这种特性，可以实现有效信号与噪声的有效分离[7]。

2. 小波消噪阈值选取及处理

运用小波变换对信号进行消噪，消噪阈值选取得好坏直接决定了消噪效果的好坏，因此消噪阈值的选取是一个非常关键的环节。很多国内外学者对消噪阈值的选取进行了研究，其中以 Donoho[8]和 Johnstone 阈值选取方法应用最为广泛，这些消噪方法如下。

对于任何小波系数，阈值都定义为

$$t_l = \sigma\sqrt{2\ln N} \tag{6.23}$$

其中，N 为信号的长度，σ为噪声的标准差。

小波变换时，噪声的小波系数随着小波变换的尺度增大而减小，因此在最小的尺度上，噪声的小波系数最大，可以通过最小尺度上的噪声小波系数估计小波消噪阈值标准方差σ：

$$\sigma = \sqrt{\frac{1}{L}\sum_{i=0}^{N-1}(d_i - \overline{d})^2} \tag{6.24}$$

其中，L 为小波系数的长度；d_i 为最小尺度空间的小波系数；$\overline{d}$ 为小波系数的均值。

由式（6.24）可知，阈值标准方差的确定和信号的长度 N 有关。当 N 过大时，不仅消除了噪声，也会消除一些有用的信号；当 N 过小时，不能完全消除噪声，消噪效果不好。而且在小波分解的各个层次都用最小尺度上的阈值，最小尺度上的阈值最大，随着尺度的增加，噪声逐渐减弱，就会导致尺度大的空间容易消除有用的信号。

针对这一情况，在每层的尺度空间都提取一个小波消噪的阈值：

$$t_l = \sigma_l\sqrt{2\ln N_l} \tag{6.25}$$

$$\sigma_l = \text{median}(|d_l|)/0.6745 \tag{6.26}$$

其中，σ_l 为第 l 层的噪声标准差；N_l 为第 l 层信号的长度；median(·)为取中值函数。

这个方法同样受信号长度 N 的限制，但是它解决了根据不同尺度噪声强度来确定阈值的问题。

为了克服上述阈值选取的缺陷，Pan 等提出了更为简便和直观的阈值选取方法[9]，其表达式如下：

$$t_l = c\sigma_l \tag{6.27}$$

其中，σ_l 为第 l 层的噪声标准差；c 根据信号与噪声的强度人为确定，通常情况下 c 取 3～4。

目前的阈值处理方法有软阈值和硬阈值两种。硬阈值小波消噪方法将每个尺度空间的小波系数的绝对值和阈值进行比较，大于阈值的系数保留，小于阈值的系数置零。

$$\hat{d}_l(n)=\begin{cases}d_l(n), & |d_l(n)|\geqslant t_l\\0, & |d_l(n)|<t_l\end{cases},\quad n\in\mathbb{Z}\tag{6.28}$$

其中，$\hat{d}_l(n)$ 为阈值处理后的值；$d_l(n)$ 为第 l 层尺度空间的第 n 个样本；t_l 为第 l 层尺度空间的阈值。

与硬阈值消噪方法相比，软阈值消噪方法进行了平滑处理，其表达式为

$$\hat{d}_l(n)=\begin{cases}\mathrm{sgn}(d_l(n))(d_l(n)-t_l), & |d_l(n)|\geqslant t_l\\0, & |d_l(n)|<t_l\end{cases},\quad n\in\mathbb{Z}\tag{6.29}$$

其中，$\mathrm{sgn}(\cdot)$为符号函数。

两种阈值消噪方法如图6.11所示。虽然两种阈值消噪方法得到了广泛的应用，但是都存在一定的缺陷。硬阈值消噪方法会产生振荡现象，而软阈值消噪方法会影响重构信号与真实信号的逼近程度。根据本章中的实验数据，综合阈值消除结果，本章采用硬阈值消噪方法。

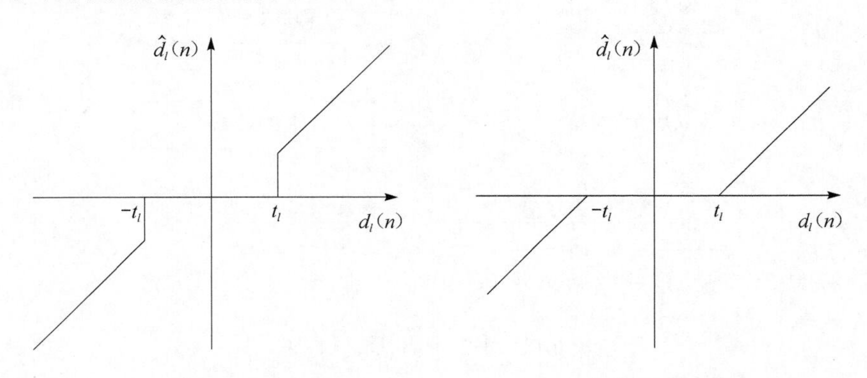

（a）硬阈值消噪方法　　（b）软阈值消噪方法

图6.11　阈值消噪方法

3. 小波变换分解层数的确定

在对信号进行小波消噪时，是在小波域下进行噪声的消除。这就要对信号进行小波分解，如果小波分解层数过少，那么小波消噪不能完全消除噪声，导致消噪效果变差。如果小波分解层数过多，那么会导致将有用信号进行消除，造成信号的缺陷。同时由于分解层次的加大，会导致计算量的增加，处理速度变慢。

为了解决这一问题，张吉先等[10]提出了基于时间序列的白噪声检验方法来确定分解的层次。根据离散信号白噪声的自相关序列特性，利用文献[11]提出的方法进行信号的白噪声检验。假设离散信号的时间序列为 d_k 的自相关序列为 p_i，若

p_i满足：

$$|p_i| \leqslant 1.95/\sqrt{N} \tag{6.30}$$

其中 N 为时间序列为 d_k 的个数，则认为 d_k 为白噪声序列。利用这一特性，文献[10]给出了自适应确定小波分解层数的算法流程，如图 6.12 所示。

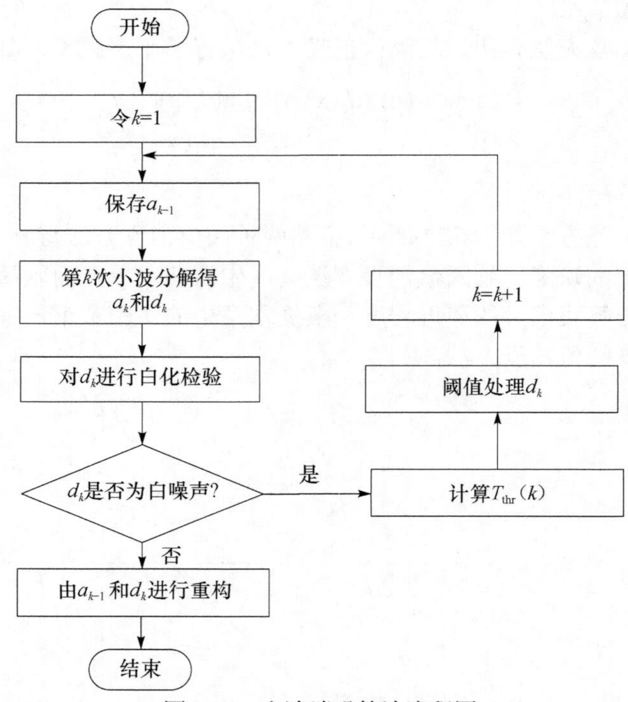

图 6.12　小波消噪算法流程图

其中，当 k=1 时，a_0 为原始信号，$T_{thr}(k)$表示第 k 层上的小波系数的阈值。算法描述如下[6]：

（1）对原始信号进行一层小波分解；

（2）对第（1）步分解得到的细节系数进行白噪声检验，若为白噪声则进行第（3）步，若非白噪声则跳至第（4）步；

（3）计算该层次小波系数的阈值，并进行阈值处理，返回第（1）步；

（4）假设现在分解到 l 层，则最终的分解层次为 l-1 层，将这些阈值处理后的信号进行重构即可得到消噪后的原始信号。

根据上述算法，可以根据信号本身的特点，自适应地选择消噪分解层数，而不需要任何先验知识，使消噪效果接近最佳。

4. 小波消噪算法仿真实验

运用上述小波自适应消噪方法对 MATLAB 中自带的噪声信号进行消噪实验，验证小波消噪效果。虽然小波自适应消噪不需要对信号的分解层次进行考虑，但是要根据信号的特征选择合适的小波基函数，使得小波基函数最符合信号的变化规律，这样才能取得最好的消噪效果。

选取具有大的尖峰的 noisbump 信号运用 sym6 小波基函数进行消噪，消噪效果如图 6.13 所示。

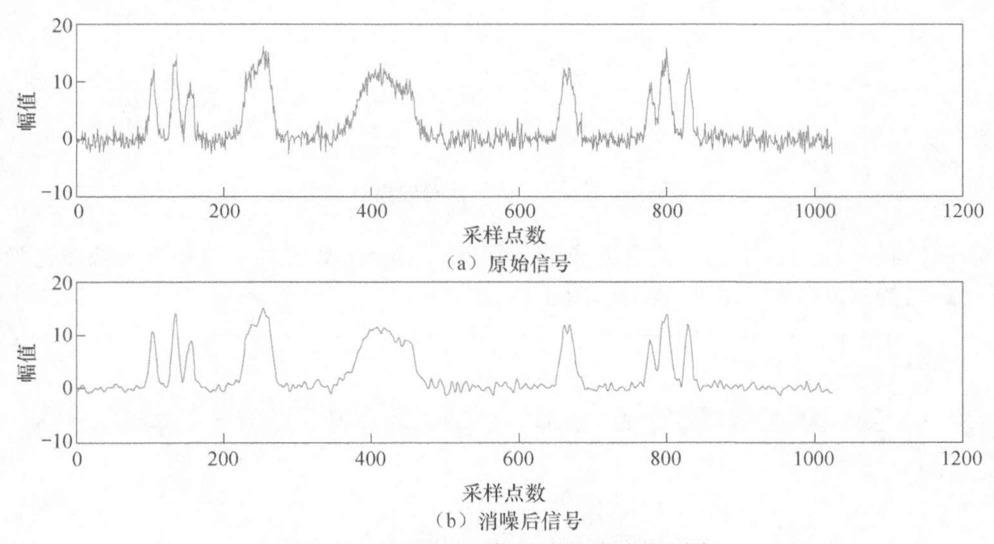

（a）原始信号

（b）消噪后信号

图 6.13　noisbump 信号消噪效果对比图

选取具有周期性的 noissin 噪声信号运用 db4 小波基函数进行消噪，消噪效果如图 6.14 所示。

由图 6.13 和图 6.14 可以看出，小波自适应消噪算法对于冲击信号能够很好地保留信号的冲击成分，消除噪声成分；对于周期信号能够很好地保留信号的周期成分，保留信号的原始信息。

仿真实验表明，通过选择合适的小波基函数，小波自适应消噪算法能够很好地消除信号的噪声，保留信号的原始成分，取得了很好的消噪效果。

6.2.3　基于小波包的故障特征提取

本章利用提取的断齿振动信号进行实际的征兆属性提取来简要地说明小波包用于齿轮故障特征提取的过程。

对于提取的断齿振动信号包含很多噪声信号，首先要对初始的振动信号进行

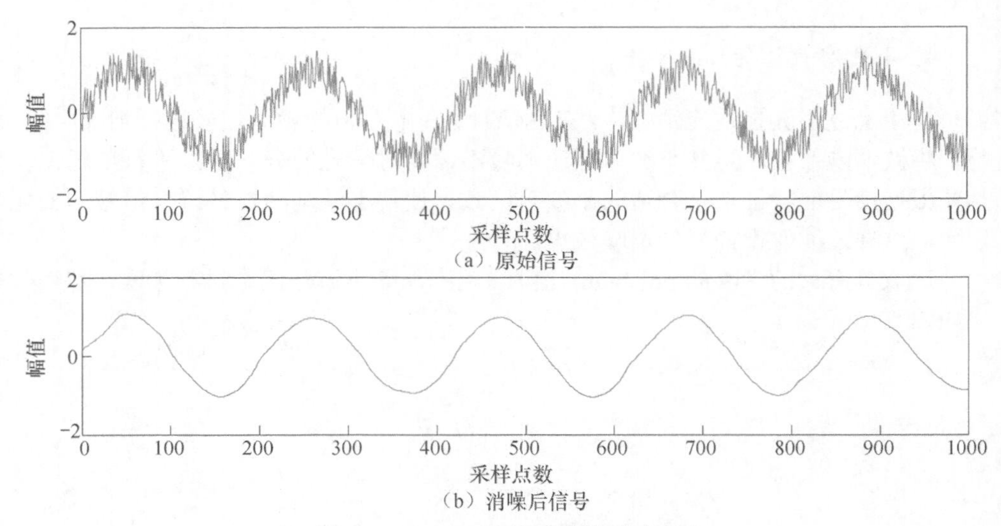

（a）原始信号

（b）消噪后信号

图 6.14　noissin 信号消噪效果对比图

小波消噪，运用提出的小波自适应消噪算法，消除振动信号中的噪声，获得消除噪声后的振动信号。消噪效果如图 6.15 所示。

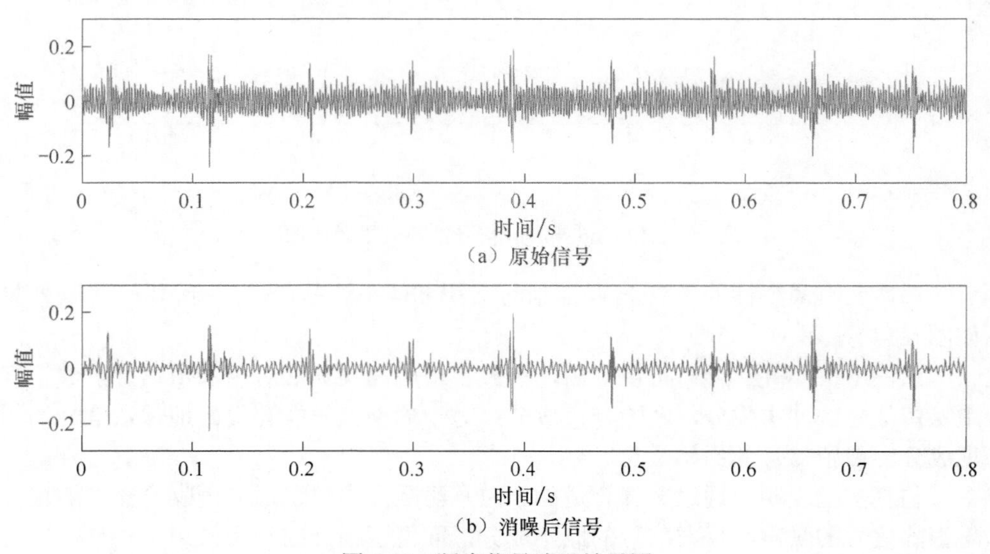

（a）原始信号

（b）消噪后信号

图 6.15　断齿信号消噪效果图

通过图 6.15 可以看出，经过小波消噪很好地消除了原始信号中的噪声信号。然后可以对经过噪声消除后的信号进行故障特征提取。

通过理论分析和实验验证，可以得出齿轮的故障特征在齿轮的啮合频率附近表现得更为明显。因此，运用小波包理论着重提取齿轮啮合频率附近的故障特征信息。通过小波包改进算法，消除在小波包分解过程中产生的频率混淆和频带错乱，消除在信号处理过程中产生的误差，保证提取故障特征的准确性。

根据齿轮振动信号特征的分析，提取时域中的无量纲指标如峭度指标 X、波形指标 K 和脉冲指标 I；时域中的有量纲指标如峰值指标 x_p；频域中的有量纲指标如峰值指标 C 和幅值谱 G_{xamp}；信号包络谱中的峰值 L。对于这七种特征指标，运用小波包变换提取齿轮啮合频率、二倍频和三倍频附近的这些特征。共提取以上 21 种信号特征指标来区分和表征齿轮故障。

6.3　齿轮故障诊断的实验研究

6.3.1　齿轮故障诊断实验设计

齿轮故障类型多种多样，在相同的工况条件下，不同故障类型的齿轮振动信号形式是不同的。齿轮的故障诊断就是根据齿轮的振动信号特征，提取能够反映这些信号特征的征兆属性，利用征兆属性区分齿轮的故障类型；对于同一种齿轮故障，在不同的运行工况条件下振动信号的形式是不同的，根据某些征兆属性，可以区分齿轮的工况状态。如果将不同工况和不同故障类型的齿轮振动信号混合在一起，就可能导致某一工况下能够正确诊断某种齿轮故障的征兆属性，在另一种工况条件下的诊断结果是另一种齿轮故障。当这些信号混合在一起时，就会引起齿轮故障决策规则的相互冲突，导致故障诊断失败。

为了能够找到一组在不同的工况条件下通用的能够正确反映齿轮故障的征兆属性集合，就需要提取大量的征兆属性。运用故障流向图区分出对于反映齿轮故障重要性高的征兆属性，从而减少计算量并且增加故障诊断的准确性。

本章基于故障实验仿真平台，仿真和诊断齿轮故障。齿轮故障有正常、碎齿、断齿和齿面磨损四种，这四种齿轮如图 6.16 所示。图 6.16（a）为正常齿轮；图 6.16（b）为碎齿齿轮，图 6.16（c）为断齿齿轮，图 6.16（d）为齿面磨损齿轮。

本章采用改变齿轮箱负载和润滑程度的方式模拟不同的齿轮工况。齿轮箱的负载是由一个电磁阻尼器提供的，电磁阻尼器最大提供 5N·m 的转矩负载，这里选用无负载、半负载（2.5N·m）和全负载（5N·m）三种负载方式来改变齿轮的运行工况。同时改变齿轮的润滑状态，采用润滑和无润滑两种状态改变齿轮的运行工况。通过上述齿轮工况的改变，对于一种齿轮故障就有 3×2=6 种齿轮运行工况。齿轮运行工况如表 6.1 所示。结合四种齿轮，就会得到 24 种齿轮运行工况。本章从这 24 种齿轮运行工况中提取征兆属性，区分这四种齿轮故障类型。

（a）正常齿轮　（b）碎齿齿轮

（c）断齿齿轮　（d）齿面磨损齿轮

图 6.16　四种齿轮类型图

表 6.1　齿轮的运行工况表

运行工况	齿轮状态	负载状态	润滑状态
0-0	正常、碎齿、断齿、齿面磨损	零负载	无润滑
0-1	正常、碎齿、断齿、齿面磨损	零负载	润滑
0.5-0	正常、碎齿、断齿、齿面磨损	半负载	无润滑
0.5-1	正常、碎齿、断齿、齿面磨损	半负载	润滑
1-0	正常、碎齿、断齿、齿面磨损	全负载	无润滑
1-1	正常、碎齿、断齿、齿面磨损	全负载	润滑

注：0 代表无负载，0.5 代表半负载，1 代表全负载。

调节电机转速使得齿轮轴的转频为 11Hz，齿轮的啮合频率为 198Hz，以此转速作为所有工况条件下的固定转速。采样频率为 2560Hz 对振动信号进行数据采样，同时一次采集 2048 个点。每种齿轮运行工况采集 10 组数据，8 组用于训练样本模型，2 组用于检测样本模型。通过样本模型的建立，达到齿轮故障诊断的目的。

6.3.2　齿轮振动信号的特征提取

1. 齿轮振动信号形式

对于采集的振动信号运用快速傅里叶变换，可以清楚地看到齿轮振动信号的频率分布状态。对于 0.5-1 工况下提取的正常齿轮振动信号、碎齿齿轮振动信号、断齿齿轮振动信号和齿面磨损齿轮振动信号进行傅里叶变换。其中，图 6.17 为正常齿轮和碎齿齿轮振动信号的频谱图；图 6.18 为断齿齿轮和齿面磨损齿轮振动信号的频谱图。通过这四种齿轮信号的频谱图可以发现，齿轮振动信号的特

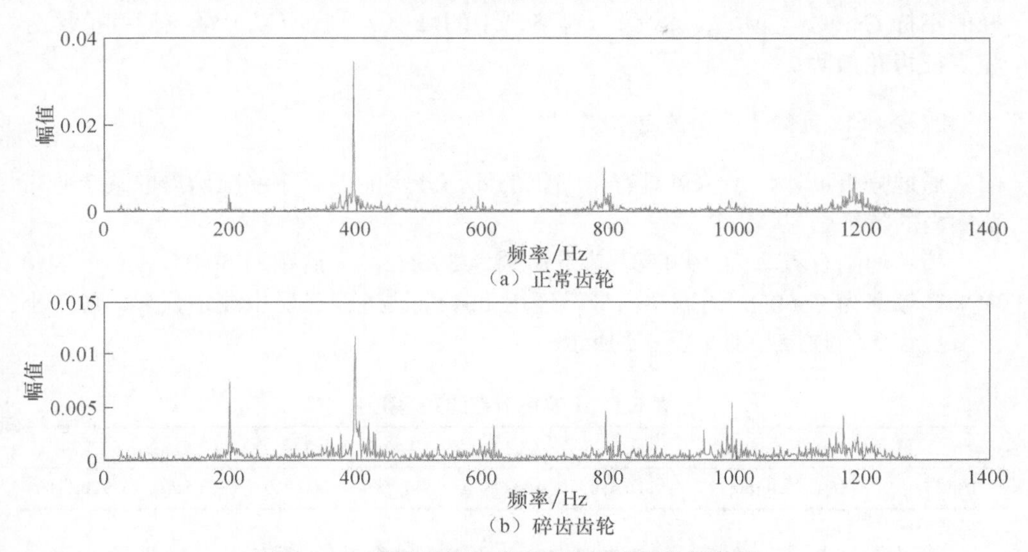

图 6.17　正常齿轮和碎齿齿轮振动信号频谱图

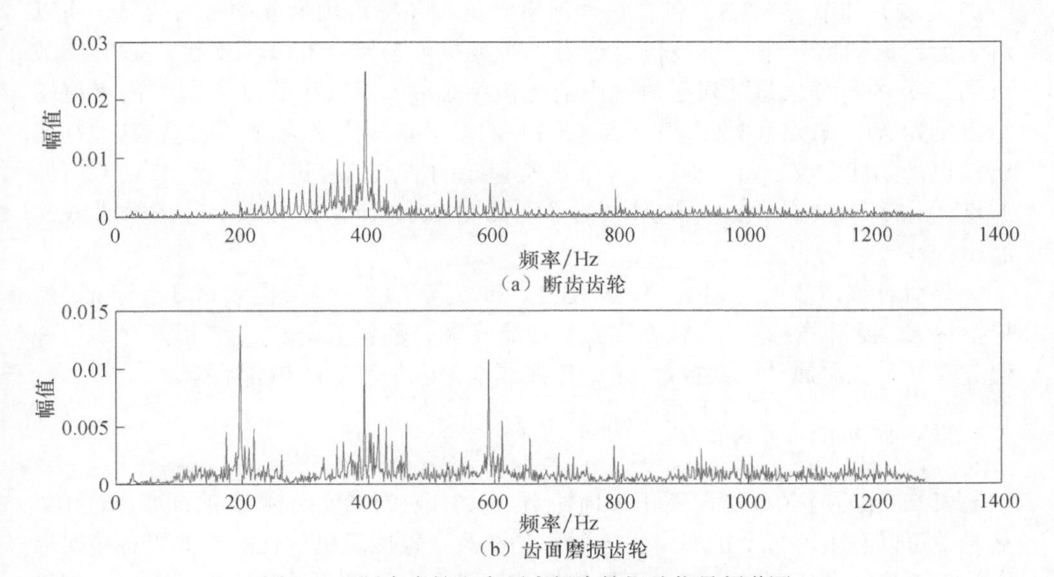

图 6.18　断齿齿轮和齿面磨损齿轮振动信号频谱图

征信息主要分布在齿轮啮合频率以及二倍频和三倍频处。因此，着重提取这三个频率附近的特征信息，以达到齿轮故障诊断的目的。

根据齿轮振动信号特征的分析，提取时域中的无量纲指标如峭度指标 X、波形指标 K 和脉冲指标 I；时域中的有量纲指标如峰值 x_p；频域中的有量纲指标如峰值指标 C 和幅值谱 G_{xamp}；信号包络谱中的峰值 L。提取以上征兆属性值区分和表征齿轮故障。

2. 齿轮振动信号的小波包分解

通过分析可知，小波包具有精细化的局部分辨能力，能够准确提取某个频带范围内的特征信息。

齿轮的啮合频率为 198Hz，其二倍频为 396Hz，三倍频为 594Hz。对于实验中采样频率为 2560Hz 的振动信号，运用 db4 小波进行三层小波包分解，各个小波节点包含的频带范围如表 6.2 所示。

表 6.2　小波包节点的频率范围

节点	（3,0）	（3,1）	（3,2）	（3,3）	（3,4）	（3,5）	（3,6）	（3,7）
频带/Hz	0,160	160,320	320,480	480,640	640,800	800,960	960,1120	1120,1280

通过表 6.2 可以发现，小波包节点（3,1）包含啮合频率附近频带的信息，节点（3,2）和节点（3,3）包含啮合频率二倍频和三倍频附近频带的信息，所以对于齿轮振动信号进行小波包分解后，主要提取节点（3,1）、节点（3,2）和节点（3,3）的特征信息。对于时域中的无量纲峭度指标 X，节点（3,1）的峭度指标定义为 X_1、节点（3,2）和节点（3,3）的峭度指标定义为 X_2 和 X_3，其他征兆属性也是如此定义。将 0.5-1 工况下正常齿轮的节点信号进行重构。节点（3,1）、节点（3,2）和节点（3,3）的时域信号图如图 6.19 所示，频域信号图如图 6.20 所示。

分别对重构节点（3,1）、节点（3,2）和节点（3,3）信号提取峭度指标 X、波形指标 K、脉冲指标 I、时域峰值 x_p、频域峰值 C 和幅值谱 G_{xamp}，以及包络谱峰值 L 这 7 个征兆属性，共提取 21 个征兆属性来表征和诊断齿轮故障。

3. 征兆属性值的离散化

表 6.3 展示了 0-0 工况下正常齿轮节点（3,1）的峭度指标 X_1 的征兆属性值。从表中可以看出，每个征兆属性的值总是在某个范围随机变化的。如果直接对提取的故障特征进行属性约简，不仅数据计算量大，而且会导致决策规则集合规模

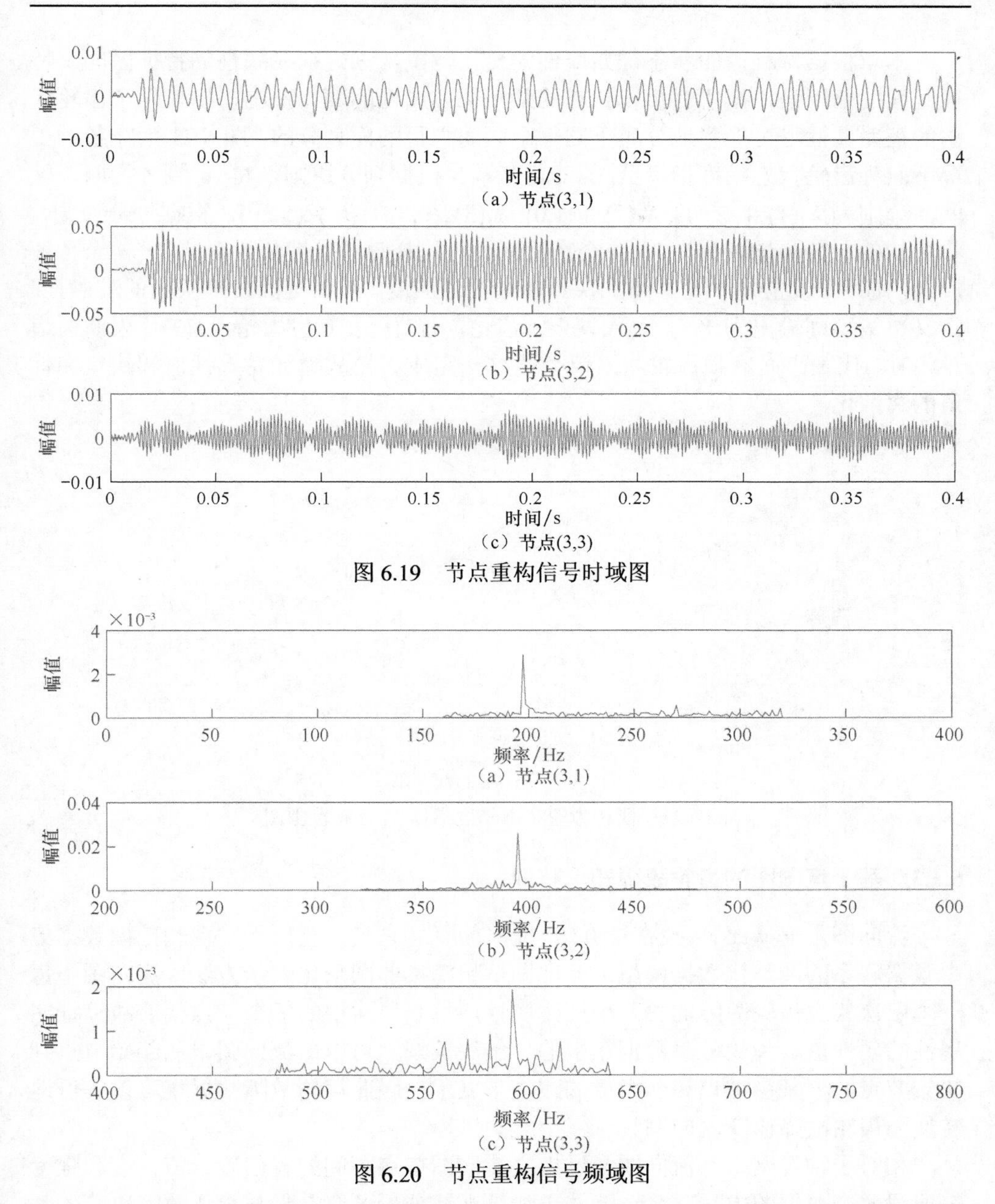

图 6.19　节点重构信号时域图

图 6.20　节点重构信号频域图

变大，每条规则包含的支持对象数减少，造成每条决策规则的适应度变差，容易导致决策错误，不能准确地诊断齿轮的状态。

表 6.3　0-0 工况下峭度指标 X_1 的征兆属性值

X_1	−0.28	0.09	−0.26	0.13	−0.22	−0.52	−0.14	−0.52	−0.22

本章根据每种齿轮状态征兆属性的变化范围，划定征兆属性的特征区间。特征区间的范围是根据所有齿轮状态的某个征兆属性的变化范围，以使每个齿轮状态的征兆属性尽可能多地分布于同一个区间为目的而划分的。图 6.21 为在各种工况下四种齿轮状态峭度指标 X_1 的变化范围。根据划分原则，将 X_1 划分为四个区间，分别为 $X_1(1)=[-2,-1]$, $X_1(2)=(-1,0]$, $X_1(3)=(0,5]$, $X_1(4)=(5,20]$。根据划分原则，将齿轮的特征参量划分为 2～4 个特征区间。这样每个征兆属性只有 2～4 个特征属性，有利于数据的处理，增加决策规则的适应度，从而提高故障决策的准确性。定义决策规则输出为 Y，$Y(1)$代表正常齿轮，$Y(2)$代表碎齿齿轮，$Y(3)$代表断齿齿轮，$Y(4)$代表齿面磨损齿轮。采用上述方法完成齿轮故障征兆属性值和决策属性值的离散化。

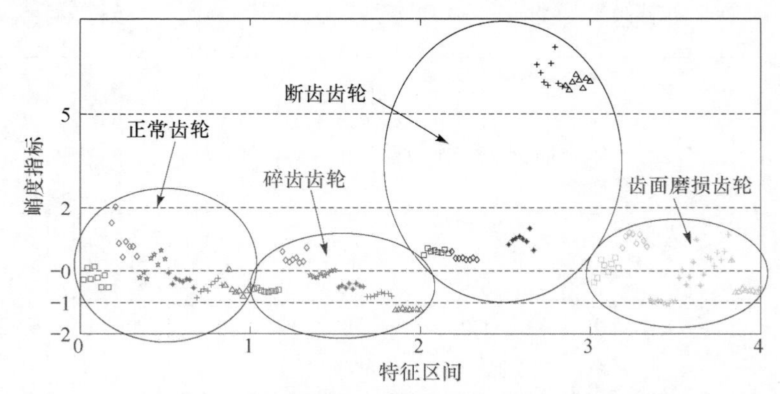

图 6.21　四种齿轮状态峭度指标 X_1 分布范围图

6.3.3　基于流向图的齿轮故障知识获取

流向图是 Pawlak 教授在 2002 年提出的[12]，它是一种用于发现和挖掘数据集中数据联系的图形化数据模型。流向图是粗糙集的图形化表示方法，流向图中每一个层次代表齿轮故障的每一个征兆属性，每个层次中的每个节点代表故障征兆属性的属性值。齿轮故障数据集中的一条决策规则可以由流向图中从起始节点到决策节点的一条由节点和弧组成的路径来表示，因此齿轮故障数据集可以等价地转换为齿轮故障诊断流向图。

相对于神经网络，流向图通过定义流向图节点之间的置信度、覆盖度和强度来展现各个数据的内在联系，能够更加直观地分析各个节点与最终故障决策的关系。由于能够看到内部数据的关联，可以结合专家经验更为准确地进行故障诊断。相对于专家系统，流向图更容易获取，不需要大量的实际经验，而且能够从量化的角度分析冲突规则的可靠性。因此，流向图能够更加形象具体地展现和挖掘数据之间的内部联系，从而更好地分析故障。

1. 齿轮故障流向图征兆属性层的约简

对于每种齿轮状态和齿轮运行工况，提取 10 组征兆属性集合数据，8 组用于训练，2 组用于检测，总共 192 组数据用于齿轮故障流向图的训练，48 组数据用于齿轮故障流向图的检测，共计 240 组征兆属性集合数据。

故障诊断流向图中通常包含一些不相关和多余的故障征兆，它们的存在使得难以获取简单有效的诊断决策规则。故障征兆属性的约简就是在保持故障诊断流向图对故障诊断能力不变的前提下，消除故障诊断流向图中的冗余属性值，从而简化故障征兆属性，更加直观地体现征兆属性与最终故障决策间的关系[13]。

在故障诊断流向图中对于任意对象，如果流经某个征兆属性节点，那么它只能流向下层节点中的某一个征兆属性节点，而不能同时流向下层征兆属性层中的其他征兆属性节点。这是由于故障决策表中的实例具有明确的征兆属性取值。

为了计算故障诊断流向图的约简，定义路径的一致性因子：

$$\gamma[m_1(x),\cdots,m_n(x),d(x)]=\frac{\mathrm{card}([m_1(x),\cdots,m_n(x),d(x)])}{\mathrm{card}([m_1(x),\cdots,m_n(x)])} \tag{6.31}$$

其中，$m_i(x)$为征兆属性值，$d(x)$为决策属性值。一致性因子γ表示通过一条征兆属性路径所对应的某个决策规则实例占通过这条征兆属性路径总的实例集合的比例[14]。如果一致性因子γ不为 1，表示通过某条征兆属性路径的实例集合，对应不同的决策规则，这就造成了决策冲突。

有时初始故障诊断流向图就是冲突的，定义故障诊断流向图中冲突实例的种类数量为 $\mathrm{card}(\varphi)$，故障诊断流向图中实例种类的总数量为 $\mathrm{card}(G)$。定义故障诊断流向图的一致性因子$\gamma(G)$为

$$\gamma(G)=1-\mathrm{card}(\varphi)/\mathrm{card}(G) \tag{6.32}$$

可以根据故障流向图一致性因子$\gamma(G)$评价某层征兆属性是否可以约简[15]。

对于故障实例流向图，从输入征兆属性层开始逐一删除某一层征兆属性层。当删除某一征兆属性层后，计算路径的一致性因子$\gamma(G)$。若$\gamma(G)$保持不变，则表示删除这一征兆属性层后不会引起决策的冲突，这一层的有无对故障诊断的效果没有影响，那么这一层征兆属性是可以约简的。若$\gamma(G)$数值改变，则表示删除这一征兆属性层后会引起新的决策规则的冲突，这一决策属性层对故障诊断有重要的意义，这一层征兆属性是不可以约简的。根据这一原则逐一删除各个征兆属性层，直到最后的征兆属性层，完成征兆属性层的约简。下面给出故障实例流向图的具体约简步骤。

（1）首先计算故障流向图的一致性因子$\gamma(G)$，然后从故障诊断流向图 G 的第一层征兆属性 m_1 开始逐一删除当前征兆属性层中的各个节点，以及与这些节点相连接的分支。

（2）根据故障实例流向图中实例的分布重新建立新的故障诊断流向图 G'。

（3）重新计算新的故障诊断流向图 G'中一致性因子$\gamma(G')$。若$\gamma(G')$和$\gamma(G)$相等，则表示当前删除的征兆属性层可以约简；若$\gamma(G')$和$\gamma(G)$不相等，则表示当前的征兆属性层不可以约简。

（4）逐一删除各个征兆属性层，直到征兆属性层的最后一层 m_n，完成故障诊断流向图的约简。

实现上述步骤算法伪代码如下，其中 n 为征兆属性层数目，m 为决策路径数目。

```
计算 G 的一致性因子γ(G)；
for i=1:n
    G'=G-m_i;
    计算 G'的一致性因子γ(G')；
    if γ(G')=γ(G)
        G=G';
    else
        G=G;
    end
end
```

将离散后的征兆属性数据建立齿轮故障流向图，运用故障流向图层次约简算法对齿轮故障流向图进行征兆属性层约简。层次约简后显示只运用$\{X_1, K_2, G_1, C_1, C_2, L_3\}$这六种征兆属性就可以完全表示齿轮的故障状态。故障流向图每个分支上都定义四个指标来表征节点之间的关系。在这里由于约简后的层次较多，并且约简后融合为 49 个故障实例，如果把流向图中每个分支上的四个指标都罗列出来，就会导致故障流向图十分复杂，不容易识别各个分支之间的连接关系，因此在约简故障流向图中只表现故障数据流的流通情况，其他各个指标可以通过流量分布计算出来。齿轮故障流向图进行征兆属性层约简后的数据流分布流向图如图 6.22 所示。

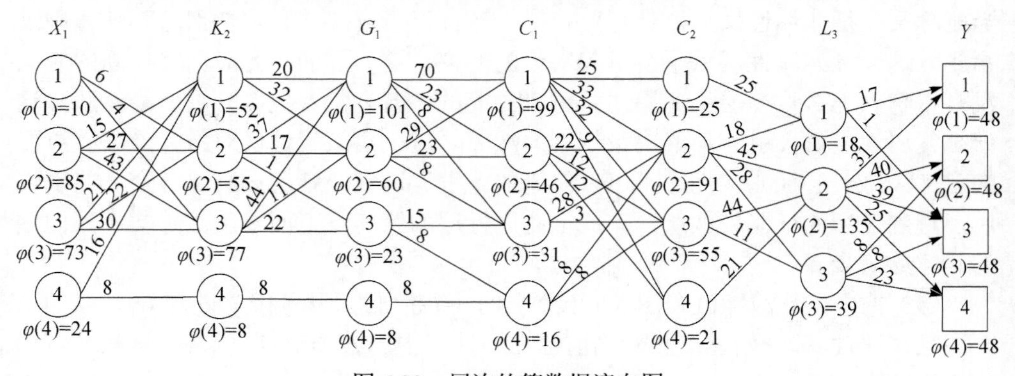

图 6.22　层次约简数据流向图

需要注意的是，故障诊断流向图的约简结果并不是唯一的。征兆属性层的排列顺序发生变化，就可能会导致约简结果发生变化。因此，可以变换征兆属性层次序对故障诊断流向图进行多次约简，在约简结果中选取最容易获得或者数据最准确的征兆属性作为最后的约简结果。

2. 故障诊断流向图征兆属性值节点的约简

当对故障诊断流向图进行层次约简之后，从整体上已经消除了征兆属性层中的冗余层，减少了故障诊断决策的复杂度。但是，对于约简后的故障诊断流向图，有些征兆属性值节点是冗余的。冗余节点是指删除这些节点之后不会引起故障诊断决策的冲突。因此，本章通过一定的算法进一步消除冗余节点，降低故障诊断的复杂度。

在节点约简算法中同样运用路径的一致性因子γ表征某一节点是否可以删除。下面给出故障诊断流向图节点约简的具体算法。

（1）首先计算故障流向图的一致性因子$\gamma(G)$，然后在故障诊断流向图 G 的征兆属性层 m_i 中删除与该征兆属性层的第一个节点 $m_i(x_1)$相连的故障实例 u_j。

（2）重新连接实例 u_j 消除节点 $m_i(x_k)$后的分支，建立新的故障诊断流向图 G'。

（3）计算新的故障诊断流向图 G'的一致性因子$\gamma(G')$。若$\gamma(G')=\gamma(G)$，则表示当前删除的征兆属性节点对于实例 u_j 可以约简；若$\gamma(G')\neq\gamma(G)$，则表示当前的征兆属性节点对于实例 u_j 不可以约简。

（4）依次删除连接该节点的故障实例 u_j，重复步骤（2）和（3）。

（5）依次删除该征兆属性层中的其他节点，重复步骤（2）～（4）。

（6）依次对于各个征兆属性层，重复步骤（1）～（5），直到对最后一层征兆属性层进行节点约简后。算法结束。

实现步骤算法伪代码如下，其中 n 为征兆属性层数目，k 为各层征兆属性值节点数目。

```
for i=1:n
    for j=1:k
        G'=G-m_i(x_j);
        计算 G'中删除每个实例 u_j 的一致性因子γ(G');
        if γ(G')=γ(G)
           u_j=u_j-m_i(x_j);
        else
           u_j=u_j;
        end
    end
end
```

运用故障流向图征兆属性值节点约简算法对故障流向图进行约简。进行节点约简的过程中会导致故障实例间相互融合，但是这并不改变故障流向图对齿轮故障的诊断能力。经过节点约简后，故障实例由 49 个融合为 30 个。

对故障流向图进行节点约简的过程中，不同齿轮故障类型节点约简的结果是不同的，如果将这些结果综合在同一个故障流向图中就会导致故障流向图非常混乱，因此针对每种故障状态单独列出其节点约简后的结果。结果单独列出是为了更加清晰地表现各个节点间的相互联系，并不会与其他约简结果冲突，也不会影响齿轮故障诊断结果。

图 6.23 为正常齿轮节点约简流向图，包含实例 u_1～u_8；图 6.24 为碎齿齿轮节点约简流向图，包含实例 u_9～u_{16}；图 6.25 为断齿齿轮节点约简流向图，包含实例 u_{17}～u_{24}；图 6.26 为齿面磨损齿轮节点约简流向图，包含实例 u_{25}～u_{30}。

在图 6.23 中，齿轮故障实例 u_1、u_2 和 u_8 都是从节点 $C_1(1)$到节点 $L_3(2)$，但是实例 u_8 并不流经中间节点 $C_2(3)$。这是由于对于实例 u_8，征兆属性层 C_2 是可有可无的，征兆属性层 C_2 的取值并不会造成它与其他决策规则相互冲突。而对于 u_1 和 u_2，节点 $C_2(3)$是必不可少的，如果没有中间节点，那么 $C_2(3)$会造成实例 u_1 和 u_2 与其他故障实例相互冲突，造成决策故障的失效。

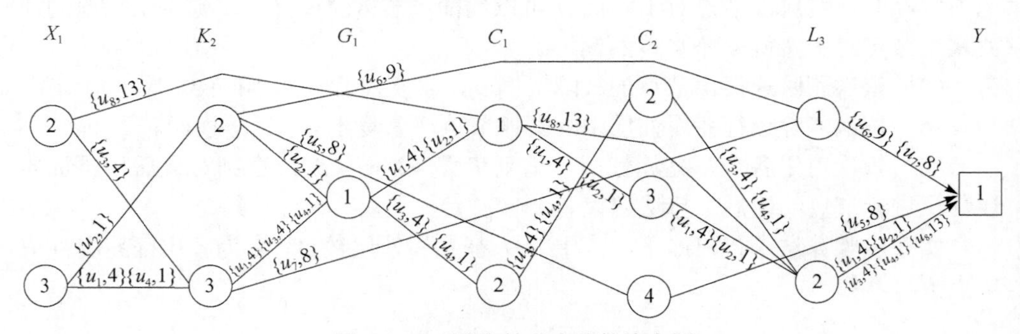

图 6.23　正常齿轮节点约简流向图

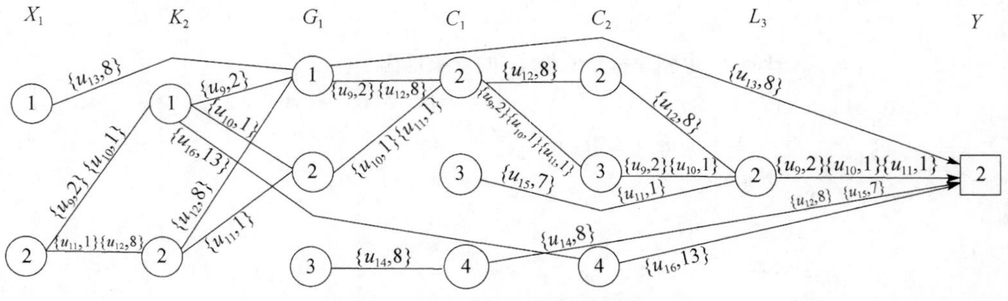

图 6.24　碎齿齿轮节点约简流向图

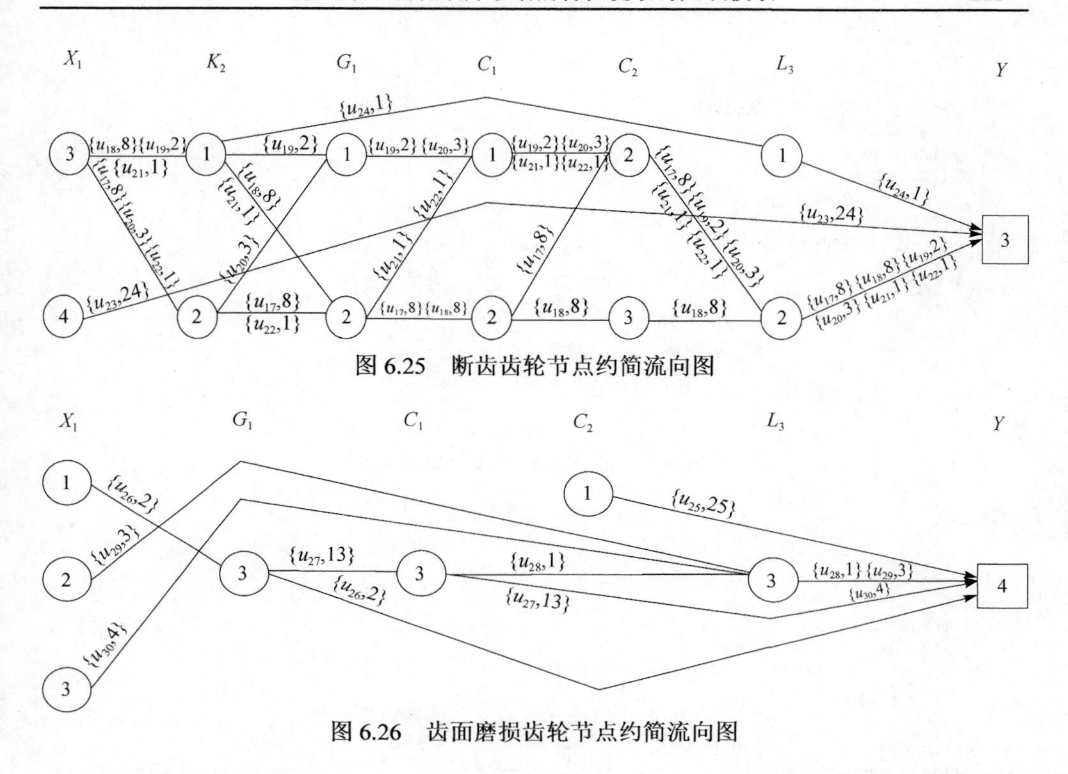

图 6.25　断齿齿轮节点约简流向图

图 6.26　齿面磨损齿轮节点约简流向图

通过对故障流向图进行征兆属性层和征兆属性值节点的约简，消除了故障流向图中的冗余征兆属性层和征兆属性值节点。在故障决策不发生冲突的前提下，获得了最简故障流向图。

对故障实例流向图进行征兆属性约简后，就消除了故障决策表中的冗余数据，得到了最简的故障决策数据集合。这不仅减少了故障诊断的数据计算量，也为最后的最简决策规则的提取提供了有利条件。

3. 齿轮故障决策规则流向图的获取

通过齿轮故障流向图征兆属性层和征兆属性值节点的约简，得到了最简故障流向图。依据决策规则流向图的获取方法，可以生成在六种工况下的齿轮故障决策规则流向图。由于决策规则太多，如果将决策规则放在同一个流向图中会导致决策规则流向图非常大而且分支密布，从而使节点关系分辨困难，所以决策规则流向图和节点约简流向图一样，对于每种齿轮状态，单独列出它们的决策规则流向图。在决策规则流向图中，每个分支上定义分支指标 S=[k;σ;cer;cov]，即流量、强度、置信度和覆盖度，表示决策规则的重要程度。

图 6.27 为正常齿轮决策规则流向图；图 6.28 为碎齿齿轮决策规则流向图；图 6.29 为断齿齿轮决策规则流向图；图 6.30 为齿面磨损齿轮决策规则流向图。

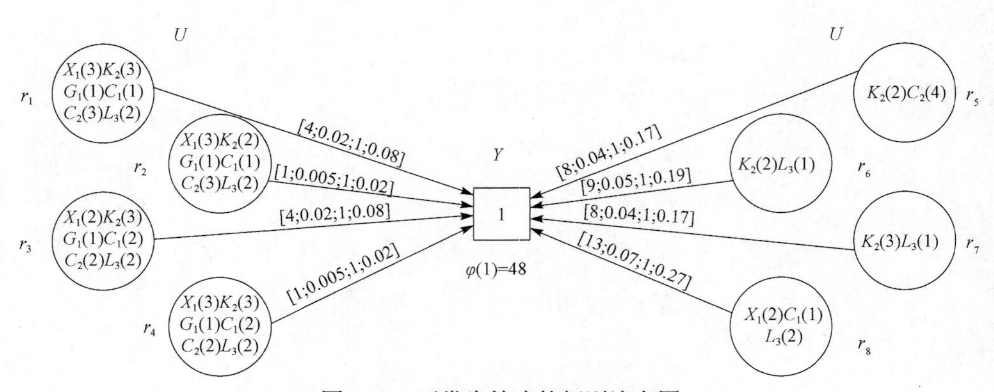

图 6.27　正常齿轮决策规则流向图

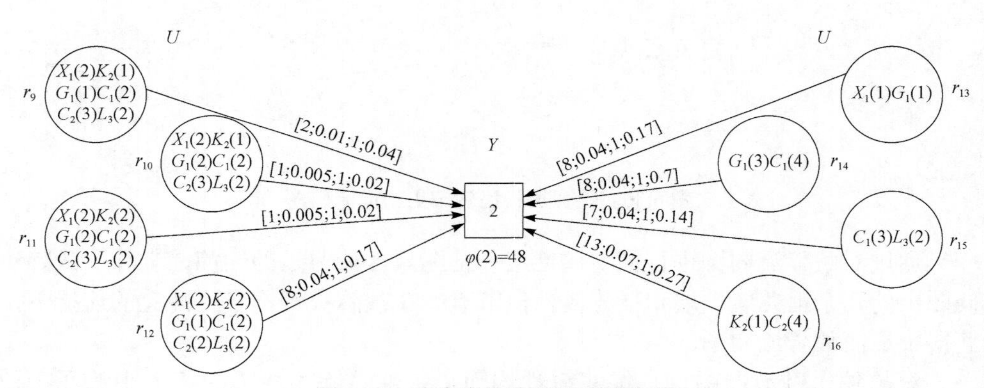

图 6.28　碎齿齿轮决策规则流向图

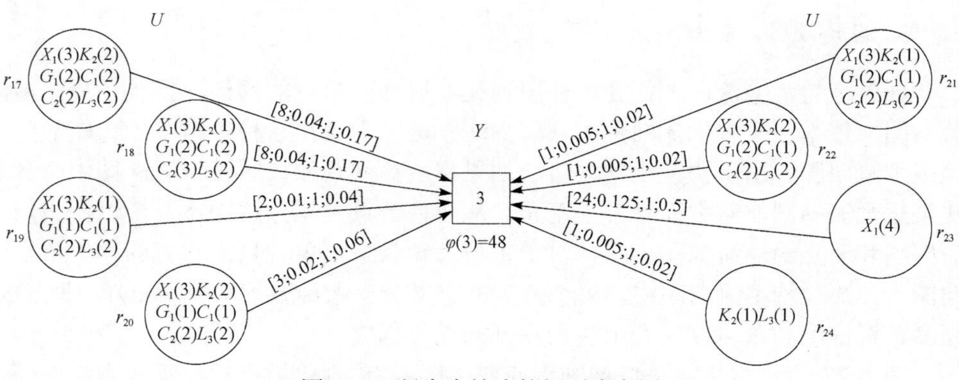

图 6.29　断齿齿轮决策规则流向图

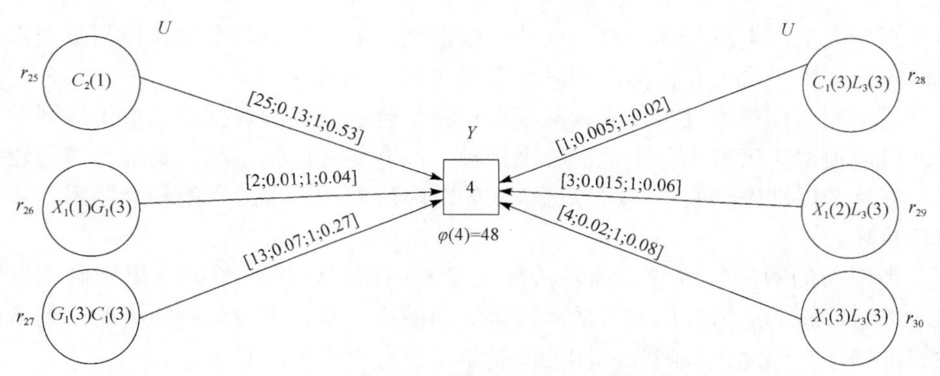

图 6.30　齿面磨损齿轮决策规则流向图

通过决策规则流向图可以发现，对于每种齿轮状态都有一个流量强度较高的决策规则，也就是一个比较重要的决策规则。对于正常齿轮，决策规则 r_8 涵盖了 27%的情况；对于碎齿齿轮，决策规则 r_{16} 涵盖了 27%的情况；对于断齿齿轮，决策规则 r_{23} 涵盖了 50%的情况；对于齿面磨损齿轮，决策规则 r_{25} 涵盖了 53%的情况。这些都是重要的决策规则，当进行齿轮故障检测时，在有一些征兆属性无法获得的情况下，可以着重获取上述决策规则中的征兆属性，用来进行故障诊断。为了验证获得的决策规则的正确性，在 24 组检测数据中随机提取 8 组数据进行验证，8 组数据如表 6.4 所示。

表 6.4　检测数据表

X_1	K_2	G_1	C_1	C_2	L_3	Y
3	2	1	1	4	2	1
2	2	1	1	3	2	1
2	2	1	2	2	2	2
1	2	1	3	2	2	2
3	1	2	2	3	2	3
4	4	4	4	3	3	3
3	3	1	1	1	2	4
2	3	3	3	2	3	4

将检测表中的每一个征兆属性集合匹配决策规则，检验决策规则的正确性。通过验证，这 8 组检验数据只和自身齿轮故障对应的决策规则相匹配，与其他齿轮故障决策规则不匹配，不会造成决策的冲突，导致决策的失败。因此，对于这 8 组检验数据，决策规则具有 100%的准确度。

齿轮故障诊断不会具有 100%的准确度，之所以上述检测结果具有 100%的准确度，是因为：首先，检测数据较少；其次，决策规则包含所有训练数据的类型，不会因为决策规则流量强度舍去一些决策规则；最后，实验数据和检测数据都是在同一个实验平台上获得的，不具有普遍意义。

当检测数据样本过多，或者从其他实验平台上获取的数据造成决策规则冲突时，可以根据决策规则分支上的各个指标，结合实际齿轮工况判定最终的齿轮故障。依然难以准确判断时，可以结合初始故障流向图各个节点的相互联系，判定齿轮故障。

当用新的数据实例验证齿轮故障决策流向图时，无论验证结果正确或者错误，都想将新的故障实例加入故障决策流向图中，来增强故障决策流向图的适应性和准确性。因此，故障流向图的增量学习具有很重要的意义。

6.4 本 章 小 结

（1）对齿轮啮合动力学进行了分析研究，讨论了齿轮振动信号的变化形式，结合实际故障信号获得了不同故障齿轮的齿轮振动信号形式。根据齿轮的振动信号形式选择峭度指标、波形指标、峰值指标等 21 种特征参数来表征齿轮故障。

（2）运用小波自适应消噪技术对齿轮振动信号进行消噪，取得了很好的效果。将消噪后的信号运用改进小波包算法，提取故障特征，减少故障特征提取过程中的频率混淆和频带错乱等误差，保证了提取故障特征的精确性，提高了齿轮故障诊断的准确度。

（3）运用故障流向图消除提取故障征兆属性中的冗余属性，减少计算复杂度，从而提高了故障诊断的准确性。根据约简后的征兆属性生成齿轮故障诊断的决策规则流向图，并通过故障流向图分析了决策规则的重要性，达到齿轮故障诊断的目的。

（4）通过对不同工况下不同故障齿轮的振动信号进行分析，提取故障征兆属性，划分特征区间，进行征兆属性约简和决策规则获取，最终获得了齿轮故障的决策流向图。通过实验数据验证，故障决策流向图能够准确地诊断齿轮故障，证实了理论分析和故障诊断流向图的正确性。

参 考 文 献

[1] 丁康, 李巍华, 朱小勇. 齿轮及齿轮箱故障诊断实用技术. 北京: 机械工业出版社, 2005.

[2] 陈克兴. 设备状态监测与故障诊断技术. 北京: 科学技术文献出版社, 1991.

[3] Coifman R R, Wickerhauser M V. Entropy-based algorithm for best basis selection. IEEE Transactions on Information Theory, 1992, 38(2): 313-318.

[4] 杨建国. 小波分析及其工程应用. 北京: 机械工业出版社, 2005.

[5] Daubechies I. The wavelet transform, time-frequency localization and signal analysis. IEEE Transactions on Information Theory, 1990, 36(5): 961-1006.

[6] 周瑞. 基于第二代小波的机械故障信号处理方法研究. 哈尔滨：哈尔滨工业大学博士学位论文, 2009.

[7] 潘泉, 张磊, 张晋丽, 等. 小波滤波方法及应用. 北京: 清华大学出版社, 2005.

[8] Donoho D L. De-noising by soft-thresholding. IEEE Transactions on Information Theory, 1995, 41(3): 613-627.

[9] Pan Q, Zhang L, Dai G Z, et al. Two denoising methods by wavelet transform. IEEE Transactions on Image Processing, 1999, 47(12): 3401-3406.

[10] 张吉先, 钟秋海, 戴亚平. 小波门限消噪法应用中分解层数及阈值的确定. 中国电机工程学报, 2004, 24(2): 118-122.

[11] Box G E P, Jenkins G M, Reinsel G C. Time Series Analysis, Forecasting and Control. Englewood Cliffs: Prentice Hall, 1994.

[12] Pawlak Z. Flow graphs and decision algorithms. Proceedings of the 9th International Conference on Rough Sets, Fuzzy Sets, Data Mining and Granular Computing, Chongqing, 2003: 1-10.

[13] 黄文涛. 故障诊断的不完备性及其知识获取技术. 哈尔滨: 哈尔滨工程大学博士后研究工作报告, 2008.

[14] 刘华文. 基于粗糙集的多级规则归纳算法和一种扩展流图. 长春: 吉林大学硕士学位论文, 2007.

[15] Sun J, Liu H, Zhang H. An Extension of Pawlak's Flow Graphs. Proceedings of the 1st International Conference on Rough Sets and Knowledge Technology, Chongqing, 2006: 191-199.